国家出版基金项目

"十四五"时期国家重点出版物出版专项规划项目

国家出版基金项目
NATIONAL PUBLICATION FOUNDATION

中国战略性新兴产业——前沿新材料

溶胶-凝胶前沿技术及应用

丛书主编　魏炳波　韩雅芳

著　　者　杨　辉　朱满康　樊先平　罗仲宽

中国铁道出版社有限公司
CHINA RAILWAY PUBLISHING HOUSE CO., LTD.

内 容 简 介

本书为"中国战略性新兴产业——前沿新材料"丛书之分册。

本书论述了溶胶-凝胶技术的新成果、新应用和新趋势,主要内容包括阶层多孔材料、气凝胶、氧化铝微球、介电材料、功能氧化物薄膜及有机凝胶材料等,突出溶胶-凝胶领域的前瞻性、创见性、科学性,以及学科间的交叉与渗透。

本书可供从事相关材料的科研工作者参考,也可供希望进入溶胶-凝胶研究领域的读者参考,还可作为高校材料专业的教材或参考书。

图书在版编目(CIP)数据

溶胶-凝胶前沿技术及应用/杨辉等著.—北京:
中国铁道出版社有限公司,2023.7
(中国战略性新兴产业/魏炳波,韩雅芳主编.
前沿新材料)
国家出版基金项目 "十四五"时期国家重点
出版物出版专项规划项目
ISBN 978-7-113-29727-5

Ⅰ.①溶… Ⅱ.①杨… Ⅲ.①溶胶-研究
②凝胶-研究 Ⅳ.①O648.16 ②O648.17

中国版本图书馆 CIP 数据核字(2022)第 188879 号

书　　名:**溶胶-凝胶前沿技术及应用**
作　　者:杨　辉　朱满康　樊先平　罗仲宽

策　　划:李小军
责任编辑:许　璐　　　　　　编辑部电话:(010) 51873207
封面设计:高博越
责任校对:苗　丹
责任印制:樊启鹏

出版发行:中国铁道出版社有限公司(100054,北京市西城区右安门西街 8 号)
网　　址:http://www.tdpress.com
印　　刷:北京联兴盛业印刷股份有限公司
版　　次:2023 年 7 月第 1 版　2023 年 7 月第 1 次印刷
开　　本:787 mm×1 092 mm 1/16　印张:13.5　字数:284
书　　号:ISBN 978-7-113-29727-5
定　　价:88.00 元

作者简介

魏炳波

    中国科学院院士、教授、工学博士、著名材料科学家。现任中国材料研究学会理事长、教育部科技委材料学部副主任、教育部物理学专业教学指导委员会副主任委员。入选首批国家"百千万人才工程"、首批教育部长江学者特聘教授、首批国家杰出青年科学基金获得者、国家基金委创新研究群体基金获得者。曾任国家自然科学基金委金属学科评委、国家"863"计划航天技术领域专家组成员、西北工业大学副校长等职。主要从事空间材料、液态金属深过冷和快速凝固等方面的研究。获 1997 年度国家技术发明奖二等奖、2004 年度国家自然科学奖二等奖和省部级科技进步奖一等奖等。在国际国内知名学术刊物上发表论文 120 余篇。

韩雅芳

    工学博士、研究员、著名材料科学家。现任国际材料研究学会联盟主席、《自然科学进展：国际材料》（英文期刊）主编。曾任中国航发北京航空材料研究院副院长、科技委主任，中国材料研究学会副理事长、秘书长、执行秘书长等职。主要从事航空发动机材料研究工作。获 1978 年全国科学大会奖、1999 年度国家技术发明奖二等奖和多项部级科技进步奖等。在国际国内知名学术刊物上发表论文 100 余篇，主编公开发行的中、英文论文集 20 余卷，出版专著5 部。

杨　辉

浙江大学材料与化学工程学院教授、博士生导师，中国硅酸盐学会理事，中国硅酸盐学会陶瓷分会常务理事，浙江省硅酸盐学会理事长。2003 年至今，任浙江省"十五"纳米技术重大科技攻关及示范应用工程专家组组长、浙江大学纳米科学与技术中心副主任。研究方向：溶胶-凝胶前沿技术，电子陶瓷材料及其器件，纳米材料制备、改性及产业化应用，特种功能玻璃及陶瓷。发表论文 170 余篇（SCI 收录 60 余篇），获发明专利 9 项，通过省级技术鉴定 12 项。

序

前沿新材料是指现阶段处在新材料发展尖端,人们在不断地科技创新中研究发现或通过人工设计而得到的具有独特的化学组成及原子或分子微观聚集结构,能提供超出传统理念的颠覆性优异性能和特殊功能的一类新材料。在新一轮科技和工业革命中,材料发展呈现出新的时代发展特征,人类已进入前沿新材料时代,将迅速引领和推动各种现代颠覆性的前沿技术向纵深发展,引发高新技术和新兴产业以至未来社会革命性的变革,实现从基础支撑到前沿颠覆的跨越。

进入 21 世纪以来,前沿新材料得到越来越多的重视,世界发达国家,无不把发展前沿新材料作为优先选择,纷纷出台相关发展战略或规划,争取前沿新材料在高新技术和新兴产业的前沿性突破,以抢占未来科技制高点,促进可持续发展,解决人口、经济、环境等方面的难题。我国也十分重视前沿新材料技术和产业化的发展。2017 年国家发展和改革委员会、工业和信息化部、科技部、财政部联合发布了《新材料产业发展指南》,明确指明了前沿新材料作为重点发展方向之一。我国前沿新材料的发展与世界基本同步,特别是近年来集中了一批著名的高等学校、科研院所,形成了许多强大的研发团队,在研发投入、人力和资源配置、创新和体制改革、成果转化等方面不断加大力度,发展非常迅猛,标志性颠覆技术陆续突破,某些领域已跻身全球强国之列。

"中国战略性新兴产业——前沿新材料"丛书是由中国材料研究学会组织编写,由中国铁道出版社有限公司出版发行的第二套关于材料科学与技术的系列科技专著。丛书从推动发展我国前沿新材料技术和产业的宗旨出发,重点选择了当代前沿新材料各细分领域的有关材料,全面系统论述了发展这些材料的需求背景及其重要意义、全球发展现状及前景;系统地论述了这些前沿新材料的理论基础和核心技术,着重阐明了它们将如何推进高新技术和新兴产业颠覆性的变革和对未来社会产生的深远影响;介绍了我国相关的研究进展及最新研究成果;针对性地提出了我国发展前沿新材料的主要方向和任务,分析了存在的主要问题,提出了相关对策和建议;是我国"十三五"和"十四五"期间在材料领域具有国内领先水平的第二套系列科技著作。

本丛书特别突出了前沿新材料的颠覆性、前瞻性、前沿性特点。丛书的出版,将对我国从事新材料研究、教学、应用和产业化的专家、学者、产业精英、决策咨询机构以及政府职能部门相关领导和人士具有重要的参考价值,对推动我国高新技术和战略性新兴产业可持续发展具有重要的现实意义和指导意义。

本丛书的编著和出版是材料学术领域具有足够影响的一件大事。我们希望,本丛书的出版能对我国新材料特别是前沿新材料技术和产业发展产生较大的助推作用,也热切希望广大材料科技人员、产业精英、决策咨询机构积极投身到发展我国新材料研究和产业化的行列中来,为推动我国材料科学进步和产业化又好又快发展做出更大贡献,也热切希望广大学子、年轻才俊、行业新秀更多地"走近新材料、认知新材料、参与新材料",共同努力,开启未来前沿新材料的新时代。

中国科学院院士、中国材料研究学会理事长

国际材料研究学会联盟主席

2020 年 8 月

前　　言

　　"中国战略性新兴产业——前沿新材料"丛书是由国内一流学者著述的一套材料类科技著作。丛书突出颠覆性、前瞻性、前沿性特点,涵盖了离子液体、柔性材料、多孔金属、仿生材料、高熵合金、计算材料、液态金属、晶态功能材料、新兴半导体等10多种重点发展的前沿新材料和新技术。

　　溶胶-凝胶这一概念可以回溯到19世纪,人们发现通过调节溶剂可以控制四氯化硅等盐类的状态,但是,直到20世纪50年代,研究者意识到凝胶体系具有较高的化学一致性,并由此合成了具有多种元素组成的氧化物粉体。经过长期的基础理论研究和应用技术发展,溶胶-凝胶科学与技术逐步成熟,应用范围不断拓展,形成了一门独特的多学科交叉学科,且在工业界得到了广泛的应用,是一种适应性广泛的新材料制备技术。随着现代材料科学发展的需要,溶胶-凝胶技术的应用领域不断拓展,从传统的粉体和块体材料的制备向微结构可调材料、无机-有机杂化材料、非线性和电光功能材料、定向生长薄膜以及生物仿生材料等领域拓展。

　　长期以来,人们主要是从悬浮体系的角度对溶胶体系开展了大量研究,气凝胶的出现发展了传统的溶胶-凝胶理论。特别是近年来,溶胶-凝胶技术在原位控制、有序孔结构和自组装等方面的研究吸引了极大关注,同行们亟需一部从溶胶-凝胶理论到新应用范例的专业性著作,了解近十年溶胶-凝胶科学与技术的最新发展。

　　本书基于国家"863"计划、国家自然科学基金等多项课题研究成果,从溶胶-凝胶科学基础出发,论述了溶胶-凝胶技术的新成果、新应用和新趋势,反映了近年来溶胶-凝胶技术在新材料制备方面的进展,包括层次多孔材料、气凝胶、氧化物微球、介电功能材料、功能薄膜及有机生物材料等方面,体现了溶胶-凝胶领域的前瞻性、创见性、科学性,以及学科间的交叉与渗透。

　　本书共分7章,分别由浙江大学杨辉(第3和第5章)、北京工业大学朱满康

（第1章和第6章）、浙江大学樊先平（第2章和第4章）、深圳大学罗仲宽（第7章）等著述。其中，第1章着重论述溶胶-凝胶技术相关的物理化学基础，并对国内外发展现状和趋势作了展望；第2章论述层级多孔材料的合成原理，并论述了通过相分离技术合成具有层级多孔结构的二氧化锆和二氧化硅多孔材料；第3章在气凝胶的形成原理的基础上，重点论述二氧化钛和二氧化锆气凝胶的形成过程及影响因素；第4章重点论述氧化铝微球的合成方法；第5章论述多种电子陶瓷的溶胶-凝胶合成技术；第6章论述醇盐法制备形貌可控的压电薄膜工艺，并特别阐释了水基铌盐合成铌酸盐薄膜的工艺；第7章论述有机碳凝胶合成工艺，并特别阐释了眼角膜生物支架的凝胶制备及改性技术。本书可供相关材料的科研工作者参考，也可供希望进入溶胶-凝胶研究领域的读者参考，还可作为高校材料专业教材或参考书。

由于著者水平所限，书中难免存在疏漏和不妥之处，敬请使用本书的读者批评指正。

著　者
2023 年 4 月

目　　录

第1章　概　　论 ··· 1

　1.1　概　　述 ··· 1

　1.2　溶胶-凝胶的物理化学过程 ··· 2

　1.3　溶胶的基本物理特性 ··· 5

　1.4　凝胶的基本化学性质 ·· 12

　1.5　溶胶-凝胶技术的发展与现状 ·· 18

　参考文献 ·· 22

第2章　溶胶-凝胶技术制备阶层多孔材料 ···································· 23

　2.1　溶胶-凝胶伴随相分离原理及阶层孔形成 ································ 23

　2.2　阶层多孔二氧化锆材料的制备 ·· 26

　2.3　阶层多孔二氧化硅材料的制备 ·· 37

　参考文献 ·· 42

第3章　溶胶-凝胶技术制备气凝胶 ·· 44

　3.1　气凝胶的形成及其显微结构 ·· 44

　3.2　二氧化钛气凝胶制备及其表面改性 ······································ 48

　3.3　氧化锆气凝胶制备及其工艺优化 ·· 55

　参考文献 ·· 68

第4章　溶胶-凝胶技术制备氧化铝基微球及应用 ······························ 71

　4.1　环氧丙烷为凝胶促进剂的溶胶-凝胶技术 ·································· 71

　4.2　非晶态氧化铝微球的制备 ·· 73

　4.3　氮化铝（AlN）微球的制备 ··· 77

　4.4　氧化铝空心微球的制备 ·· 80

　4.5　氧化铝空心球构成的块体氧化铝类气凝胶的制备与性能 ·················· 84

　4.6　YAG：Ce^{3+} 荧光微球的制备及发光性能 ··························· 91

　4.7　$SrAl_2O_4$：Eu^{2+} 笼形荧光微球的制备及发光性能 ·············· 97

　参考文献 ··· 105

第 5 章　溶胶-凝胶技术制备介电材料 ·· 107

　　5.1　溶胶-凝胶法制备纳米 $Li_2O\text{-}TiO_2$ 粉体及其介电性能 ················· 107

　　5.2　溶胶-凝胶法制备稀土掺杂 $BaTiO_3$ 介电陶瓷及其性能 ·············· 119

　　5.3　溶胶-凝胶法制备 $CaTiO_3:Zn$ 纳米介质陶瓷及性能 ··················· 135

　　参考文献 ··· 149

第 6 章　溶胶-凝胶技术制备功能氧化物薄膜 ································ 153

　　6.1　溶胶-凝胶法制备 $Ba_2TiSi_2O_8$ 薄膜及其形貌控制 ··················· 153

　　6.2　水基铌醇盐合成技术 ·· 162

　　6.3　Pechni 法制备 $K_4Nb_6O_{17}$ 薄膜及其催化行为 ························· 166

　　参考文献 ··· 172

第 7 章　有机溶胶-凝胶技术及其应用 ·· 176

　　7.1　有机气凝胶制备技术 ·· 176

　　7.2　有机碳气凝胶功能化改性及应用 ··· 179

　　7.3　角膜支架凝胶制备技术 ··· 188

　　7.4　角膜支架凝胶功能改性 ··· 192

　　参考文献 ··· 198

第1章　概　　论

溶胶-凝胶技术是材料学和化学相结合的交叉学科,是一种可以制备从零维到三维材料的湿化学制备方法。它利用化学均匀的前驱体金属有机化合物、金属无机化合物或其混合物,经过水解和缩聚过程,逐渐凝胶化,再通过相应的后处理,从而获得氧化物或其他化合物固态材料。

1.1　概　　述

人们利用溶胶-凝胶溶液状态时的无序性及原子尺度的均匀混合,可以通过溶胶-凝胶过程在较低的温度或较短的时间制备多元体系无机化合物固体材料。而且,溶胶-凝胶技术也可以对固体颗粒的尺寸和形貌进行更好的调控。因此,溶胶-凝胶技术在制备纳米材料、薄膜、涂层材料和功能材料、纤维材料以及有机-无机复合材料等领域有广泛的应用,成为21世纪材料制备加工的主导技术之一。溶胶-凝胶由于能在材料制备的初期进行控制,材料均匀性能达到亚微米、纳米级甚至分子级水平,从而有效控制材料的形状、组成、显微结构和性能。其优点包括:

(1)低温合成:大多数溶胶-凝胶过程都在低温下进行,也能在超低温条件下合成;热处理温度也较其他方法低。

(2)多物相合成:能合成大多数材料,并可以同时合成2~3种材料。

(3)化学均匀性好:具有分子级水平混合,材料均匀性很好;可以合成相当均匀的化合物及复合材料。

(4)均匀掺杂:可实现微量元素在分子水平上均匀、定量掺杂;多元素共掺杂。

(5)产物纯度高:可获得高纯度材料,纯度可高达99.999 9%。

(6)利于早期设计:材料合成在分子水平上进行,可对材料复合进行早期设计和制作。

(7)组成与形状可调:可以制备块材、线材和膜材料;可在其他材料(金属、陶瓷颗粒和三维物体)表面涂覆一种或多种材料。

(8)结构与性能可控:能精确控制最终材料的微观结构及其物理、机械及化学性能。

总之,溶胶-凝胶技术作为一种先进的化学合成技术,已成为当前最重要、最有前途的新材料制备方法之一。通过调整聚合物单体的聚合过程和金属醇盐的溶胶化过程二者的相对顺序,甚至可以得到无机骨架和有机聚合物的互穿复合物,也可以通过桥联分子的作用实现无机段和有机聚合物链的嵌段共聚等众多的有机/无机杂化或复合。图 1-1 为醇盐法溶胶-凝胶技术路径及其产物形态示意图。由图 1-1 可见，溶胶-凝胶法可以适应从零维到三维的不同形态材料的制备。

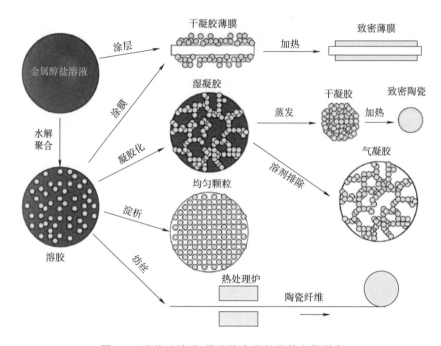

图 1-1　醇盐法溶胶-凝胶技术路径及其产物形态

下面论述溶胶-凝胶的物理化学过程、溶胶和凝胶的微观结构及其基本性质，以及溶胶-凝胶技术在国内外的发展状况。

1.2　溶胶-凝胶的物理化学过程

溶胶-凝胶法制备材料的基本过程可分为分散法和金属醇盐水解法。图 1-2 给出常用的金属醇盐水解法的工艺原理。

如图 1-2 所示，溶胶-凝胶过程包括金属醇盐的水解和缩聚、骨架长大、凝胶化、溶剂挥发以及热处理等步骤，中间经历溶胶（sol）、陈化（ripening）、湿凝胶（wet gel）和干凝胶（xerogel）等状态。

（1）通过醇盐的水解和部分缩聚合成溶胶。这是控制溶胶-凝胶过程的关键阶段，它与众多参数有关，如有机基团的性质（诱导效应）、水与醇盐的比例及催化剂的使用等。通过调节醇盐与水的比例可以控制水解的程度。不管是提高混合效果还是溶剂分子直接与溶胶粒子之间的反应，溶剂的存在都决定了溶胶的结构。醇盐种类的不同及其有机基团的诱导效应和空间效应对水解速率有着显著的影响。此外，介质溶液的 pH 对醇盐水解的过程也有影响,例如,酸或碱对硅醇盐的水解过程的催化作用有所不同,如式(1-1)和式(1-2)所示。每一个水解阶段的反应速率决定于其中间过渡态的稳定性,而后者又受羟基与 RO⁻ 基之间得失电子能力差异的影响。

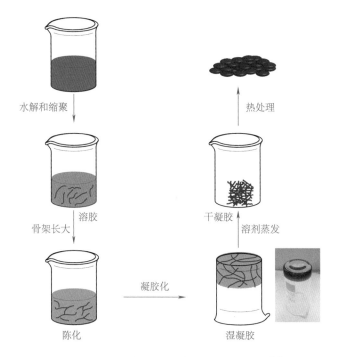

图 1-2　溶胶-凝胶法基本工艺过程示意图[1]

酸催化条件下硅醇盐的水解反应为

$$\text{H}_2\text{O}: \overset{\text{RO}}{\underset{\text{RO}}{\overset{\text{RO}}{\mid}}} \text{Si}\,^{+}\text{OR} \rightleftharpoons \left[\text{HO} \cdots \overset{\text{RO}\quad\text{OR}}{\underset{\delta^{+}\quad\text{Si}\quad\delta^{+}}{\text{OR}}} \cdots \text{OR} \right]^{2+} \rightleftharpoons \text{HO}-\overset{\text{OR}}{\underset{\text{OR}}{\text{Si}}}\text{OR} + \text{ROH} + \text{H}^{+} \quad (1\text{-}1)$$

碱催化条件下硅醇盐的水解反应为

$$\text{HO}^{-} \overset{\text{RO}}{\underset{\text{RO}}{\overset{\text{RO}}{\mid}}} \text{Si}-\text{OR} \rightleftharpoons \left[\text{HO} \cdots \overset{\text{RO}\quad\text{OR}}{\underset{\delta^{-}\quad\text{Si}\quad\delta^{-}}{\text{OR}}} \cdots \text{OR} \right]^{2+} \rightleftharpoons \text{HO}-\overset{\text{OR}}{\underset{\text{OR}}{\text{Si}}}\text{OR} + \text{RO}^{-} \quad (1\text{-}2)$$

(2)通过进一步的缩聚过程形成金属-氧-金属或金属-羟基-金属键,形成凝胶。部分水解的醇盐水化物发生缩聚反应,形成金属-氧-金属键,如式(1-3)和式(1-4)所示。

酸催化条件下硅醇盐水化产物的缩聚反应为

$$(1\text{-}3)$$

碱催化条件下硅醇盐水化产物的缩聚反应为

$$(1\text{-}4)$$

式(1-3)和式(1-4)不断进行,逐步形成溶胶以及凝胶。根据催化条件的不同,所得溶胶可以分为聚合型和颗粒型两类。当水与醇盐的比例较大时,醇盐的水解程度高,将得到颗粒型溶胶;反之将得到聚合型溶胶。图 1-3 所示为不同催化条件下所得的溶胶及凝胶的结构。

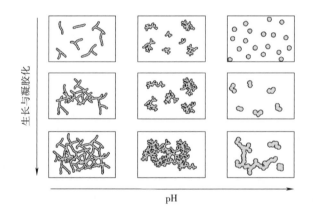

图 1-3 不同催化条件下得到的溶胶及凝胶的结构示意图[2]

(3)通过陈化,溶胶网络继续发生聚合作用,并伴随有收缩的发生和溶剂的排出。将溶胶在开放或密闭的环境中放置,由于溶剂的蒸发或缩聚反应的不断进行,溶胶逐渐向凝胶转化;同时,对于颗粒型溶胶,Ostwald 熟化使颗粒的平均粒径不断增加。在陈化过程中,胶体逐渐形成网络结构,体系从 Newton 型流体向 Bingham 型流体转变,失去流动性。此时溶胶的状态适宜进行纤维拉制、薄膜涂覆等工艺。

(4)通过溶剂干燥,使凝胶的多孔结构坍塌从而形成致密的干凝胶,或通过超临界干燥形成气凝胶。凝胶中存在未参与反应的溶剂和水,因此在干燥过程中凝胶的体积会产生显著的收缩,导致结构产生裂缝或开裂。因此,防止凝胶在干燥过程中的开裂是决定溶胶-凝胶产物的关键步骤。为此,需要控制干燥过程,或采取超临界干燥技术,以获得具有完整网络结构的无机块体材料。

(5)通过热处理,去除表面的羟基和干凝胶中的气孔。同时,高温处理使产物的相组成和显微结构满足预先设计的目的,获得所需的性能。

1.3　溶胶的基本物理特性

1.3.1　溶胶的形成与基本结构

胶体是指大小为 $1\sim100$ nm 的分散相粒子均匀分布在气相、液相或固相的介质中的分散体系。本书中溶胶主要是指介质为液相的液溶胶,它多是通过金属盐或者醇盐的水解和缩聚形成的有机或无机纳米级粒子的分散体系。这些粒子通常带有电荷,并由于电荷作用,吸附溶剂分子层,形成由溶剂包覆的溶胶粒子,这些胶体粒子相互排斥,从而以悬浮状态存在于溶剂中,构成溶胶。图 1-4 示意性地反映了溶胶体系与其他状态的区别。因此,溶胶体系具有粒子尺寸小、相对浓度低的特征,这是其与沉淀体系的一个表观区别。

通常,根据晶体生长原理,一般条件下新相生成的同时伴随着新相的生长,因此,金属醇盐作为前驱体得到的溶胶常为多分散性的,不易获得单分散的溶胶体系。为获得稳定性好的单分散体系,LaMer 等提出了成核扩散机制。将成核和生长过程分为三个阶段。第Ⅰ阶段为预成核过程,此时单体在初始溶液中累积,尽管单体浓度超过了固体溶解度,却并不会发生明显的成核现象;第Ⅱ阶段,单体浓度达到临界过饱和度,即达到最低成核浓度(c_{min}),随后发生成核;第Ⅲ阶段,单体浓度超过最大过饱和度,达到最大值(c_{max}),成核速度显著加快,在这一阶段,单体的积累和消耗由成核和生长平衡。按照这一机制,必须控制金属醇盐的水解过程,使其水解产物的浓度达到最低成核浓度 c_{min} 以上,并在适当的催化剂作用下,发生爆发性成核,使水解产物的浓度迅速下降至最低成核浓度以下,如图 1-5 所示。但在具体制备时,由于体系的性质不同,除反应物浓度外,还有许多因素都可影响溶胶的分散性。常见的因素有纯度、pH、陈化时间与温度、催化剂性质与浓度、搅拌方式、容器清洁程度等。所以,只有在非常严格的操作条件下,才能精确地控制溶胶体系的分散性。

而采用溶胶-凝胶转化法制备溶胶,其内部结构与转化过程有密切的关系,通过控制金属醇盐的水解和缩聚过程,其析出的无机粒子处于网络骨架的包裹之中,使这些无机粒子既无明显的生长也不聚沉。当这些一级粒子积累到一定的浓度后,骨架网络也开始部分溶解,粒子开始聚集成簇。这些团簇包含一定数量的一级粒子,并作为二级粒子团聚邻近的一级粒子。因此,溶胶-凝胶法表现出对析出粒子的尺寸精确控制的能力。图 1-6 所示为溶胶-凝胶转化法制备的溶胶体系微观结构。

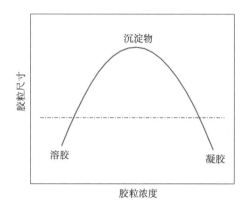

图 1-4 分散体系状态与胶粒尺寸和
胶粒浓度的关系示意图

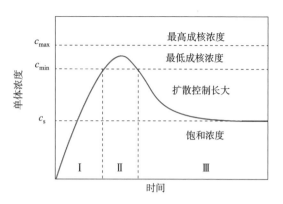

图 1-5 将生核期与生长期分开的
LaMer 模型图[3]

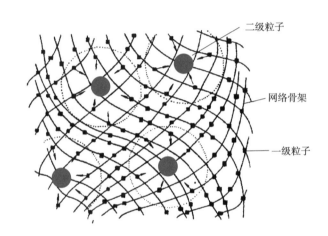

图 1-6 溶胶体系微观结构示意图

1.3.2 溶胶的运动特性

当有机金属醇盐发生部分水解时,溶胶中出现了由金属醇盐缩聚形成的粒子。这种粒子的尺寸为 10~100 nm,如同溶液中的溶剂分子一样,总是处在无序的布朗运动之中。从分子运动的角度看,这种溶胶粒子的运动也符合分子运动理论,两者之间没有本质的区别,只是溶胶粒子的尺寸要大得多,因此其运动速度要小得多。溶胶粒子的这种无序运动的性质,对溶胶的扩散和沉降起着关键的影响。由于布朗运动是不规则的,溶胶粒子在各方向的运动概率是均等的。当溶胶体系处于不平衡状态时,溶胶粒子在局部的浓度或其运动状态出现差异,粒子从浓度高、运动剧烈的区域向其他区域发生定向运动,直至整个溶胶体系处于平衡状态。这种由布朗运动导致的粒子在不同区域之间的传递,是其扩散现象的本质所在。从本质上,在运动性质方面,溶胶体系和分子分散体系并无本质区别,其质点-溶胶粒子的运动也服从同样的规律——分子运动理论,其运动规律符合布朗运动方程,即

$$\overline{x} = \sqrt{\frac{RT}{N_A} \cdot \frac{t}{3\pi\eta r}} \tag{1-5}$$

式中，$\overline{x}$ 为在观察时间 t 内粒子沿 x 轴方向的平均位移；r 为粒子的半径；η 为溶剂介质的黏度；T 为热力学温度；N_A 为阿伏伽德罗常数；R 为普适气体常数（$R = 8.314 \ \text{J} \cdot \text{mol}^{-1} \cdot \text{K}^{-1}$）。

此外，对于一个平衡体系，溶胶粒子除了受扩散力的作用外，还由于其密度通常远大于溶剂，从而受到重力而下沉，形成沉降现象。这种重力沉降作用和扩散作用达到平衡时，体系处于沉降平衡状态。此时，溶胶体系中粒子浓度分布随深度变化，符合指数规律，即

$$\frac{\varphi_2}{\varphi_1} = \exp\left[-\frac{4\pi r^3}{3} \cdot \frac{(\rho_{溶} - \rho_{介})gL\Delta h}{RT}\right] \tag{1-6}$$

式中，φ_2 和 φ_1 为不同层粒子的体积分数；Δh 为层间高度差；$\rho_{溶}$ 和 $\rho_{介}$ 分别为溶胶粒子和溶胶介质溶液的密度；L 为形状因子。

由式(1-6)可见，沉降平衡状态受到溶胶体系中粒子浓度及其形状和尺寸、溶剂介质类型等的影响。通常，粒子浓度越高，尺寸越大，粒子表面与溶剂的润湿性越好，沉降分离程度就越低。

1.3.3　溶胶的光学性质

溶胶是一种微观不均匀的复合体系，由高度分散的粒子和溶剂介质构成，其粒子的尺寸通常为 $1\sim100 \ \text{nm}$，因此，当光线进入溶胶中时，会产生吸收、散射和反射现象。对溶胶体系光学性质进行考察，可以为研究溶胶粒子的运动特性提供依据，并对确定溶胶粒子的大小和形状提供有益的帮助。

通常，一束光进入分散体系时，当分散相粒子尺寸与光的波长相当或更小时，将产生强烈的散射现象；当粒子尺寸远大于光的波长时，则主要产生反射现象。因此，当光线进入溶胶体系时，其吸收决定于体系的化学组成，而散射和反射则与其中分散的溶胶粒子的尺寸与形状相关。溶胶的光学现象包括丁达尔效应和瑞利（Rayleigh）散射效应，这些效应及溶胶的吸收现象决定了溶胶的颜色。

所谓丁达尔效应是指当一束光射入溶胶体系时，在垂直于入射光方向可以看到一条明亮的光带的现象，而在纯水或真溶液中是观察不到此现象的，如图 1-7 所示。其原因就在于溶胶体系属于分散体系，其中包含尺寸在光的波长以下的质点（溶胶粒子），当光线在其表面发生散射时，观察者就可以在光的传播方向之外也观察到光的路径。

瑞利发现，光在非导电性球形粒子表面的散射符合以下规律：

图 1-7　丁达尔效应

$$\frac{I}{I_0} = \frac{24\pi^3 \varphi v^2}{\lambda^4} \left(\frac{n_2^2 - n_1^2}{n_2^2 + n_1^2} \right)^2 \tag{1-7}$$

式中，I 和 I_0 分别为散射光和入射光的强度；φ 为单位体积中溶胶粒子的数目，即溶胶粒子的体积分数；n_1 和 n_2 分别为溶剂介质和溶胶粒子的折射率；λ 为入射光的波长。

由式(1-7)可知，散射强度与波长呈四次方关系。因此，入射光波长越短，散射强度越大；而波长越长，散射越弱，透过溶胶的光的强度越高。这也可以解释为什么许多溶胶的颜色偏向红色或棕色。同时，瑞利散射规律也常用于解释天空呈现蓝色及日出日落时太阳呈现红色。

不过，决定溶胶颜色的除了其散射现象，主要还是决定于溶胶粒子对光的选择性吸收。若溶胶粒子在波长为 $400\sim700\ \text{nm}$ 的可见光区的吸收较弱，则溶胶多呈透明无色的状态；若溶胶粒子有选择性地对特定波长的可见光有强烈的吸收作用，则观察到的溶胶不再是无色，而呈现其吸收光的补色。例如，AgCl 几乎不吸收可见光，因此 AgCl 溶胶多为无色；而 AgBr 和 AgI 吸收短波长的蓝光，从而多呈现出黄色或溶黄色。不过，溶胶的颜色与溶胶粒子和溶剂介质的多种性质相关，是一个复杂的现象，尚没有一个完整的理论对影响溶胶的颜色的各种因素进行定量的解释。

1.3.4 溶胶的电学性质

溶胶是一个多相分散体系，其中的溶胶粒子在外场作用下存在电泳和电渗等电动现象。另外，一些具有无机分散相的溶胶体系，由于其溶胶粒子表面多带有电荷，由于沉降现象的存在，不同高度存在电势差(沉降电势)；同样，当溶胶在压力作用下通过毛细结构时，两侧也会存在电势差(流动电势)。溶胶出现这些电动现象是由于其属于分散体系，且其中的无机相溶胶粒子表面的荷电所致。

目前，人们多通过双电层理论分析和解释溶胶等分散体系的电动现象。为此，人们提出了多种模型，包括 Helmholtz 模型、Gouy-Chapman 模型和 Stern 模型[3]。下面简要对后两种模型做一介绍。

1. Gouy-Chapman 模型

Gouy 和 Chapman 提出，对于液相分散体系，与固体表面电荷符号相反的离子(称为反离子)受到两种相互对抗的作用：库仑引力使反离子趋近表面，热运动则使之在溶液中均匀分布。结果使反离子在界面区域建立起一定的平衡分布，靠近固体表面处的反离子浓度较高，随着离表面距离的增加，反离子的浓度逐渐降低，直到在某个距离处正反离子的浓度相同，溶液中的净电荷为零。在平衡分布时，溶液中离子分布的具体方式取决于热运动和静电吸引的相对大小，遵守玻尔兹曼公式，即

$$n_i = n_{i0} \exp(-z_i e\varphi/kT) \tag{1-8}$$

式中，φ 为液相中某一位置处的电势；n_i 为单位体积液相中第 i 种离子的数目；z_i 为其电价数；n_{i0} 为第 i 种离子在溶液内部($\varphi=0$)的浓度；e 为元电荷，$e=1.602\times10^{-19}\ \text{C}$；$k$ 为玻尔兹曼常数。

为了定量处理双电层内的电荷与电势分布,Gouy 与 Chapman 假设:①质点表面是无限大的平面,表面电荷均匀分布;②扩散层中的反离子为服从玻尔兹曼分布的点电荷;③液相中的介电常数到处相同。

此时,若电荷分布是连续的,则双电层中的电荷 Q 为

$$Q = \sum n_i z_i e \tag{1-9}$$

此时,液相中的电势可用 Poisson 方程描述,即

$$\nabla^2 \varphi = -Q/\varepsilon \tag{1-10}$$

考虑到质点表面为无限大的平面,并将式(1-8)和式(1-9)代入式(1-10),得到

$$\frac{\mathrm{d}^2 \varphi}{\mathrm{d}x^2} = -\frac{1}{\varepsilon} \sum n_{i0} z_i e \exp\left(-\frac{z_i e \varphi}{kT}\right) \tag{1-11}$$

如果双电层内各处的电势 φ 均很低,$z_i e \varphi / kT \ll 1$,则式(1-11)可简化为式(1-12),使求解大大简化。

$$\frac{\mathrm{d}^2 \varphi}{\mathrm{d}x^2} = -\frac{1}{\varepsilon}\left(\sum n_{i0} z_i e - \sum \frac{z_i^2 e^2 n_{i0} \varphi}{kT}\right) \tag{1-12}$$

根据电中性条件 $\sum n_{i0} z_i e = 0$,则式(1-12)简化为

$$\frac{\mathrm{d}^2 \varphi}{\mathrm{d}x^2} = k^2 \varphi \tag{1-13}$$

式中,$k^2 = \frac{1}{\varepsilon}\sum \frac{z_i^2 e^2 n_{i0}}{kT}$。由此,得到电势 φ 随距固体表面的距离 x 的关系为

$$\varphi/\varphi_0 = \exp(-kx) \tag{1-14}$$

式(1-14)表明,扩散层不同位置处的电势随着离表面的距离而指数下降,下降的快慢由参数 k 的大小决定。k 是一个重要的物理量,常将 k^{-1} 称为双电层的"厚度"。由 k 的定义可知,双电层的厚度 k^{-1} 与浓度 $\sqrt{n_{i0}}$ 及其电荷 z_i 成反比。浓度或其电荷增加都使 k 增大、双电层变薄,使电势随距离下降得更快,其情形如图 1-8 所示。

根据 Gouy-Chapman 的扩散双电层模型,不难解释溶胶体系的电动现象。在外加电场作用下,带有不同电荷的两相向相反的方向运动,溶胶粒子和溶剂介质发生相对运动。由于电荷相对运动的边界面可能处于靠近边界的液相某处,根据式(1-14),发生相对运动界面处的电位 ζ(电动电位)随电解质浓度与电价的升高而下降,这与实验结果相符。

2. Stern 模型

Gouy-Chapman 模型在认识双电层结构与解释电动现象方面取得了相当的成功,但也遇到了不少困难,尤其是在高表面电势的情形。另外,根据 Gouy-Chapman 理论,同价离子对双电层的影响应该相同,ζ 电位的绝对值随离子浓度的增加而下降,但应该与表面电势同号,其极限值为零。但实验结果表明,电价相同的离子对 ζ 电位的影响有明显差别。为此,Stern 认为,Gouy-Chapman 模型的问题在于点电荷的假设,而实际上,电荷在液相中都是以

离子的形式存在。对于真实离子,Stern 认为:①真实离子有一定大小,限制了它们在表面的最大浓度和离表面的最近距离;②真实离子与带电表面之间除了静电作用之外,还有与离子本性有关的非电性吸引,如范德华力吸引作用等。基于上述观点,Stern 提出,双电层可以分为两部分:紧靠固体表面的那部分,离子通过电性和非电性的吸引作用而强烈地吸附在表面上,连同一部分溶剂分子(如水偶极子)一起与表面牢固地结合,称为特性吸附离子。特性吸附层中离子的电性中心构成 Stern 面。Stern 面与表面之间的区域称为 Stern 层或吸附层,其厚度 δ 仅为一、两个分子层。在 Stern 层之外,离子在液相中呈扩散分布,构成扩散层,而其电势与电荷分布仍符合 Gouy-Chapman 模型。整个双电层的结构如图 1-9 所示。

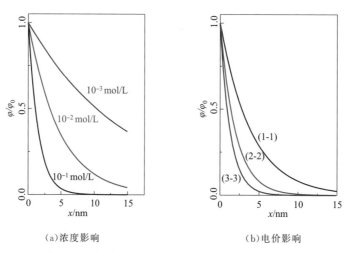

（a）浓度影响　　　　　　　　（b）电价影响

图 1-8　电解质浓度与电价对双电层电势分布的影响

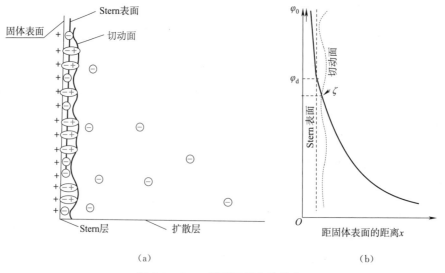

（a）　　　　　　　　　　（b）

图 1-9　Stern 模型及其电势分布

从 Stern 模型出发,切动面应在比 Stern 面略靠外的液相中。在一般情形下,只要分散相浓度不是很高,可以近似地认为 Stern 面的电位 φ_d 近似地等于切动面的电动电位 ζ。

Stern 模型考虑到离子大小并限定了表面最大吸附数,从而避免了 Gouy-Chapman 模型得出的反离子在表面附近的不合理的高浓度。由于 Stern 模型区分了电性吸附能与非电性吸附能,使 Gouy-Chapman 模型无法解释的一些电动现象得到了较合理的解释。但是,Stern 模型数学处理复杂,且双电层的扩散部分完全可以沿用 Gouy-Chapman 理论处理,因此,在定量处理电动现象或溶胶体系稳定性问题时,多数场合下仍是应用 Gouy-Chapman 理论,只是将 φ_d 换成 ζ 电位而已。

1.3.5　溶胶的稳定性

溶胶体系的稳定性是一个具有理论意义和应用价值的内容。从概念上,稳定性是一个动力学现象,是一个相对的过程。对溶胶体系,其稳定性是指溶胶体系的性质(包括溶胶粒子浓度、大小和形状以及溶胶的黏度、密度等)在一定时间内保持不变。由于实际溶胶体系中,随着水解和缩聚过程的进行,溶胶的内部结构是在不断变化中的,溶胶体系的各种性质也在连续变化中,因此,溶胶的稳定性实际上是指在满足应用要求的条件下,其性质维持在有限范围之内的能力。

通常,根据对溶胶体系的要求,溶胶的稳定性分别通过热力学稳定性、动力学稳定性和聚集稳定性等 3 个方面进行表征。

首先,从微观结构上,溶胶体系是由溶胶粒子和溶剂介质构成的多相分散体系,存在巨大的界面能;因此,溶胶体系在热力学上是不稳定的。不过,众所周知,微乳状液虽然也是属于多相分散体系,但在理论上则是热力学稳定的,因此,溶胶体系在一定条件下也有可能从热力学不稳定向热力学稳定转变,这需要在理论和实验上做进一步的研究。

其次,根据溶胶的动力学性质,溶胶中的粒子具有强烈的布朗运动,在一定程度上可以抵抗重力作用引起的沉降现象,从而可以在一定的时间内抑制溶胶粒子从溶剂介质中分离的现象,因此,在有限的时间间隔内,溶胶体系在动力学上是相对稳定的。

再次,随着溶胶的凝胶化进程以及奥斯瓦尔德熟化等各种原因,溶胶粒子之间可能发生结合或凝结,使粒子尺寸增大,体系分散度下降,沉降分离现象随之加剧,造成体系聚集稳定性下降。因此,从原理上,溶胶体系在聚集现象上是不稳定的。但通过控制水解程度,可以使溶胶粒子尺度处于一定的范围内,在有限时间内,溶胶体系是可以具有聚集稳定性的。

总之,溶胶体系是热力学不稳定但动力学稳定的复杂体系。溶胶体系能够长时间保持稳定就是由于这种矛盾的相对平衡所致。在实际应用中,为了保持溶胶体系满足一定时间内的应用要求,必须使其具有足够的稳定性;而为了加快溶胶向凝胶的转变过程,又要求其表现出一定的不稳定性。这就要求对溶胶的制备工艺(包括水解程度、催化剂和溶剂选择及工艺条件,如温度、湿度等)进行合理的控制,以达到既能保证溶胶-凝胶产物的质量,又能缩短工艺过程的目标。

从扩散双电层观点来说明溶胶的稳定性已普遍为人们所采用。它的基本观点是胶粒带电(有一定的 ζ 电位),使粒子间产生静电斥力。同时,胶粒表面水化,具有弹性水膜,它们也起斥力作用,从而阻止粒子之间的聚结。在扩散层模型的基础上,Derjaguin、Landan、VerWey、Overbeek 等发展了溶胶稳定性的理论(通常称为 DLVO 理论)。该理论认为,溶胶在一定条件下是稳定存在还是聚沉,取决于粒子间的相互吸引力和静电斥力。当两个胶粒相互接近时,体系相互作用的能量(吸引能+排斥能)变化的情况可用图 1-10 表示。曲线 E_r 表示溶胶粒子靠近时排斥能增加的情况;曲线 E_a 表示吸引能变化的情况。如要使溶胶粒子聚集在一起,必须越过一个位

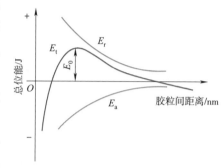

图 1-10 溶胶粒子间位能和距离的关系

能峰 E_0,这就是溶胶体系在一定时间内具有稳定性的原因。聚集稳定性是保持溶胶分散度不易自行降低的一种性质。一般的外界因素(如电解质浓度等)对范德华力影响很小,但却能强烈地影响溶胶粒子之间的排斥位能 E_r。

另一个影响溶胶稳定性的因素是溶剂化层的影响。以水为例,在溶剂化层中的水分子是具有定向排列倾向的,当溶胶粒子相互靠近时挤压溶剂化层,使溶剂化层的水膜表现出弹性,成为溶胶粒子相互接近的机械阻力。另外,溶剂化层中水的黏度高于溶剂相(水相),也成为溶胶粒子接近的障碍。因此,这种溶剂化层客观上起到了排斥作用,也称为水化膜斥力。

1.4 凝胶的基本化学性质

1.4.1 凝胶的结构

凝胶具有三维网状结构。按照其内部粒子形状和性质不同,凝胶网络结构有如图 1-11 所示的 4 种类型:图 1-11(a)为球状粒子相互连接,由粒子连成的链排成三维网络,如 TiO_2、SiO_2 等凝胶;图 1-11(b)为棒状或片状粒子搭成网架,如 V_2O_5 凝胶、白土凝胶等;图 1-11(c)为线形大分子构成的凝胶,在骨架中一部分分子链有序排列,构成微晶区,如明胶等;图 1-11(d)为线形大分子因化学交联(chemical cross-linking)而形成的凝胶,如硫化橡胶以及含有微量二乙烯苯的聚苯乙烯。

不同凝胶结构的区别主要决定于粒子形状、刚性或柔性以及粒子之间连接的方式等 3 个方面。

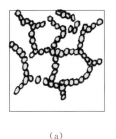 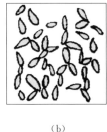 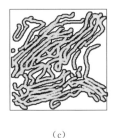 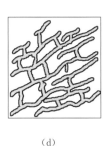

　（a）　　　　　　　（b）　　　　　　　（c）　　　　　　　（d）

图 1-11　凝胶结构示意图

1. 粒子形状

溶胶粒子的形状对形成凝胶所需的最低浓度有明显
的影响。一般而言，粒子形状越不对称，形成凝胶所需的
粒子浓度越低。对球形粒子，构成骨架结构所需粒子的体
积分数与其堆积方式有关。理论计算表明，配位数为 3 时
可以形成最松散结构的网络骨架，此时球形粒子的体积分
数仅为 0.056，如图 1-12 所示。而实际上，许多凝胶中分
散相的体积分数可以远低于该值，其原因在于溶胶粒子的
形状常常不是对称的球形粒子，而是很不对称的片状、棒
状等。

2. 粒子的刚性或柔性

当粒子是由大分子或高聚物构成时，其形成的网络骨
架具有高弹性，通常称为弹性凝胶；而由无机粒子构成的
骨架不具有弹性，通常称为非弹性凝胶。这两种凝胶在刚

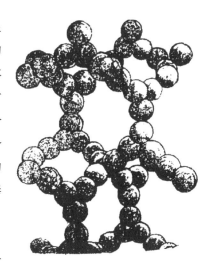

图 1-12　球形粒子以配位数为 3 的
方式构成的网络骨架示意图

性或柔性上具有明显的不同的性质。本书主要以非弹性凝胶作为讨论对象。

3. 粒子间的连接方式

溶胶粒子之间连接的性质对凝胶性质有着重要的影响。

以范德华力作用形成的骨架结构一般都不稳定，具有明显的触变性，如大多数的无机粒
子为分散相的溶胶体系。由于范德华力作用很弱，这类凝胶在发生溶胀时易向溶胶转变，凝
胶的骨架结构被破坏，形成无限溶胀现象。

以氢键为引力的凝胶体系，其分散相主要由蛋白质组成，如明胶。具有此类骨架的水凝
胶含有的液相介质体积较大，具有一定的弹性。由于氢键作用明显强于范德华力作用，其骨
架结构的稳定性也相对较高，并可以在局部形成有序结构。由于骨架较稳定，这类凝胶在室
温下只能发生有限溶胀，但加热时可转变成无限溶胀。

而以线形大分子构成的以化学键连接的凝胶体系的骨架非常稳定，升高温度对结合力
影响较小，因此其溶胀也是有限的，如硫化橡胶和聚苯乙烯等。若其内部粒子为刚性的，如

SiO_2 干胶,则此类凝胶多无溶胀现象。

下面以硅酸凝胶为例对其骨架结构做简单的介绍。硅酸凝胶多是通过硅酸缩聚形成硅溶胶,再经凝胶化过程而得到的。研究认为,在不同 pH 的环境中,硅酸会发生不同的缩聚过程。在水玻璃溶液中,偏硅酸钠的实际结构式为 $Na_2(H_2SiO_4)$ 和 $Na(H_3SiO_4)$,因此其溶液中的负离子为 $(H_2SiO_4)^{2-}$ 和 $(H_3SiO_4)^{-}$,其浓度随酸性的增强而上升,并逐步与 H^+ 结合,见式(1-15)。

$$\left[\begin{matrix} & O & \\ HO- & Si & -OH \\ & O & \end{matrix}\right]^{2-} \xrightarrow{H^+} \left[\begin{matrix} & OH & \\ HO- & Si & -OH \\ & O & \end{matrix}\right]^{-} \xrightarrow{H^+} \left[\begin{matrix} & OH & \\ HO- & Si & -OH \\ & OH & \end{matrix}\right] \xrightarrow{H^+} \left[\begin{matrix} & OH & \\ HO- & Si & -OH \\ & OH_2 & \end{matrix}\right]^{+}$$

$$\tag{1-15}$$

而在中性或碱性条件下,原硅酸($\left[\begin{matrix} & OH & \\ HO- & Si & -OH \\ & OH & \end{matrix}\right]$)与其一价的原硅酸离子

($\left[\begin{matrix} & OH & \\ HO- & Si & -OH \\ & O & \end{matrix}\right]^{-}$)发生氧联反应,生成二聚体,见式(1-16)。

$$\left[\begin{matrix} & OH & \\ HO- & Si & -OH \\ & OH & \end{matrix}\right] + \left[\begin{matrix} & OH & \\ HO- & Si & -OH \\ & O & \end{matrix}\right]^{-} \rightleftharpoons HO-\underset{\underset{OH}{|}}{\overset{\overset{OH}{|}}{Si}}-O-\underset{\underset{OH}{|}}{\overset{\overset{OH}{|}}{Si}}-OH + OH^{-}$$

$$\tag{1-16}$$

而二聚体可以继续与原硅酸离子反应,形成三聚体、四聚体等多硅酸聚合体。同时,多硅酸聚合体的 Si—O—Si 链的中部也可以发生氧联反应,形成支链多硅酸。氧联反应使硅酸的聚合程度不断上升,形成胶态 SiO_2 粒子,即通常所说的 SiO_2 溶胶。

而在强酸性环境(pH<2)中,其硅酸离子为 $\left[\begin{matrix} & OH & \\ HO- & Si & -OH \\ & OH_2 & \end{matrix}\right]^{+}$,与原硅酸发生如式(1-17)

所示的羟联反应,形成双硅酸。

$$\left[\begin{matrix} & OH & \\ HO- & Si & -OH \\ & OH & \end{matrix}\right] + \left[\begin{matrix} & OH & \\ HO- & Si & -OH \\ & OH_2 & \end{matrix}\right]^{+} + 2H_2O \rightleftharpoons \left[\begin{matrix} & H & H & H & \\ & O & O & O & \\ HO & & & & OH_2 \\ & Si & & Si & \\ HO & & & & OH \\ & O & O & O & \\ & H_2 & H & H_2 & \end{matrix}\right]^{+}$$

$$\tag{1-17}$$

羟联反应不断进行,形成三硅酸、四硅酸等,最终得到硅溶胶或硅凝胶。

通过氧联反应或羟联反应得到的 SiO_2 溶胶粒子,是由无序排列的 SiO_4 四面体所组成,其内部无孔隙,表面则为羟基所覆盖。根据液相介质的酸碱性不同,SiO_2 粒子会带有不同的电荷和不同程度的溶胶化层,从而使溶胶表现出不同的稳定性。

随着凝胶化过程的进行,SiO_2 溶胶粒子数量逐步增加,尺寸逐步上升。当溶胶粒子含量超过 1% 时,粒子之间可相互结合形成开放而连续的骨架结构,使凝胶具有一定的刚性。而在干燥过程中,粒子之间进一步靠近,骨架收缩,最终形成具有三维网络结构的 SiO_2 干胶,即通常所说的硅胶。

1.4.2　凝胶的老化

溶胶在陈化和胶凝过程中,凝胶的许多性质呈现随时间不断变化,这一现象称为"老化"。在陈化过程中,凝胶的外形和体积基本保持不变,但其内部的部分液体从凝胶中分离,形成"脱浆"现象。脱浆是凝胶老化的一个表现,其产生的原因在于,在溶胶不断水解形成的具有网络结构的凝胶中,粒子之间的距离尚未达到最小,粒子之间存在一定数量的溶剂及水解产生的有机物分子,因此,在陈化过程中,粒子之间存在相互吸引作用,使粒子进一步接近,从而使凝胶的骨架收缩,于是,存在于骨架中的部分液体从粒子间隙中挤出,形成脱浆现象。

凝胶的脱浆现象是一个自发的过程,其速率既决定于粒子间距,也与溶胶浓度有关。随着浓度的提高和粒子间距的缩短,脱浆速率也随之增大。通常,脱浆速率可以用粒子间距随时间的变化来表示,即

$$v_{脱浆} = \frac{\mathrm{d}l}{\mathrm{d}t} \tag{1-18}$$

也可以用从凝胶中分离出来的液体体积随时间的变化表示,即

$$u_{脱浆} = \frac{\mathrm{d}V}{\mathrm{d}t} = k(V_{max} - V) \tag{1-19}$$

式(1-18)和式(1-19)中,l 为时刻 t 时粒子之间的平均间距;V 为时刻 t 时分离的液体体积;V_{max} 为从凝胶中最大允许分离的液体体积;k 为常数。从式(1-19)可以看出,$V_{max} - V$ 与凝胶浓度成正比。实验证明,稀凝胶发生脱水收缩时,其速率随凝胶浓度的增加而增大。表 1-1 列出了天竺葵在摩尔浓度为 0.1% 时的 NaCl 溶液中的 k 值。由表 1-1 可见,不同时间下,k 值基本保持不变,说明脱浆速率与脱浆体积之间符合式(1-19)的关系。

表 1-1　天竺葵的 k 值[4]

静置时间/h	分离的液体量/mL	$k = \frac{1}{t} \ln \frac{V_{max}}{V_{max} - V}$
3	1.0	0.022 8
12	3.0	0.022 7
24	6.0	0.037 0
48	6.3	0.022 7
72	6.8	—

必须指出，凝胶的脱浆收缩作用是自发的，凝胶脱浆分离的液体量在理论上等于该凝胶弹性体能够吸收的液体量。

另外，弹性凝胶的脱浆作用是可逆的，是溶胀作用的逆过程。根据凝胶体系的总体积 V_{gel} 和分散相的体积 V_d（包括与分散相结合的液体体积）的相对关系，可以判定凝胶是处于脱浆阶段还是溶胀阶段：

若 $V_{gel} > V_d$，凝胶将出现脱浆现象；

若 $V_{gel} < V_d$，凝胶将出现溶胀现象；

若 $V_{gel} = V_d$，凝胶既不溶胀，也不出现脱浆现象。

对于非弹性凝胶，其脱浆是不可逆的，通常按照溶胶→凝胶→干凝胶→致密沉淀的次序进行转变。其原因在于凝胶中的粒子发生强相互作用，粒子间的距离越过了临界距离 R_{Lr}（见图 1-13），使其收缩成为不可逆过程。

必须注意的是，脱浆不同于干燥时的失水。脱浆过程即使在空气中或低温时也可进行，是缩聚过程不断进行的一个外在表现。

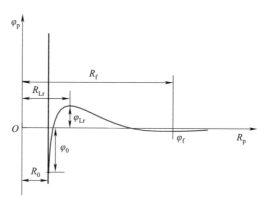

图 1-13　基于粒子理论的凝胶体系势能与粒子间距关系示意图

1.4.3　凝胶的溶胀

凝胶的溶胀（swelling）是指凝胶从液体或其蒸汽介质中吸收这些液体或其蒸汽，使自身质量和体积增加的现象。溶胀是弹性凝胶所特有的性质。

通常，人们用溶胀率表示凝胶的溶胀特性，它是指在特定的介质和环境条件下，单位质量或单位体积的凝胶所能吸收的液体极限量，其定义式如式(1-20)和式(1-21)所示。

$$S = \frac{m_2 - m_1}{m_1} \tag{1-20}$$

$$S = \frac{V_2 - V_1}{V_1} \tag{1-21}$$

式(1-20)和式(1-21)中，S 为溶胀率；m_1、m_2 分别是溶胀前后凝胶的质量；V_1 和 V_2 分别为溶胀前后凝胶的体积。

凝胶的溶胀是有选择性的，所吸收液体仅限于能与之发生溶剂化的液体。此外，凝胶的溶胀存在"有限溶胀"和"无限溶胀"两种类型，改变介质环境条件可以改变凝胶的溶胀类型。凝胶的溶胀与凝胶和介质的性质密切相关，且随着温度的上升而增大。由于溶胀是一种放热过程，当有限溶胀的凝胶处于平衡状态时，温度上升会使最大溶胀率降低。不过，若温度升高能减弱粒子之间的结合，则可使有限溶胀转变为无限溶胀。另外，凝胶的老化程度及其交联度也会影响凝胶的溶胀;凝胶老化程度和交联度越高,溶胀率越小。

通常,在置于介质中陈化时,凝胶会同时发生脱浆和溶胀现象,达到溶胀平衡需要经过一定的时间。实验发现,凝胶的溶胀速率符合一级反应动力学方程,即

$$\frac{dS}{dt} = K_s(S_{max} - S) \tag{1-22}$$

式中,S_{max} 为平衡时的溶胀率;K_s 为溶胀动力学常数。由式(1-22)可知,溶胀速率与 $(S_{max} - S)$ 成正比,即初始时溶胀速率最大,随着陈化时间的延长,溶胀速率逐步降低,直到接近于零。这一现象与固体在液体中的溶解现象类似,只不过溶胀现象是低分子溶剂向凝胶中扩散。

凝胶的溶胀过程可以分为两个阶段:

第一个阶段是在溶胶粒子表面形成溶剂化层。此时,小分子溶剂分子迅速扩散到凝胶中,与凝胶中的骨架结合,从而形成溶剂化层。这个阶段具有两个特点:①此时溶剂蒸气压较低,与骨架的结合较强,不易被完全清除;②溶胀使凝胶的体积增大。但由于溶剂蒸气压低、溶剂化层中的溶剂分子结合紧密,使凝胶体积的增量低于所吸收的液体的体积;另外,凝胶在溶胀时,其溶剂分子的溶剂化层形成过程类似于液相向固相的转变,因此会放出一定的热。

第二个阶段是溶剂的渗透和吸收。此时,凝胶吸收的溶剂量相比于第一个阶段有几倍甚至几十倍的提高,且没有明显的热效应和体积效应。对于第二个阶段,达到平衡所需的时间也明显延长,使凝胶表面出现较大的应力。

1.4.4　凝胶的触变性

触变性(thixotropy)是指物体受到剪切时稠度变小,停止剪切时稠度又增加,或受到剪切时稠度变大,停止剪切时稠度又变小的性质。当醇盐经部分水解形成溶胶后,随着陈化时间的延长或加入电解质催化剂,溶胶逐渐向凝胶转变,黏度增加;但对这种凝胶加以振动,体系可以可逆地返回到溶胶状态。对溶胶-凝胶体系,触变作用使体系从具有网络贯联结构向无结构的状态转变,可以表示为

$$凝胶 \xrightarrow[\text{静置(胶凝作用)}]{\text{摇动(触变作用)}} 溶胶(等温) \tag{1-23}$$

值得注意的是,具有触变性的溶胶向凝胶转变,必须静置一定的时间,这表明凝胶结构的恢复需要时间。凝胶在受到外部剪切作用时,剪切力诱发溶胶粒子形成定向排列,而热扩散形成的布朗运动使定向的溶胶粒子产生随机结合,这两种作用的平衡形成了时间依存的溶胶结构状态。

凝胶体系触变现象的解释主要有粒子理论和骨架理论。根据粒子理论,凝胶粒子是一种带有电荷的微粒,因此在静电吸引和空间排斥的协同作用下形成平衡,如图 1-13 所示。当粒子之间距离大于 R_{Lr} 且小于 R_f 时,粒子相互靠近,将使体系势能增加,使之处于亚稳性状态。此时,凝胶体系具有明显的触变现象。

而骨架理论认为,醇盐水解产物的末端及溶胶粒子的表面之间具有强烈的吸引作用,使溶胶粒子之间产生结合,从而形成网络骨架。当外部剪切力作用形成流动时,由这种结合形成的骨架被破坏,从而使溶胶体系的黏度降低。骨架理论可以解释具有棒状或片状粒子结构的溶胶体系更容易表现出触变现象。不过骨架理论也不能解释一些现象,例如,石英粉的悬浮体系并不表现出触变性,但加入极细的氧化铝粉体时,体系的触变性明显增强。

1.5 溶胶-凝胶技术的发展与现状

1.5.1 发展历程

从 19 世纪中叶以来,溶胶-凝胶技术的发展大致经历了 5 个阶段:

(1)从 19 世纪中叶到20 世纪 30 年代为第一阶段。1846 年,Ebelmen 发现,SiCl$_4$ 与乙醇的混合物会在空气中水解并形成凝胶,具有玻璃态;1864 年,Graham 发现,SiO$_2$ 凝胶中的水可以用有机溶剂置换。这一阶段的研究为胶体化学的发展奠定了基础。

(2)20 世纪 40~50 年代为第二阶段。Dishch 通过金属醇盐水解及对凝胶化过程的控制,在远低于传统玻璃熔制温度的条件下获得了 SiO$_2$-B$_2$O$_3$-Al$_2$O$_3$-Na$_2$O-K$_2$O 块状玻璃,引发了研究者对溶胶-凝胶技术的兴趣。另外,研究者通过旋涂法(spin-coating)在光学元件上制备了 SiO$_2$ 和 TiO$_2$ 多层增透膜。该技术在薄膜上的应用,因而被称为"化学镀膜法"。

(3)20 世纪 60~70 年代为第三阶段,研究的大部分工作集中在该法的前驱体、反应过程及块状玻璃、纤维等材料制备等方面。1969 年,Roy 采用溶胶-凝胶法制备出多种均质的玻璃和陶瓷。此后一段时间内,包括日本的 Sakka 和 Yamane,意大利的 Gottardi,德国的 Schmidt 和 Scholze 等采用溶胶-凝胶技术对精细玻璃制备开展了广泛的研究。通过该法,人们制备出相图研究中的均质试样,在低温下制备出 PLZT 透明陶瓷和 Pyrex 耐热玻璃;而核科学家采用该法制备核燃料避免危险粉尘的产生。

溶胶-凝胶技术在 20 世纪 40~70 年代的发展,引起了人们的重视,认识到其与传统烧结、熔融等物理方法的不同,从而提出了"化学途径制备优质陶瓷"的概念,并称溶胶-凝胶技术为化学合成法或 SSG(solution sol gel)法。

(4)20 世纪 80~90 年代为第四阶段,是溶胶-凝胶技术发展相当活跃的时期,也是在这个阶段,"溶胶-凝胶法"(sol gel process /method)这一术语基本确定。在该阶段,该方法成为低温制备超纯和超细粉体材料,尤其是纳米材料的重要手段。同时,利用浸涂法、旋涂法等方法将该法制备的溶胶应用于制作各种功能薄膜。由于低温成膜,设备和操作简单,成为该法最先产业化的应用领域。

(5)21 世纪初开始为溶胶-凝胶技术发展的延伸阶段,或称为第五阶段。在此阶段,溶胶-凝胶法的触角已经延伸到机械、光电通信、环境保护、生物医药、梯度材料等领域,溶胶-凝胶法正在展现出新的生命力,成为最重要的材料制备方法之一。人们利用该技术在制备无机/有机杂化(hydrid)材料,陶瓷基复合材料,有机/无机复合功能薄膜材料,具有光、电、磁、热、声、生物等性质的功能材料,纳米材料,智能材料,梯度功能材料,气凝胶自组装材料,多孔材料等新兴领域开展了广泛的研究。随着各种新的应用不断出现,溶胶-凝胶技术的发展也进入全面深入和广泛应用的时期。

1.5.2　发展现状

溶胶-凝胶科学与技术的发展,也反映在学术论文发表及专利申请的数量上。由国际溶胶-凝胶协会主办的国际溶胶-凝胶大会的前身,即第一届"国际凝胶玻璃及玻璃陶瓷研讨会"(1981 年)上仅有 18 篇论文;1993 年第七届国际溶胶-凝胶大会已达到了 220 篇论文;2019 年第 20 届国际溶胶-凝胶大会发表的论文数量更是达到了 500 余篇。图 1-14 给出了国际溶胶-凝胶学会统计的自 1981 年以来国际上发表的学术论文数量。可见,1997 年后,论文数量呈指数式增长,标志着溶胶-凝胶科学和技术的发展取得了巨大的突破,并进入深层次的基础研究和更广泛的应用阶段。在专利方面,自 1939 年以来的所有专利中,62% 的专利申请来自日本,其次是英国、中国、德国、韩国(见图 1-15);日本的专利主要来自日本相关企业,这大大推动了日本相关材料及产业的发展。

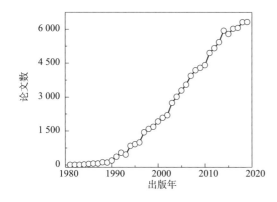

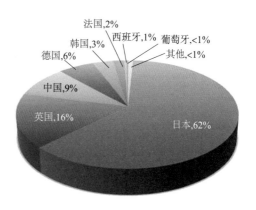

图 1-14　从 1981 年到 2019 年期间全球　　　　图 1-15　自 1939 年全球溶胶-凝胶相关
溶胶-凝胶论文发表情况　　　　　　　　　　　的专利国别分布

我国溶胶-凝胶研究始于 20 世纪 80 年代,最早的研究单位包括浙江大学、中国科学院上海硅酸盐研究所、中国科学院上海光机所、中国建材研究院等,其技术发展过程基本与国际同步。"十五"以来,我国材料领域创新活动活跃,2005 年我国材料领域科技论文数达到世界第一位。据统计,2012 年我国发表的材料领域的论文达到 18 175 篇,是美国的 2 倍、日本的 4.25 倍,其中与溶胶-凝胶相关的论文约占 12%,说明了溶胶-凝胶科学和技术在中国发展的广度和深度。由于从事溶胶-凝胶研究和应用的科技工作者的努力,我国已成为溶胶-凝胶技术研究和应用方面的主要国家之一。

2008 年,经国家民政部审核批准,中国硅酸盐学会成立了溶胶-凝胶分会。该分会由浙江大学杨辉和樊先平教授、同济大学沈军教授、深圳大学罗仲宽教授、中国科学院上海硅酸盐研究所宋力昕研究员等发起。分会在继承了我国老一辈溶胶-凝胶工作者经验的基础上,紧紧围绕国家科学技术发展方向和重大需求,瞄准国际科技前沿,开展国内外学术交流及科技活动,为促进溶胶-凝胶的研究与发展,推动溶胶-凝胶的实际应用做出了重要的贡献。2006 年,分会将“全国溶胶-凝胶科学与技术学术会议”定名为“中国溶胶-凝胶学术研讨会暨国际论坛”,每两年举办一届,已分别在 2006 年(温州)、2008 年(深圳)、2014 年(昆明)、2016 年(长沙)、2018 年(西安)顺利召开,参会人数也从 2006 年的 190 余人发展到2018 年的近400 人,成为国内溶胶-凝胶学术交流的重要平台,吸引了国外同行的关注。从 2011 年起,为鼓励我国青年学者关注溶胶-凝胶相关技术及新材料研究,分会每隔两年举办一届“中国溶胶-凝胶青年学者论坛”,已分别在 2011 年(绵阳)、2013 年(杭州)、2015 年(自贡)、2017 年(张家界)举行,为青年学者提供了一个具有开放自由学术氛围的交流平台。2011 年,中国硅酸盐学会溶胶-凝胶分会在杭州成功举办了第16 届国际溶胶-凝胶大会,来自 30 多个国家的 515 位研究者参加了会议,发表论文总数达 476 篇,这显示中国溶胶-凝胶的发展吸引了国外研究者的关注,标志着中国溶胶-凝胶研究已在国际上占有极其重要的学术地位。

根据中国硅酸盐学会溶胶-凝胶分会的统计,在 2014—2018 年期间,全球发表溶胶-凝胶论文最多的 12 家机构中,有 5 家来自中国(见表 1-2)。中国近五年的溶胶-凝胶论文在全球的占比基本保持在 30％以上,处于领先地位(见表 1-3)。在专利申请方面,来自中国的专利申请数量的增长速度惊人,申请占比从 2009 年的约 30％上升到2018 年的 68％,处于第一位(见表 1-4)。

表 1-2　2014—2018 年期间机构发表溶胶-凝胶相关的论文统计

排名	科研机构	论文数/篇
1	中国科学院系统	1 857
2	法国国家科研中心(CNRS)	1 162
3	印度理工学院(IIT)系统	937
4	俄罗斯科学院	691
5	伊斯兰 Azad 大学	639
6	印度科学工业研究委员会(CSIR)	611
7	加利福尼亚大学系统	413
8	天津大学	402
9	浙江大学	400
10	清华大学	392
11	法国国家铁路公司(SNCF)	386
12	四川大学	370

表 1-3　全球和中国 2009—2018 年期间发表的溶胶-凝胶相关的论文统计

年份	论文总数/篇		中国论文占比/%
	全球	中国	
2018	12 134	3 639	30.0
2017	12 596	3 782	30.0
2016	11 759	3 473	29.5
2015	11 104	3 411	30.7
2014	11 218	3 326	29.7
2013	10 926	3 332	30.5
2012	10 609	3 524	33.2
2011	9 647	3 349	34.7
2010	8 453	2 841	33.6
2009	8 149	2 864	35.2

表 1-4　全球和中国 2009—2018 年期间申请的溶胶-凝胶相关的专利统计

年份	专利(共享专利)申请数/件		中国申请占比/%
	全球	中国	
2018	1 054	721(32)	68.4
2017	1 077	716(72)	66.5
2016	981	598(33)	61.0
2015	934	554(11)	59.3
2014	1 015	554(8)	54.6
2013	1 302	830(21)	63.8
2012	1 180	715(14)	60.6
2011	702	286(11)	40.7
2010	737	204(3)	27.7
2009	662	197(15)	29.8

　　与此同时,溶胶-凝胶的研究和应用仍在不断延伸。近年来,与溶胶-凝胶法相关的新方法被发明出来,为传统的溶胶-凝胶法注入了新的概念和技术,并不断为材料领域增添新的成员,人们对溶胶-凝胶这个老而弥新的方法的研究也在不断深入。在溶胶-凝胶制备过程中,通过改变溶剂体系、引入外场作用等特殊条件以控制水解、聚合及晶粒生长,从而获得常规溶胶-凝胶技术无法获得的材料结构和性能,目前已发展出包括非水体系溶胶-凝胶技术、非硅体系溶胶-凝胶技术、多水体系溶胶-凝胶技术、低维材料溶胶-凝胶技术等新的分支,在整个无机非金属材料领域显示出了巨大的优越性和广阔的应用前景。

　　在材料制备领域,目前溶胶-凝胶研究的热点集中在原位控制、有序孔结构和自组装等方面。

　　利用溶胶-凝胶工艺,控制前驱体原位水解、聚合,纳米粒子原位形核、生长,或促使功能纳米粒子在异相材料表面原位包覆,从而实现原位控制,以实现原位生长制备纳米晶、纳米颗粒、胶粒,原位合成多相纳米复合材料;利用多元体系溶胶-凝胶工艺,通过调节前驱体水解、聚合,有效控制晶粒原位形核、生长、包覆,实现纳米及复合结构的原位控制,以改善复合材料及体系的显微结构和性能。

有序孔结构自诞生起就得到国际物理、化学、材料领域的高度重视,并迅速成为跨学科研究的热点之一。以表面活性剂形成的超分子结构为模板或诱导剂,利用溶胶-凝胶工艺,通过有机-无机界面间的定向作用或通过相分离,制备孔径分布窄、孔道结构规则、孔结构阶层分布的有序孔结构;通过对有序孔结构的合成化学基础、控制合成和结构的解析,以有效调控孔结构孔道、骨架的化学组成与结晶状态、材料的多级有序,从而利用层状结构转化、无机-有机静电作用、表面活性剂分子协同自组装、液晶模板、相分离诱导等机理,实现各种有序孔结构的搭建。

自组装是利用分子与分子之间通过弱键或非共价键力(如氢键、范德华力等)自发地结合成稳定的分子聚集体的过程。通过弱键相互作用自发地形成特定结构,自组装已成为创造新物质和产生新功能的重要手段。利用溶胶-凝胶工艺,通过各分散组装单元间弱键相互作用的本质和协同规律的研究,实现对自组装过程的有效调控,从而在不受外力下完成组织和构筑结构复杂的、多尺度复合材料,以实现"自下而上"加工。

总之,溶胶-凝胶科学和技术的不断发展,为创新性地开展新材料的研究和制备提供了一条环境友好的路径。

溶胶-凝胶技术通过对材料制备初期的精确调控,使材料均匀性达到分子级水平,从而有效控制材料的组成、形状、显微结构和性能。该技术已成为当前最重要、最有前途的材料制备新方法之一。

参考文献

[1]   ESPOSITO S. "Traditional" Sol-Gel Chemistry as a powerful tool for the preparation of supported metal and metal oxide catalysts[J]. Materials,2019,12(4):668.

[2]   ZAHARESCU M,PREDOANA L,PANDELE J. Relevance of thermal analysis for sol-gel-derived nanomaterials[J]. Journal of Sol-Gel Science and Technology,2018,86(1):7-23.

[3]   亚当森. 表面的物理化学[M]. 顾惕人,译. 北京:科学出版社,1984.

[4]   沈钟,赵振国,王果庭. 胶体与表面化学[M].3版. 北京:化学工业出版社,2004.

第2章 溶胶-凝胶技术制备阶层多孔材料

阶层多孔材料(hierarchically porous materials)是指孔尺寸呈梯度分布的多孔材料,其孔结构上同时分布有大孔、介孔和微孔,构成独特的梯度多孔结构,并拥有优越的孔表面特性以及块体状的外观形貌。相对于连续介质材料及单一孔结构材料而言,阶层多孔材料具有的共连贯大孔可以起到液态物质运输通道的作用,而介孔则能提供高的比表面积,可以吸附液相中较大的分子,这样就能兼具两者的优点,可以应用于更广阔的领域。

2.1 溶胶-凝胶伴随相分离原理及阶层孔形成

成分不同的具有特定的大孔、介孔和微孔等结构的阶层多孔块体材料,近年来研究比较活跃,应用比较多的技术包括模板法、发泡法及溶胶-凝胶伴随相分离法等。

溶胶-凝胶伴随相分离法,是在传统溶胶-凝胶方法过程中,以 Flory-Huggins 为理论依据引入相分离过程的方法。该方法是将 Spinodal 分解得到的双连续结构以凝胶过程来固定的,从而得到阶层多孔块体材料。Nakanishi[1]课题组最早报道了硅氧烷体系的溶胶-凝胶伴随相分离现象,并初步建立了溶胶-凝胶伴随相分离制备共连续结构多孔块体的理论判据,随后各国科研工作者制备出 SiO_2[1-3]、莫来石[4]、堇青石[5]、TiO_2[6,7]、SiC/C[8]等多孔块体。通过相分离法制备块体宏孔材料的原材料也由一开始只能以金属醇盐为起始反应物发展到了多金属氧酸盐,如水玻璃、胶体分散粒子和金属盐。基于同样的原理与方法,甚至如聚苯乙烯和聚丙烯酸酐这种纯有机物可以也被制备成连续多孔块体结构。

根据 Flory-Huggins 格子模型理论[9-11],两种具有不同链长的聚合物分子混合时,体系 Gibbs 自由能的改变可表述为

$$\Delta G = -T\mathrm{d}S + \Delta H = RT\left(\frac{\varphi_1}{P_1}\ln \varphi_1 + \frac{\varphi_2}{P_2}\ln \varphi_2 + \chi_{12}\varphi_1 \varphi_2\right) \qquad (2\text{-}1)$$

式中,φ_i($i=1,2$ 为相 1、相 2)为体积分数;P_i 为聚合度($i=1,2$);χ_{12} 为两者的界面参数。式(2-1)中右侧括号内的前两项贡献于熵,最后一项贡献于焓,即

$$\Delta S = R\left(\frac{\varphi_1}{P_1}\ln \varphi_1 + \frac{\varphi_2}{P_2}\ln \varphi_2\right) \qquad (2\text{-}2)$$

$$\Delta H = RT\chi_{12}\varphi_1\varphi_2 \qquad (2\text{-}3)$$

所以,由式(2-2)可知体系中随着聚合度的增加,体系熵在减小。

只有当 ΔG 大于零的时候,体系由稳定区变到不稳定区,才会发生相分离。而影响 ΔG

的因素有三个:温度 T、熵度 ΔS 和熔度 ΔH。由式(2-1)可明显得出,T 的减小、ΔS 的减小和 ΔH 的增加均有可能导致 ΔG 大于零,从而发生相分离。此时,T 的减小,即温度的降低对应于物理冷却;而 ΔS 的减小或 ΔH 的增加对应为化学冷却,如图 2-1 所示。物理冷却为我们常见的,通过温度的降低使体系从单相区进去两相区,变得不稳定,发生分相。化学冷却是类比于物理冷却提出的概念,在温度一定的情况下,由于在溶胶-凝胶体系中一直存在着化学反应,有化学键的不断形成,因此,通过改变相图曲线位置使其从单相区进入两相区,即进入不稳定区,从而发生分相。在 ΔG 从负数一直增大到大于零的瞬间,相分离的驱动力开始出现,体系的不相容性达到了相分离的程度,导致凝胶相从溶剂相中分离出来。换言之,起始单相溶液会随着聚合的缓慢发生而变得不稳定,最终形成不同的相。

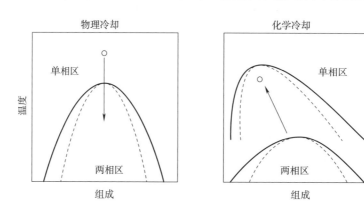

图 2-1　物理冷却与化学冷却相图的对比[1]

物理冷却与化学冷却共同点在于都能达到相分离的效果,其不同点在于前者是可逆的,而后者由于有化学键的形成,所以是不可逆的。在实际过程中,前者的降温速率便于人工控制,而后者需要通过精确改变实验参数来控制聚合速率。

在化学冷却中,上临界溶解温度(upper critical solution temperature)的双节线如图 2-1 所示,双节线的顶点向高温位置方向移动,并表现出不对称的形状。对于混合有聚合物和溶剂的三元系,溶剂可发挥减小两种聚合物斥力的作用;之后,混合体系相之间的关系极大地取决于两种聚合物的相容性和各自的分子量,此时体系可视为准二元混合物。溶胶-凝胶过程产生微米级凝胶相和溶剂相,在整个体系发生凝胶化后,通过后续的溶剂去除从而形成宏孔,凝胶相变为骨架。

通过相分离过程斯皮诺达(Spinodal)分解机理及结构演化的相分离法制备多孔体时,需要通过凝胶过程,将由斯皮诺达分解得到的连续结构固定,然后通过溶剂的去除合成多孔材料。因此,斯皮诺达分解在这个过程起着极其重要的作用。斯皮诺达分解又称为拐点分解或调幅分解,新相的形成不经历形核长大,而是通过自发的成分涨落,浓度的振幅不断增加,最终分解成结构相同而成分不同的物质的过程[12,13]。如图 2-2 所示,实线为固溶度曲线,虚线为拐点轨迹线。实线以外为稳定区;实线与虚线间为介稳区;虚线以内为不稳定区。对应于图 2-2(b)为自由能-成分曲线,只有位于二阶导数为零之间的成分,即 φ_{S1} 与 φ_{S2} 之间才会出现分解。而区间之外,以形核-长大机制形成新相。

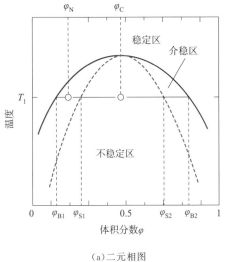

(a)二元相图

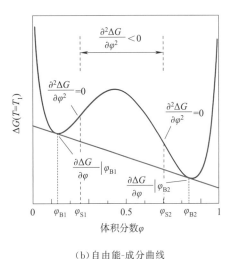

(b)自由能-成分曲线

图 2-2　相分离过程

斯皮诺达分解不经历形核阶段,不出现另一种晶体结构,不存在明显的相界面。若扩散条件充分,斯皮诺达分解的速度很快。斯皮诺达分解是不经历形核阶段的,在体系中均匀同时析出,在斯皮诺达分解的不同阶段用凝胶化过程将其固定,便可得到图 2-3 所示的结构。双连续结构(continuous structure)从无到瞬间析出,随着时间的继续推移,便发生奥斯瓦尔德熟化(Ostwald ripening),成为粒子聚集体。奥斯瓦尔德熟化又称颗粒粗化,从相图上来看,新相的数量已符合平衡相图杠杆定律的要求,新相的总量已不再变化。所能改变的只有新相与母相间的界面能,通过进一步减小界面能实现颗粒粗化。在新相总量始终不变的前提下,大颗粒不断长大,小颗粒不断缩小以致消失。

初始结构　　双连续结构　　单连续结构　　颗粒聚集结构

图 2-3　斯皮诺达分解随时间的结构演变

以 SiO_2 为例,该体系以聚氧乙烯(PEO)作为相分离诱导剂,并且以氢键作用与凝胶相吸附,属于体系由熵的增加导致相分离的情况。如图 2-4 所示,通过调整三种原料的量即可得到不同的形貌结构。在正硅酸甲酯(TMOS)数量一定的情况下,溶剂的增加,会使宏孔变大,骨架变细;PEO 的增加,会导致凝胶相增加,宏孔变小,过多的 PEO 量便形成纳米级孔或无孔结构;三者之间合适的比例会使凝胶与相分离时间匹配,形成骨架光滑连续、宏孔三维贯通、外观为一整体的多孔材料。

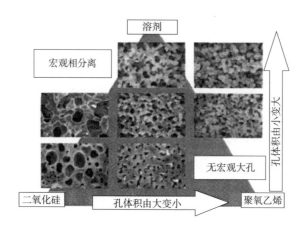

图 2-4　TMOS-PEO-溶剂伪三元相图[14]

溶胶-凝胶转化是一个动态的过程,任何动态的结构如果刚好发生在凝胶化的时刻,并且结构的演变时间与凝胶化时间在同一数量级尺度上,它就能被凝胶过程所保留。被固定的结构形貌取决于相分离发生的时刻和凝胶化发生的相对时间。

过早的相分离会导致颗粒粗化,过晚的相分离会导致纳孔的形成,只有合适的相分离与凝胶时间的匹配才能得到双连续结构。通过对原料、温度、溶剂的选择,控制斯皮诺达分解演变的结构。

相分离法可调控材料的宏孔尺寸,已经固化的湿凝胶其骨架存在纳米尺度的间隙并且被溶剂所填充。在干燥阶段,毛细张力的作用使大部分纳米间隙坍塌。干燥收缩可以解释为产生了半月形的孔洞以抵抗张力。通过在合适溶剂中陈化,无定型凝胶中的微孔可转化为介孔,形成的湿凝胶通过合适的后处理可保留较高的比表面积。以 SiO_2 为例,100 ℃ 以上的弱碱溶液可以使微孔转变为尺寸大于 20 nm 的介孔。在碱性条件下,陈化使孔熟化的机制可以用经典奥斯瓦尔德熟化理论予以解释:不同形状的固体在溶液中会有不同的溶解度,即曲率为正的微小凸起被溶解,然后在曲率为负的凹坑处再析出。因此,随着陈化时间变长,微小粗糙颗粒被溶解,从而使材料表面发生重组而变得更加光滑。在 TiO_2、ZrO_2 体系中,由于其溶解度较低,因此需要较强的陈化条件才能达到调整介孔的要求,此时,单用经典奥斯瓦尔德熟化理论来解释是不够的,还需要考虑到网络结构的部分协同重组效应。但是,不管是哪种体系,一般而言,增加陈化温度都会加速孔的熟化。

2.2　阶层多孔二氧化锆材料的制备

2.2.1　样品的制备

称量一定量的氧氯化锆($ZrOCl_2 \cdot 8H_2O$)和聚氧化乙烯(PEO),用按一定比例溶解于水和乙醇的混合溶液,在室温下搅拌约 2 h,得到澄清稳定溶液。用注射器迅速向其中加入环氧丙烷(PO),搅拌 1 min 使其混合均匀,随后将样品密封并转移至 60 ℃ 或 80 ℃ 的烘箱中进行溶胶-凝胶转变及相分离反应。陈化一段时间之后,在 60 ℃ 下使用乙醇或含正硅酸乙酯的乙醇溶液对样品进行溶剂置换。处理过的样品置于 40 ℃ 的烘箱中缓慢干燥,得到完整的 ZrO_2 干凝胶。然后,在 $300\sim1\,000$ ℃ 下以 $2\sim3$ ℃/min 的升温速率对其进行热处理,最终得到多孔 ZrO_2 块体材料。制备流程如图 2-5 所示。

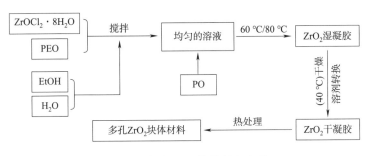

图 2-5　多孔 ZrO_2 块体制备流程

2.2.2　环氧丙烷添加量的影响

环氧丙烷(PO)是凝胶促进剂,通过调整其添加量可控制凝胶化进程。添加不同量 PO 的实验发现,当 PO 添加量为 0.48 mL 时,前驱体溶液在很长一段时间内都不发生溶胶-凝胶转变;而当 PO 添加量为 0.50 mL 时,凝胶时间约为 30 min;随着 PO 添加量的继续增加,凝胶时间明显缩短。这是因为环氧化物中的环氧原子具有强亲核性,能夺取体系中的游离质子(即氢离子),导致溶液 pH 逐渐升高,进而发生不可逆的开环反应,促进水合金属离子的水解和聚合,实现溶胶-凝胶过程,得到金属氧化物凝胶,如图 2-6 所示[15]。在该体系中,加入适量 PO,前驱体溶液的 pH 从 2 迅速升高到 $3\sim4$,并引发溶胶-凝胶转变。当 PO 添加量太少时,水合羟基锆离子主要以链状低聚物为主,无法形成完整的凝胶;随着 PO 添加量的增加,水合羟基锆离子由链状聚合向空间网络状聚合转变,完成凝胶化过程。

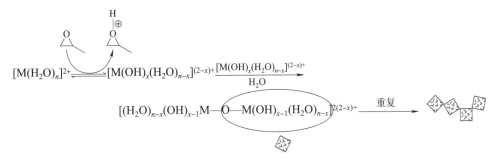

图 2-6　环氧化物促进溶胶-凝胶过程机理示意图

基于前节所述的理论,采用溶胶-凝胶伴随相分离法制备多孔材料时,凝胶时间决定了所冻结并保留下来的某一相分离阶段所具有的特定形貌,对材料的微观形貌有着重要影响。因此,通过调节凝胶时间可以在一定程度上控制最终得到的凝胶微观结构。探索合适的凝胶时间是优化多孔体凝胶制备工艺的首要工作,而凝胶促进剂的添加量可以很好地控制凝胶时间。

对不同 PO 添加量对凝胶微观形貌的影响进行研究后发现,随着 PO 添加量的逐渐增大,凝胶由白色不透明固体变得越来越透明。同时,从图 2-7 可以看出,当 PO 添加量为 0.56 mL 时,凝胶时间较快,在凝胶中形成了分布均匀、尺度较大的离散闭孔,这是一种相分离初始阶段的典型形貌。PO 添加量为 0.50~0.54 mL 时,形成了一种孔隙与骨架共连续的结构。不同的是,PO 添加量越少,凝胶越迟缓,所得的凝胶骨架相越粗大。这是因为,在凝胶转变发生之前,分离的两相会由于表面能的作用不断粗化长大,并且变成独立小球。总之,这个溶胶-凝胶体系对于 PO 添加量比较敏感,而较为适合的添加量应该在 0.52 mL 左右。这个结果对后续的实验探索工作具有重要的指导意义。

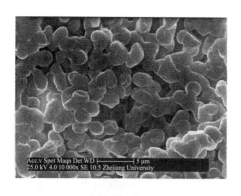

(a)0.50 mL

(b)0.52 mL

(c)0.54 mL

(d)0.56 mL

图 2-7　不同 PO 添加量的氧化锆凝胶的扫描电镜照片

2.2.3 甲酰胺添加量的影响

甲酰胺(FA)是一种良好的极性溶剂,具有多氢键形成能力,通过在体系中加入甲酰胺,可提高凝胶孔洞分布的均匀性,同时减小溶剂的表面张力,增强凝胶网络结构强度,从而减少凝胶在干燥过程中的收缩和开裂[16]。甲酰胺在水中分解为甲酸和氨,氨溶于水中形成氨水,促进缩聚反应的进行[17,18]。

按一定比例添加甲酰胺到前驱体溶液中,在反应温度 60 ℃下进行实验。结果表明,甲酰胺的添加对凝胶时间有着显著的影响,凝胶时间普遍缩短至 5～15 min,且随着甲酰胺添加量的增大,凝胶时间越来越短,可见甲酰胺在该体系中也具有促进凝胶的作用。

常温下,甲酰胺与水的反应并不明显,但是温度上升到 60 ℃时,甲酰胺的作用就显现出来。前驱体溶液在加入甲酰胺之后搅拌大约 0.5 h,再添加 PO 进行凝胶化反应,所以甲酰胺在体系中是均匀分布的。当样品转移到 60 ℃烘箱中静置时,甲酰胺与水快速反应,生成大量氨水。均匀分布的氨水会促进 ZrO_2 低聚物及尚未发生聚合反应的水解产物在整个体系中均匀地形成聚合度较高的产物,成为分散良好的凝胶核心。由于氨水促进凝胶反应速率较 PO 要快得多,因此,由 PO 促进的凝胶化过程会在这些已经形成的凝胶核心上进一步进行,最终形成具有均匀网络骨架和孔隙结构的凝胶,如图 2-8 所示。

(a)0.04 mL

(b)0.08 mL

(c)0.12 mL

(d)0.16 mL

(e)0.20 mL

图 2-8 不同甲酰胺添加量的氧化锆凝胶的扫描电镜照片

在添加甲酰胺的实验中,观察到干燥后凝胶的成块性较之前有了明显的提升,凝胶的开裂问题也得到了较好的控制。从微观结构上看,含有不同甲酰胺添加量的凝胶样品在扫描电镜照片中呈现出了类似的形貌,都具有分布均匀、但孔径尺寸较小的凝胶网络结构。这可能是因为在甲酰胺添加量很少时体系对其作用十分敏感,增加凝胶核心促进凝胶进程的效果比较明显;当甲酰胺添加量到达一定数值后,体系中的凝胶核心已经足够多,再增加甲酰胺对体系影响不是很大,最终会得到结构相近的凝胶[19]。而过多的甲酰胺会与水反应生成过多的氨水,使大部分的凝胶化转变发生在由氨水促进的快速反应阶段,从而导致凝胶内部存在应力,在干燥时,孔结构的坍塌和凝胶的收缩反而更严重。

尽管甲酰胺的添加为体系带来了种种好处,但同时也带来了一些问题。其中最主要的是,即使是在添加很少量甲酰胺情况下,其作用在影响凝胶过程的同时,也会在一定程度上影响到相分离进程,使凝胶倾向于拥有尺寸较小的骨架和孔隙,而无法获得所需构造的大孔结构。另外,在添加甲酰胺凝胶的老化过程中,凝胶会有较小程度的收缩,同时有液相析出,而随着甲酰胺添加量的增加,这种现象越来越明显。

2.2.4 反应温度的影响

反应温度对溶胶-凝胶转变及相分离进程有着显著的影响。实验分别在室温、40 ℃、60 ℃、80 ℃进行凝胶化反应。结果表明,反应温度低于 40 ℃时,凝胶无法形成,相分离也不会发生;反应温度为 60 ℃时,凝胶骨架相较为粗大,孔隙所占体积较小[见图 2-9(a)],共连续特点不明显;反应温度为 80 ℃时,凝胶时间较短,凝胶骨架与连续通孔占有相当的比例,孔径尺寸较大,且分布较为均匀[见图 2-9(b)]。这是因为,较高的反应温度增大了不同成分间的互溶度,一定程度上抑制了相分离趋势,同时较高的反应温度又能加速水解聚合反应,导致相分离开始得较为迟缓,而溶胶固化得较早,因此能够得到含有较多细网络结构的凝胶。

 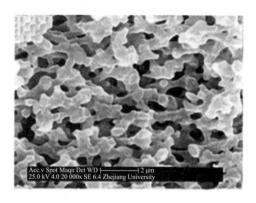

(a)60 ℃ (b)80 ℃

图 2-9　不同反应温度获得的氧化锆凝胶的扫描电镜照片

2.2.5　溶剂添加量及比例的影响

在采用溶胶-凝胶伴随相分离法制备多孔体材料的过程中,溶剂对整个体系的反应进程以及最终形成的凝胶结构都起着重要作用。研究中所选用的溶剂是水和乙醇的混合溶液,因此,溶剂的添加总量和两种溶剂的比例都是影响反应进程以及凝胶结构的主要因素。实验中,保持水和乙醇的相对比例不变,按照表 2-1 所示的方案在 80 ℃下进行反应,对溶剂添加量的影响进行了研究。

表 2-1　溶剂添加量实验配比设计　　　　　　　　　　　　单位:mL

溶　剂	样　品　编　号				
	A1	A2	A3	A4	A5
H_2O	1.6	1.8	2.0	2.2	2.4
EtOH	2.0	2.2	2.4	2.6	2.8

图 2-10 所示为不同溶剂添加量所得样品的微观形貌。可以看出,随着溶剂添加量的增加,样品中的相分离程度逐渐增大,凝胶骨架网络结构和孔隙的尺寸都变得粗大。值得注意的是,在样品 A5 的微观结构中,除了三维贯通的凝胶骨架之外,还在骨架的间隙出现了规则的球状颗粒,如图 2-10(e)所示,这是过度分相的典型形貌。

一般情况下,在溶胶-凝胶伴随相分离体系中增加溶剂,一方面会增大成分间的互溶度,抑制相分离,另一方面由于稀释的作用也会减慢水解聚合的反应速率,最终形成的凝胶结构要视这两种效应的相对强弱而定。根据上面得出的实验规律,说明在本研究所采用的体系中,增加溶剂对溶胶、凝胶转变的抑制作用要强于对相分离过程的作用,凝胶化转变的时间相较于相分离开始的时间越来越晚,导致凝胶时所冻结的是相分离程度越来越大的结构。与此同时,由于干凝胶中的孔隙本身就是湿凝胶状态下填充凝胶骨架间隙的溶剂相在干燥过程中蒸发而留下的,因此增加溶剂的添加量也能在一定程度上使所得凝胶中的孔体积更大。从扫描电镜的结果来看,样品 A4 具有最佳的共连续网络结构,因此认为 A4 的溶剂添加量最合适。

基于上述研究结果,保持溶剂添加总量与 A4 一致,进一步改变其中水和乙醇的比例,按照表 2-2 所示的实验方案在 80 ℃下进行反应,考察溶剂比例对形成的凝胶微观结构的影响。结果如图 2-11 所示,随着水的添加量不断增加,乙醇的添加量不断减少,凝胶中的相分离程度同样是呈逐渐增大的趋势,一开始尺寸较小的共连续网络结构逐渐变大变粗,直至凝胶骨架相由于表面能作用发生断裂,形成独立分散的片段。同时,体系的凝胶时间也随着水量增大而变长。

(a)样品 A1

(b)样品 A2

(c)样品 A3

(d)样品 A4

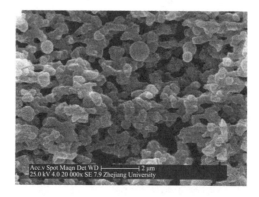

(e)样品 A5

图 2-10　不同溶剂添加量的氧化锆凝胶扫描电镜照片

表 2-2　不同溶剂比例的配比设计

单位:mL

溶 剂	样 品 编 号				
	P1	P2	P3	P4	P5
H_2O	1.8	2.0	2.2	2.4	2.6
EtOH	3.0	2.8	2.6	2.4	2.2

(a)样品 P1   (b)样品 P2

(c)样品 P3   (d)样品 P4

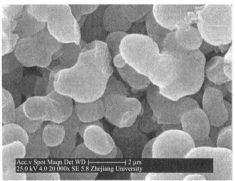

(e)样品 P5

图 2-11 不同溶剂比例的氧化锆凝胶扫描电镜照片

对比实验发现,水的添加量对氧化锆凝胶结构的影响规律与溶剂总量基本一致,这主要是因为水的添加量对体系的溶胶-凝胶反应进程有较大的影响,而这个反应进程又是影响凝胶微观结构的主要因素。本体系所采用的锆源是离子型无机盐,主要溶于水,因此它的水解聚合反应速率受水量影响较大。当水量较少时,水解产物较容易发生聚合反应,能快速形成空间网络结构,凝胶速率较快,倾向于得到相分离早期的微观形貌;而当水量较多时,则容易得到相分离程度较高的凝胶结构。乙醇的添加量尽管对溶胶-凝胶和相分离进程没有十分明显的影响,但是其作为一种辅助溶剂存在于体系中,也可以间接起到控制凝胶时间,从而调控凝胶结构的作用。因此,在制备多孔氧化锆凝胶的过程中选择恰当的醇水比是十分重要的。从图 2-11 所显示的实验结果来看,样品 P3 的凝胶骨架和孔隙尺寸合适,且较为完整和均匀。

2.2.6 聚氧化乙烯添加量的影响

聚氧化乙烯(PEO)在体系中是相分离诱导剂,为研究 PEO 添加量对凝胶中孔结构的影响,结合在前文中得出的最佳 PO 添加量、反应温度、溶剂添加量及比例、溶剂置换工艺等,改变 PEO 的添加量,在反应温度 80 ℃下进行实验,得到了图 2-12 所示的微观形貌。可以看到,PEO 的添加量对凝胶的微观形貌有着显著的控制作用,尽管它对溶胶-凝胶进程几乎没有影响。当 PEO 添加量在一定范围时,凝胶中会形成骨架与通孔共连续的结构,随着 PEO 添加量的逐渐增加,相分离程度随之增大,凝胶骨架和孔径尺寸也都逐渐变大,直至最后形成分散的球状颗粒结构。当 PEO 添加量为 0.075~0.120 g 时,尽管所获得的凝胶结构尺寸有所不同,但都有比较理想的三维贯通孔结构,因此在这个范围之内的 PEO 添加量都是合适的,只需根据实际需求进行调整即可。

(a)0.060 g

(b)0.075 g

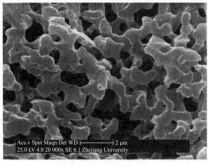

(c)0.090 g

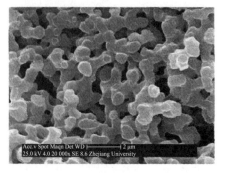

(d)0.100 g

图 2-12 不同 PEO 添加量的 ZrO_2 凝胶扫描电镜照片

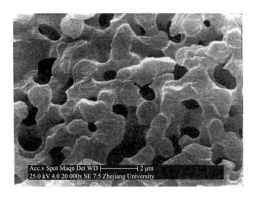
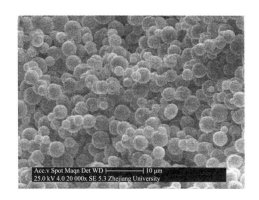

(e)0.120 g　　　　　　　　　　　　　(f)0.135 g

图 2-12　不同 PEO 添加量的 ZrO_2 凝胶扫描电镜照片(续)

2.2.7　氧化锆体系的相分离机理分析

研究认为,PEO 在溶胶-凝胶伴随相分离体系中的作用方式有两种,分别以氧化硅体系与氧化铝体系为代表。研究表明,在 SiO_2 体系中,PEO 通过氢键作用吸附在硅烷基低聚物表面,与混合溶剂之间形成一个排斥作用,引起体系的始变,进而导致相分离的发生;而在 Al_2O_3 体系中,PEO 与 Al_2O_3 低聚物的吸引作用较弱,主要富集于液相中,当低聚物发生均相缩聚反应时,其聚合度提高,与 PEO 链之间的兼容度下降,导致了由焓变引起的相分离过程[20]。

图 2-13 是对添加及不添加 PEO 所得的氧化锆凝胶(仅使用乙醇溶剂置换)进行的热分析结果对比。从 PEO 的 DTA 曲线上可以看出,在 $300\sim500$ ℃之间存在非常显著的放热峰,意味着 PEO 是在这个温度区间受热分解的。而对比添加 PEO 前后 ZrO_2 的 DTA 曲线,发现两者最明显的区别就是在 $300\sim400$ ℃之间,加入 PEO 诱导相分离的凝胶在这里出现了放热峰,是不添加 PEO 的体系中所没有的。因此可以认为,这是由于 PEO 添加到体系中后吸附在凝胶骨架上而导致了这一差异。由此也可以推断,在氧化锆体系中,PEO 是以类似于在氧化硅体系中的方式吸附在 ZrO_2 低聚物表面,与混合溶剂之间形成斥力,导致体系因焓变而变得不稳定,最终发生相分离。

此外,结合凝胶的 DTA 与 TG 曲线综合分析可知,在 DTA 曲线上,$100\sim200$ ℃之间的吸热峰是由剩余溶剂挥发造成的;$400\sim500$ ℃之间的较明显的放热峰是反应中产生的其他有机物的热解和氧化,以及四方相 ZrO_2 晶体形成的结果;而 700 ℃左右开始出现的小放热峰是因为 ZrO_2 由四方相转变为单斜相而引起的。

同时,对添加和不添加 PEO 所制备的 ZrO_2 凝胶进行了红外光谱分析,如图 2-14 所示。其中,$3\,379\ cm^{-1}$ 处的宽而强的吸收峰是残留的少量水和乙醇的羟基伸缩振动吸收峰[21];$1\,624\ cm^{-1}$ 处的吸收峰是由于氢键作用吸附在凝胶网络结构中的水分子的非对称伸缩振动模式[22]；1 458 cm⁻¹附近的较小的吸收峰是锆溶胶体系中存在的桥羟基的弯曲振动吸收峰，而1 340 cm⁻¹处的则是配位羟基的弯曲振动吸收峰[23]；1 383 cm⁻¹处的吸收峰主要是样品中残留乙醇的甲基中C—H键的弯曲振动引起的[24]；1 055 cm⁻¹附近的吸收峰是乙醇中C—OH键的伸缩振动吸收峰[25]；507 cm⁻¹附近较宽的吸收峰是锆氧键的特征峰。添加PEO前后的样品都出现了上述吸收峰，不同的是，不添加PEO制备的氧化锆凝胶在1 304 cm⁻¹处有一个非常微弱的吸收峰，这是样品中残留乙醇的CH₂—扭转振动吸收峰；而添加了PEO的氧化锆凝胶中，由PEO带来的CH₂使这个峰的强度变大[26]。同样的情况出现在1 124 cm⁻¹处，不添加PEO的样品因残留的环氧化物而出现了C—O—C伸缩振动吸收峰；在添加PEO的样品中，由于PEO的组成中含有大量C—O—C键，使这个吸收峰的强度有了明显的增大。另外，添加了PEO的氧化锆凝胶还在1 252 cm⁻¹和943 cm⁻¹附近出现了两个新的特征峰，分别对应的是CH₂的不对称扭转振动吸收以及面内摇摆振动吸收[27]。可以发现，加入PEO之后，ZrO₂凝胶的红外光谱图中出现了很多PEO的特征吸收峰，说明PEO主要存在于凝胶骨架相中，这也进一步证明了所阐述的氧化锆体系的相分离机理。

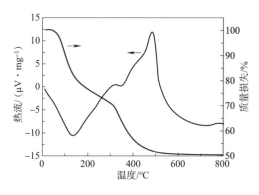

（a）添加 PEO 的差热-热重曲线

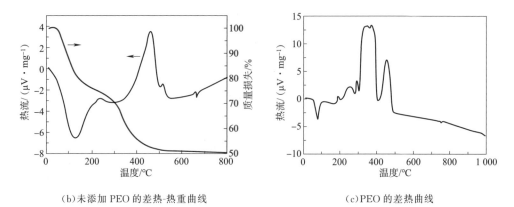

（b）未添加 PEO 的差热-热重曲线   （c）PEO 的差热曲线

图 2-13　添加 PEO 前后氧化锆凝胶的差热-热重曲线以及 PEO 的差热曲线

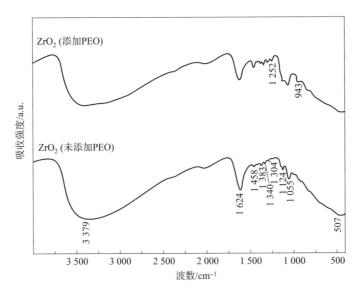

图 2-14 添加 PEO 前后氧化锆凝胶的红外光谱图

注:本书中 a. u. 为无量纲单位,仅标示相对大小、计数点等,其绝对数值无意义。

在氧化锆体系中,凝胶微观结构上的变化由相分离和凝胶化过程的相对起始时间决定。由前文中所得出的结论,PEO 会优先通过氢键吸附在 ZrO_2 低聚物上,与混合溶剂之间产生亲水-疏水排斥作用,在聚合反应时造成熵变项增大,最终导致相分离[28,29]。PEO 添加量越大,吸附了 PEO 的聚合物与混合溶剂之间的互溶度越小,相分离相对开始得越早,网络结构就变得越粗大。因此,相分离的趋势可以由 PEO 添加量来控制。当 PEO 添加量过小时,相分离无法发生,只能得到无孔或具有微孔的透明凝胶;而当 PEO 添加量过大时,相分离十分显著,凝胶骨架相为减小表面能会断裂为球状颗粒。只有在一定范围内时,相分离与溶胶-凝胶过程几乎同时发生,凝胶相和溶剂相在微米尺寸上形成三维连通结构,得到白色不透明的凝胶。在干燥过程中,溶剂相蒸发留下共连续的通孔,凝胶相成为 ZrO_2 骨架。

2.3 阶层多孔二氧化硅材料的制备

将相对分子质量为 10 000 的聚氧化乙烯(PEO)和正硅酸甲酯(TMOS)按一定摩尔比,及 0.18~0.25 g 十二烷基硫酸钠(SDS)分别加入到 7.2 mL 盐酸溶液中,磁力搅拌至溶液均匀;然后加入 1.4 mL 环氧丙烷搅拌后,置于 40 ℃ 烘箱中进行凝胶和陈化,3 d 后,对形成的凝胶用无水乙醇替换溶剂 3 次;最后将处理过的凝胶在 60 ℃ 烘箱中干燥,干燥后即可制得阶层多孔二氧化硅块体材料。

图 2-15 是不同 SDS 添加量下 SiO_2 凝胶干燥后的微观形貌。从图 2-15 可以看出,随着 SDS 添加量的增加,SiO_2 块体的大孔孔径也没有发生特别明显的改变,基本都在 1~3 μm。

这说明加入的 SDS 不会明显影响 SiO₂ 凝胶的相分离过程,也不会使 SiO₂ 凝胶产生二次分相,这进一步证明 SiO₂ 凝胶的相分离作用主要来自聚氧化乙烯。但可以看出,SDS 加入使得骨架变得粗糙,其原因可能是 SDS 形成胶束进入骨架导致出现了一定的介孔结构。各分图中右上角小插图是对应 SDS 添加量下 SiO₂ 多孔体骨架的微观结构。从图 2-15(a)图中可以看出,加入 SDS 后,SiO₂ 多孔体骨架上产生了介孔结构;随着 SDS 添加量的变化,SiO₂ 多孔体骨架上的介孔结构的变化规律不明显,其中 SDS 为 0.21 g 的介孔数量较其他样品多一些,且分布较均匀。

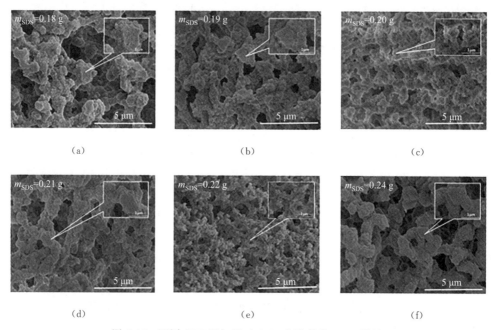

图 2-15　不同 SDS 添加量时 SiO₂ 多孔体的 SEM 照片

图 2-16 所示为不同 SDS 添加量时 SiO₂ 多孔体的差热曲线。可以看出,在 80 ℃ 附近有一个小的吸热峰,是吸附水的挥发所致。在 200 ℃ 附近,有一个大而尖锐的放热峰,这主要是由 PEO 及 PO 开环产物的分解放热所致,表明 PEO 进入了凝胶网络的骨架中;而且,因为体系中 PEO 和 PO 的用量是恒定的,该特征峰并未随 SDS 添加量的增加而明显改变。另外,250 ℃ 附近也有一个放热峰,且随 SDS 加入量的增加而变得尖锐,这主要是 SDS 中的十二烷基分解放热所致。这进一步说明,在相分离过程中,SDS 主要进入凝胶网络结构的骨架(固相)中,而没有进入溶剂相(水相)中。进入骨架中的 PEO、SDS 需要在 400 ℃ 热处理才能完全去除。

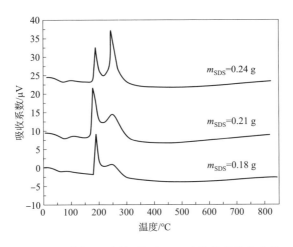

图 2-16　不同 SDS 添加量下 SiO₂ 多孔体的差热曲线

图 2-17 是不同 SDS 添加量下 SiO₂ 多孔体的红外吸收谱。可以看出，在 560 cm⁻¹ 和 1 040 cm⁻¹ 附近的吸收峰是 SiO₂ 的 Si—O 振动的特征峰，1 630～1 640 cm⁻¹ 和 3 380 cm⁻¹ 的吸收峰是 O—H 弯曲振动特征峰。在 2 830～2 920 cm⁻¹ 处出现的吸收峰，可归属于 PEO 和 SDS 的 C—H 不对称和对称伸缩振动特征峰。这进一步说明 PEO 吸附进入 SiO₂ 多孔体的骨架中。不同 SDS 添加量的 SiO₂ 多孔体的红外图谱上的吸收峰基本没有变化，说明 SDS 的量对块体的组成和 PEO 在 SiO₂ 表面吸附行为基本没有影响，即 SDS 不与基体发生反应，这与 SEM 分析相一致。

从图 2-15 可以看出，SDS 添加量为 0.21 g 时，多孔体的阶层多孔结构较为明显。为了对比，我们选择了 SDS 添加量为 0.18 g、0.21 g 和 0.24 g 时的多孔体，分析了三个样品的 N₂ 吸附-脱附特性。图 2-18 为不同 SDS 加入量时 SiO₂ 多孔体的氮吸附等温线和孔径分布图。从图 2-18 可以看出，等温线在相对压力接近于 0 处没有出现较高吸附，同时在相对压力为 0.2～0.5 时也没有出现陡然上升的趋势。因此，添加 SDS 样品的等温线既非典型的 Ⅳ 型等温线，也非典型的 Ⅰ 型等温线，但存在 H4 型迟滞环，表明多孔体的骨架中存在微孔的同时也存在一定量的介孔[30]。相对而言，SDS 添加量为 0.21 g 的样品更接近 Ⅳ 型，而 SDS 添加量为 0.18 g 和 0.24 g 的两个样品更接近 Ⅰ 型。

从孔径分布曲线发现，块体材料的介孔尺寸主要为 4～5 nm，这主要是 SDS 以胶束的形式进入大孔骨架所致。同时，从表 2-3 发现，SDS 添加量为 0.21 g 的样品的微孔比表面积和微孔孔体积远高于其他样品。这应该是由于不同添加量下 SDS 所产生的胶束形状有关。当 SDS 添加量为 0.18 g 时，SDS 在溶液中形成的胶束形状主要呈粗短的棒状或者球形，进入骨架多形成封闭介孔；SDS 添加量增至 0.21 g 时，溶液中形成的胶束形状主要呈弯曲变形的蠕虫状，有利于共连续介孔形成；而当 SDS 添加量继续增至 0.24 g 时，溶液中形成的胶束形状很可能主要呈层状，不利于共连续介孔形成。

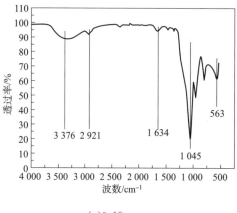

(a)0.18 g

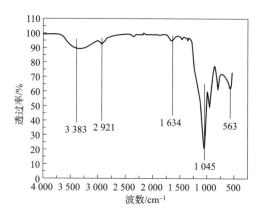

(b)0.21 g

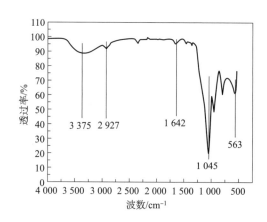

(c)0.24 g

图 2-17 不同 SDS 添加量下 SiO_2 多孔体的红外吸收谱

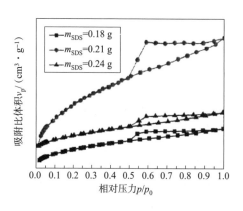

(a)氮吸附等温线

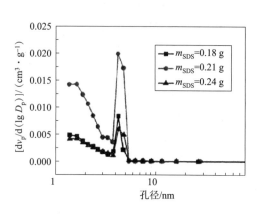

(b)BJH 孔径分布

图 2-18 不同 SDS 加入量时 SiO_2 多孔体

表 2-3 不同 SDS 加入量制备的 SiO$_2$ 多孔体材料的孔结构特征

SDS 加入量 m_{SDS}/g	总比表面积 $S_p/(m^2 \cdot g^{-1})$	总孔体积 $V_p/(mL \cdot g^{-1})$	孔比表面积 $S_{meso}/(m^2 \cdot g^{-1})$	介孔体积 $V_{meso}/(mL \cdot g^{-1})$
0.18	195.9	0.146 4	53.81	0.032 4
0.21	650.2	0.479 1	192.2	0.127 3
0.24	178.9	0.144 6	32.38	0.025 8

从 BJH 孔径分布曲线发现,块体材料的介孔尺寸主要为 4～5 nm,这主要是 SDS 以胶束的形式进入大孔骨架所致。另外,SDS 添加量为 0.21 g 的样品的比表面积和微孔体积远高于其他样品。这应该是与不同添加量的 SDS 所产生的胶束形状有关。当 SDS 添加量为 0.18 g 时,SDS 在溶液中形成的胶束形状主要呈粗短的棒状或者球型,进入骨架多形成封闭介孔;SDS 添加量增至 0.21 g 时,溶液中形成的胶束形状主要呈弯曲变形的蠕虫状,有利于共连续介孔形成;而当 SDS 添加量继续增至 0.24 g 时,溶液中形成的胶束形状很可能主要呈层状,不利于共连续介孔形成。

TMOS-HCL-P123-PO-TMB 体系构建三维大孔及引入有序介孔结构的形成机制如图 2-19 所示。正硅酸甲酯的水解聚合形成溶胶的过程及 P123 引发的相分离过程同时发生,导致块体大孔骨架的形成。同时,在不添加 TMB 时,P123 作为模板剂在凝胶过程中会形成柱状胶束,形成大孔骨架的同时,颗粒在骨架上无序堆积。当加入 TMB 时,P123 形成的胶束更加稳定,从而在形成大孔骨架的同时自发形成了长程有序的介孔结构。而扩孔现象是由于 TMB 分子

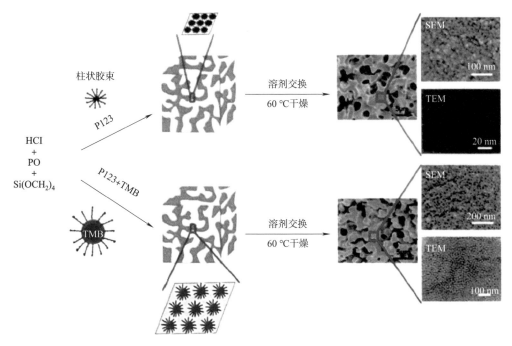

图 2-19 有序介孔阶层多孔二氧化硅块体制备原理图

进入胶团中心的疏水部分,增大了胶束的体积,稳定了 P123 形成的胶束,发生增溶作用,从而使孔径扩大。另外,TMB 最终会进入溶剂相,随着溶剂置换或者干燥过程挥发。一步法所制备的阶层多孔氧化硅具有三维贯通大孔结构及有序介孔结构,比表面积高达 848 $m^2 \cdot g^{-1}$。

(注:本章内容涉及的研究工作由浙江大学材料科学与工程学院郭兴忠教授[31]、李文彦博士[32]、吕林一秀硕士[33]、宋杰硕士[34]、蔡晓波硕士等共同参与和完成,在此致谢!)

参考文献

[1] NAKANISHI K. Pore structure control of silica gels based on phase separation[J]. Journal of Porous Materials,1997,4(2):67-112.

[2] JINNAI H,NAKANISHI K,NISHIKAWA Y,et al. Three-dimensional structure of a sintered macroporous silica gel[J]. Langmuir,2001,17(3):619-625.

[3] AMATANIJ T,NAKANISHI K,HIRAO K,et al. Monolithic periodic mesoporous silica with well-defined macropores[J]. Chemistry of Materials,2005,17(8):2114-2119.

[4] GUO X,LI W,NAKMISHI K,et al. Preparation of mullite monoliths with well-defined macropores and mesostmctured skeletons via the sol-gel process accompanied by phase separation[J]. Journal of Tide European Ceramic Society,2013,33(10):1967-1974.

[5] GUO X,NAKANISHI K,KANAMORI K,et al. Preparation of macroporous cordierite monoliths via the sol-gel process accompanied by phase separation[J]. Journal of the European Ceramic Society,2014,34(3):817-823.

[6] LI W,GUO X,ZHU Y,et al. Sol-gel synthesis of microporous TiO_2 from ionic precursors via phase separation route[J]. Journal of Sol-Gel Science and Technology,2013,67(3):639-645.

[7] HASEGAWA G,KANAMORI K,NAKANISHI K,et al. Facile preparation of transparent monolithic titania gels utilizing a chelating ligand and mineral salts[J]. Journal of Sol-Gel Science and Technology,2010,53(1):59-66.

[8] HASEGAWA G,KANAMORI K,NAKANISHI K,et al. A new route to monolithic macroporous SiC/C composites from biphenylene-bridged polysilsesquioxane gels[J]. Chemistry of Materials,2010,22(8):2541-2547.

[9] FLORY P J. Viscosities of polyester solutions. Application of the melt viscosity-molecular weight relationship to solutions[J]. The Journal of Physical Chemistry,1942,46(8):870-877.

[10] HUGGINS M L. Some properties of solutions of long-chain compounds[J]. The Journal of Physical Chemistry,1942,46(1):151-158.

[11] HUGGINS M L. The viscosity of dilute solutions of long-chain molecules[J]. Journal of the American Chemical Society,1942,64(11):2716-2718.

[12] SHINTANI Y,ZHOU X,FURUNO M,et al. Monolithic silica column for in-tube solid-phase microextraction coupled to high-performance liquid chromatography [J]. Journal of Chromatography A,2003,985(1):351-357.

[13]　MIYAZAKI S,MORISATO K,ISHIZUKA N,et al. Development of a monolithic silica extraction tip for the analysis of proteins[J]. Journal of Chromatography A,2004,1043(1):19-25.

[14]　SU B,SANCHEZ C,YANG X. Hierarchically structured porous materials[M]. Weinheim:Wiley-VCH,2012.

[15]　郭兴忠,颜立清,杨辉,等.添加环氧丙烷法常压干燥制备 ZrO_2 凝胶[J].物理化学学报,2011,27(10):2478-2484.

[16]　徐子颉,甘礼华,庞颖聪,等.常压干燥法制备 Al_2O_3 块状气凝胶[J].物理化学学报,2005,21(2):221-224

[17]　YAMAMOTO T,NISHIMURA T,SUZUKI T,et al. Effect of drying method on mesoporosity of resorcinol-formaldehyde drygel and carbon gel[J]. Drying Technology,2001,19(7):1319-1333.

[18]　BAUMANN T F,FOX G A,SATCHER J H,et al. Synthesis and characterization of copper-doped carbon aerogels[J]. Langmuir,2002,18(18):7073-7076.

[19]　颜立清.氧化锆气凝胶的常压制备及其工艺优化[D].杭州:浙江大学,2012.

[20]　曹阳,贺军辉.以冰为模板制备超轻多孔氧化锆块材[J].材料研究学报,2009,23(5):518-523.

[21]　BOVEN G,OOSTERLING M L,CHALLA G,et al. Grafting kinetics of poly (methyl methacrylate) on microparticulate silica[J]. Polymer,1990,31(12):2377-2383.

[22]　QUANG D V,SARAWADE P B,HILONGA A,et al. Preparation of silver nanoparticle containing silica micro beads and investigation of their antibacterial activity[J]. Applied Surface Science,2011,257(15):6963-6970.

[23]　JONES S L,NORMAN C J. Dehydration of hydrous zirconia with methanol[J]. Journal of the American Ceramic Society,1988,71(4):190-191.

[24]　RUBIO F,RUBIO J,OTEO J. A FT-IR study of the hydrolysis of tetraethylorthosilicate (TEOS)[J]. Spectroscopy Letters,1998,31(1):199-219.

[25]　曾新安,张本山.高压电场作用下乙醇-水溶液体系变化红外光谱分析[J].光谱学与光谱分析,2002,22(1):29-32.

[26]　SU Y,WANG J,LIU H. FTIR spectroscopic investigation of effects of temperature and concentration on PEO-PPO-PEO block copolymer properties in aqueous solutions[J]. Macromolecules,2002,35(16):6426-6431.

[27]　DISSANAYAKE M,FREEH R. Infrared spectroscopic study of the phases and phase transitions in poly (ethylene oxide) and poly (ethylene oxide)-lithium trifluoromethanesnlfonate complexes[J]. Macromolecules,1995,28(15):5312-5319.

[28]　SARAVANAN L,SUBRAMANIAN S. Surface chemical studies on the competitive adsorption of poly (ethylene glycol) and ammonium poly (methacrylate) onto zirconia[J]. Colloids and Surfaces A: Physicochemical and Engineering Aspects,2005,252(2):175-185.

[29]　SIFFERT B,LI J. Determination of the fraction of bound segments of PEG polymers at the oxide-water interface by microcalorimetry[J]. Colloids and Surfaces,1989(40):207-217.

[30]　ROUQUEROL J,ROUQUEROL R,LLEWELLYN P,et al. Adsorption by powders and porous solids:principles,methodology and applications[M]. New York:Academic press,2013.

[31]　郭兴忠,单加琪,丁力,等.阶层多孔二氧化硅块体材料的制备与表征[J].无机化学学报,2015,31(4):635-640.

[32]　李文彦.阶层多孔材料的制备机理及应用研究[D].杭州:浙江大学,2013.

[33]　吕林一秀.溶胶-凝胶伴随相分离法制备多孔氧化锆块体材料[D].杭州:浙江大学,2014.

[34]　宋杰.溶胶-凝胶伴随相分离法制备氧化锆基多孔块体的研究[D].杭州:浙江大学,2016.

第3章 溶胶-凝胶技术制备气凝胶

气凝胶是指由胶体粒子或高聚物分子相互聚集构成纳米多孔网络结构,并在孔隙中充满气态介质的高分散轻质、多孔、非晶态固体材料[1]。气凝胶中,组成凝胶的基本粒子直径和孔洞尺寸均在纳米量级(1~100 nm 之间)。它密度低(可至 0.001 g·cm^{-3}),是当今世界最轻的凝聚态固体材料[2],有"固态烟"之称;孔隙率很高(可达 90% 以上);组成干胶的微粒较细小(1~100 nm),比表面积很高(最高可达 800~1 000 m^2·g^{-1}),同时还是目前所知的热导率、光折射率和介电常数最低的固体[3-5]。

3.1 气凝胶的形成及其显微结构

气凝胶主要分为无机氧化物气凝胶、有机气凝胶以及由有机气凝胶碳化得到的碳气凝胶等,如图 3-1 所示。

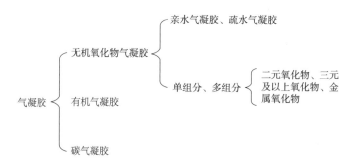

图 3-1 气凝胶的分类

气凝胶的制备工艺通常采用溶胶-凝胶(sol-gel)技术,最初是由 Teichner 应用在 SiO$_2$ 气凝胶的制备。溶胶-凝胶法具有反应条件温和、体系化学均匀性好、所得产品纯度高、设备简单、成本低、可通过改变溶胶-凝胶过程参数来控制材料的微观结构等优点,因此受到广泛的关注[6,7],一直被国内外研究学者应用。这种气凝胶制备技术是以金属有机或无机化合物为前驱体,经过溶胶-凝胶化、干燥和热处理,形成氧化物或其他固体化合物的方法。前驱体在一定条件下水解形成溶胶,经过陈化缩聚交联为网络结构,逐步失去流动性,得到固态的凝胶,干燥后获得制品。所以用溶胶-凝胶法制备气凝胶的工艺包括湿凝胶的制备过程和随后的干燥过程两个方面。

3.1.1　湿凝胶制备

金属有机醇盐(包括硅的醇盐)水解法是制备无机氧化物气凝胶使用最广泛的方法。其制备原理如下：

$$M(OR)_n + xH_2O \longrightarrow M(OR)_{n-x}(OH)_x + xROH \tag{3-1}$$

$$M(OR)_{n-x}(OH)_x + M(OR)_{n-y}(OH)_x \longrightarrow M(OR)_{n-x}-O-M(OR)_{n-y}(OH)_{x-1} + H_2O \tag{3-2}$$

$$M(OR)_{n-x}(OH)_x + M(OR)_{n-z} \longrightarrow M(OR)_{n-1}(OH)_{x-1}-O-M(OR)_{n-z-1} + ROH \tag{3-3}$$

式中,M 为金属原子;R 为有机基团。

式(3-1)为金属醇盐的水解反应,属于亲核反应,并且是一个可逆反应,受诸多因素影响,如水量、温度等。在水量足够的情况下,可持续进行,直至生成 $M(OH)_n$。

经过亲核反应,生成的金属羟基化合物就可以进行缩聚反应,如式(3-2)和式(3-3)。其中式(3-2)是失水缩聚反应,式(3-3)是失醇缩聚反应。水解反应和缩聚反应不断进行,就能形成以 Ti—O—Ti 为主体的一系列线性或网状的湿凝胶产物。但如果水量过多,其他条件又无法限制反应速率时,水解缩聚会快速发生,导致无法得到有序网络结构,而是水合氧化物沉淀。当然,实际中的金属醇盐的水解缩聚十分复杂,这三个表达式只是水解、缩水和缩醇过程的简单示意。以金属无机盐为前驱体制备相应氧化物气凝胶的原理与金属醇盐类似,只是在水解反应部分有所不同。

3.1.2　湿凝胶干燥

湿凝胶需要陈化处理,因为凝胶骨架中尚含有一些未完全反应的有机基团。留出足够时间对凝胶陈化,可以使其进一步生成网络结构,完善和加强骨架强度。

由溶胶-凝胶过程得到的湿凝胶骨架周围充满了反应残存的大量溶剂,如醇类、少量水、螯合剂、催化剂以及其他化学添加剂等。欲制备气凝胶,就必须设法在尽量不破坏凝胶网络结构和防止颗粒团聚的情况下除去溶剂,使孔隙中充满空气。因此,与一般材料相比,气凝胶的干燥过程要更加复杂。图 3-2 是凝胶干燥速率与含水量的关系曲线。干燥过程可分为3 个阶段,分别是:恒速阶段Ⅰ、第一降速阶段Ⅱ和第二降速阶段Ⅲ。在干燥初期,湿凝胶的表面和孔道内存在足够量的液体,未产生气-液界面,不存在毛细压力作用。

随着液体的不断蒸发,进入恒速阶段,凝胶减少的体积与液体蒸发的体积相等,且因产生气-液界面,导致随之而来的毛细压力使得凝胶很容易收缩变形,甚至开裂破碎。在恒速阶段和第一降速阶段的临界点,毛细压力达到最大值,凝胶不再收缩,孔道内溶剂开始减少,进入第二降速阶段。此时,蒸发主要集中于胶体内部,蒸发速度明显降低。其中,恒速阶段时凝胶的体积、质量和结构等发生极大变化,该阶段收缩最大,对结构的破坏也最大。

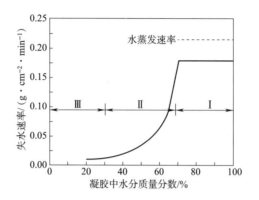

图 3-2 干燥速率与凝胶含水量关系[8]

凝胶在干燥时,其网络结构受到的破坏作用力,除了毛细压力,还有渗透压力、分离压力、湿度压力等,其中以毛细压力的影响最大。因此,溶剂的表面张力越大,孔径越小,毛细压力越大。理论计算表明,对于半径为 20 nm 的充满乙醇流体的直毛细孔,其所受到的毛细压力约为 2.38 MPa。对于微孔或介孔材料来说,这种毛细压力具有巨大的破坏性,会导致粒子进一步接触、挤压、聚集和收缩,使凝胶的网络结构坍塌,改变原有形貌,最终无法得到所需要的气凝胶样品。

为获得结构较好的气凝胶,人们对干燥工艺进行了一系列改进。目前,主要的干燥方法有超临界干燥和非超临界干燥两大类,后者又细分为冷冻干燥和常压干燥等方法。

1. 超临界干燥

超临界干燥即超临界干燥技术,主要利用流体的超临界现象。置于高压釜中的湿凝胶,加入干燥流体介质以替换内部的原有溶剂,然后调整温度和压力,使其达到临界点以上。此时流体处于超临界状态,无气液之分,但二者性质兼而有之。因此,气液相界面消失,从而避免液体的表面张力。一定时间后,通过排气阀缓慢放出干燥介质,温度下降到室温,避免或降低了干燥过程中的大幅收缩和开裂,最后制备出内部充满空气、具有纳米孔道、大比表面积、形状和结构较为完整的气凝胶。在此过程中,影响凝胶结构的因素主要有:干燥介质、升温速率、超临界温度和压力、夹带剂、流体蒸汽排除速率等,其中升温速率和排气速率影响最大。

超临界干燥法能够得到最佳性能的气凝胶,曾是气凝胶制备的主要方法。但超临界干燥对设备要求高,成本高,工艺条件控制苛刻,操作复杂,从而限制了气凝胶的大规模制备和实际推广应用。因此,改革气凝胶干燥技术,探索廉价、简便的非超临界干燥制备技术引起了研究者的注意。

2. 非超临界干燥

1)冷冻干燥

冷冻干燥技术是在低温低压下,将湿凝胶冷冻成固体,使液气界面转化为气固界面,然后让溶剂升华。固气直接转化避免了孔道内形成弯曲液面,从而减少气液界面的张力,达到干燥气凝胶的目的。Pajonk 等[9,10]对冷冻法制备气凝胶进行了综述。Kirchnerova 等[11]以冷冻干燥法制备了一系列高催化活性的钴镍基钙钛矿型高比表面积催化材料。Mahler 等[12]在-196～-10 ℃冷冻干燥硅凝胶得到硅纤维,Egeberg 等[13]采用叔丁基醇作为冷冻介质制备出了二氧化硅气凝胶。但是,冷冻干燥时,凝胶孔道内的溶剂可能因为固化结晶,发生体积变化,对网络结构产生破坏,往往得到的是粉末状而非块状的气凝胶。

2) 常压干燥

常压干燥是另一种非超临界干燥技术,是最近十来年才发展起来的新工艺。虽然和超临界干燥技术相比,常压干燥还有差距,但因为其操作简单方便、成本较低、安全性好,是比较有潜力和发展前途的一种干燥方法。不过,因为自身存在的一些缺点,常压干燥需要采取一些措施进行改进,包括:

(1)增强凝胶固态网络骨架的强度。凝胶的强度只有提高到一定程度才有可能抵御毛细压力的破坏,这可以通过凝胶陈化和某些溶剂(如含硅的烷氧化合物)浸泡实现。使用硅的烷氧化合物浸泡,其分子可与凝胶表面的羟基反应,生成 Si—O—Si 键或 Si—O—Ti 键,起到支撑骨架和孔道的作用。得到凝胶后,其骨架中尚含有一些未完全反应的有机基团,经过陈化能够进一步反应,增强网络的交联度。这个过程还伴随着奥斯瓦尔德熟化作用,使凝胶变硬,强度增大。因此,陈化时间越长,凝胶骨架越牢固,但同时骨架的过分粗化会降低其透明度。

(2)降低溶剂的表面张力。由拉普拉斯公式知,凝胶干燥过程中毛细压力与毛细管中溶剂的表面张力直接相关。通常,经水解缩聚形成的湿凝胶,其网络孔道中充满着溶剂,主要是水和醇类。水的表面张力很大,干燥时会产生较大毛细压力。而用低表面张力的溶剂置换凝胶内高表面张力的水,可有效降低干燥时溶剂挥发产生的毛细压力,减少对结构的破坏。

(3)凝胶的表面修饰。凝胶表面聚集着大量水解后未完全反应的—OH,干燥时会发生缩聚,导致凝胶开裂甚至坍塌。因此,需要减少表面羟基的数量。这可以通过添加某些含硅有机溶剂(如硅的酯类或烷类)实现。这些有机硅化合物不仅能增强骨架,还可以与—OH反应,使凝胶表面硅烷化,呈现出憎水性,也就是增大了溶剂与凝胶表面的接触角。毛细压力会因此减小,有利于气凝胶的常压干燥。Smith 等[14]发现,表面硅烷化的凝胶在干燥时会发生明显的回胀(spring back)现象,即凝胶干燥到临界点后体积又缓慢回复到接近其原有尺寸的现象。虽然硅烷化后的凝胶在干燥时的最大收缩与未硅烷化的接近,但完全干燥后的收缩率却由于回涨现象,相对减少 60% 以上。

(4)改善凝胶中孔洞的大小和均匀性。由拉普拉斯方程可知,孔道尺寸大小不一会造成所受的毛细压力也不一样,从而导致孔道之间存在不平衡应力,严重影响干燥过程。而一般溶胶-凝胶过程很难保证得到结构均匀的孔道。因此,近年来多采用添加干燥控制化学添加剂(DCCA)来调控溶胶-凝胶过程,使孔道结构均匀化,减少应力不均导致的收缩和破裂[15]。虽然对 DCCA 的作用机理尚不完全明确,但研究表明,适当地引入 DCCA,于常压干燥大有裨益。常用的 DCCA 有甲酰胺、N,N-二甲基甲酰胺、丙三醇等。王宬舒等[16]以稻壳灰为硅源制备出了 SiO₂ 气凝胶,研究了部分 DCCA 对比表面积、孔径分布等的影响。

除此之外,还可以使用表面活性剂。表面活性剂是合成多孔材料,特别是介孔材料很好的模板剂。已有学者进行了研究[17]。添加表面活性剂进行表面改性,可以一定程度上增加孔道的尺寸,降低毛细压力,从而能够得到孔径大小均匀,结构较为有序的多孔材料。

3.2 二氧化钛气凝胶制备及其表面改性

TiO₂ 气凝胶兼具 TiO₂ 良好的光催化性能和气凝胶高比表面积、高气孔率、低密度等优良特性,拥有十分诱人的应用前景。通常的超临界干燥技术虽然很有效,可以制备出高比表面积、粒径分布均匀、大孔容的气凝胶,但是其也存在高温高压、设备昂贵、操作复杂、危险性高等不足。因此,以合理的成本、简便的设施,进行气凝胶的常压干燥制备有一定挑战性,但也具有很高的发展潜力和实用价值。本节论述:以钛酸丁酯为前驱体,添加螯合刻、干燥控制化学添加剂以改善孔道结构;添加硅基表面修饰剂,以提高凝胶网络有序性和强度;使用低表面张力溶剂置换等途径实现 TiO₂ 气凝胶的溶胶-凝胶和常压干燥制备,以降低气凝胶的制备成本,简化制备工艺,提高安全性。

3.2.1 TiO₂ 气凝胶的制备过程

在室温下,将一定量的钛酸丁酯(TBOT)与无水乙醇、螯合剂混合搅拌均匀得到溶液 A;然后以相同的方法,将 pH 调节剂、去离子水及无水乙醇混合搅拌均匀得到混合溶液 B;在强烈搅拌下,将溶液 A 以 1 滴/s 的速度滴加入溶液 B,得到 TiO₂ 溶胶;然后,将甲酰胺迅速加入溶胶中,搅拌均匀,于常温下静置,形成 TiO₂ 醇凝胶。

将湿凝胶加入少许无水乙醇以防止原有溶剂过分挥发,在 60 ℃ 静置陈化 48 h,用无水乙醇洗涤 3 次,每次 24 h;然后,用表面修饰剂的乙醇溶液浸泡 3 次,每次 24 h;最后用低表面张力溶液洗涤 3 次,每次 24 h,以除去剩余杂质溶剂;将处理过的凝胶在室温下干燥 24 h,然后升温至 60 ℃ 干燥 24 h,再继续升温至 80 ℃ 和 100 ℃,分别干燥 6 h,制得 TiO₂ 气凝胶。其总体工艺流程如图 3-3 所示。

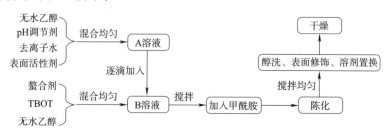

图 3-3　TiO₂ 气凝胶的总体工艺流程图

3.2.2 TiO₂ 气凝胶制备过程中的影响因素

在制备 TiO₂ 气凝胶时,TBOT:无水乙醇:水:乙酸:甲酸胺的摩尔比为 1:24:4:1.2:0.5,表面修饰剂溶液采取正硅酸乙酯与无水乙醇的混合溶液(体积比为 1:4)。

1. 无水乙醇的影响

无水乙醇作为整个反应体系的溶剂,对溶胶-凝胶过程起着不容小视的作用。图 3-4 所示为凝胶化时间随无水乙醇量增加的变化趋势图,可见无水乙醇加入量对凝胶化时间的影响很大。随着无水乙醇量的增加,凝胶化时间也不断延长。无水乙醇在体系中并不直接参与水解缩聚反应,而是作为缓释溶剂存在。这一方面稀释了活性较高的 TBOT 的浓度,降低了水解聚合的剧烈程度;另一方面,大量的无水乙醇分子流动在溶胶粒子周围,形成溶剂的"笼效应",增大了空间位阻,同时还能促进溶胶的溶解,从而延缓溶胶粒子的缩合,延长凝胶化时间。

无水乙醇用量对气凝胶密度的影响比较复杂,要考虑溶胶-凝胶化时所形成湿凝胶的网络情况。图 3-5 是气凝胶密度与无水乙醇量的关系图。由图 3-5 可见,随着无水乙醇加入量的增加,气凝胶的密度呈现先减小后增加的趋势,在无水乙醇和 TBOT 的摩尔比为 24 时达到最小。这可能是因为,增大无水乙醇量延缓了凝胶化,使得溶胶粒子有较为充足的时间缩聚,形成细化的骨架粒子和均匀的孔道结构,减少了干燥时的毛细压力,网络结构不容易发生破坏,因而密度降低。但是,当进一步增加无水乙醇量时,凝胶化时间大大延长,所形成的凝胶结构越发不牢固,变得十分疏松,干燥时难于抵御毛细压力的破坏,孔道坍塌、密度增大。根据凝胶化时间和气凝胶密度的变化,选择无水乙醇和 TBOT 的摩尔比为 24 作为优化配比。

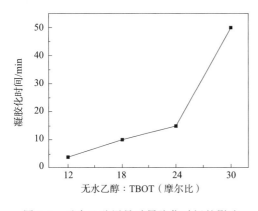
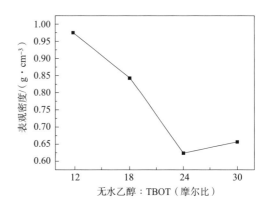

图 3-4 无水乙醇用量对凝胶化时间的影响　　图 3-5 无水乙醇用量对气凝胶密度的影响

2. 水的影响

与无水乙醇相比,水在溶胶-凝胶反应中的作用更加显著。由于 TBOT 的水解-缩聚速度很快,应严格控制 TiO₂ 溶胶中水的用量。图 3-6 反映了水用量对凝胶化时间的影响。从图 3-6 可以看出,凝胶化时间随着水量的增加呈递减趋势。水作为水解反应的重要反应物,其量越多,水解越迅速,水解程度越高,最后可能无法得到凝胶而产生沉淀。

但水对气凝胶密度的影响趋势却与水对凝胶化的时间不同。如图 3-7 所示,气凝胶的密度呈现出先减小后增大的变化情况,当水和钛酸丁酯的摩尔比为 6 时达到最小值。水的这种现象的原因与无水乙醇的作用有点类似。水量少时,钛酸丁酯水解不够充分,容易缩聚成低交联的产物。这种产物网络结合不好,结构不牢固,干燥时易发生骨架断裂,且未完全反应的基团继续反应,粒子团聚粗化,导致密度较高。随着水量增加,水解越来越完全,密度随之下降。当继续增加水量时,水解过于迅速,凝胶粒子粗化甚至生成沉淀,密度又开始增大。有鉴于此,选取水和钛酸丁酯的摩尔比等于 6 为优化配比。

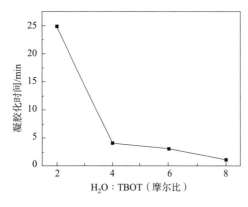
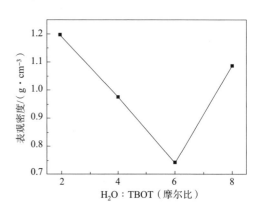

图 3-6 水用量对凝胶化时间的影响   图 3-7 水用量对气凝胶密度的影响

3.2.3 TiO₂ 气凝胶的表面改性

添加表面活性剂进行表面改性,可以一定程度上增加孔道的尺寸,降低毛细压力,从而能够得到孔径大小均一、结构较为有序的多孔材料。非离子型表面活性剂相比离子型表面活性剂有许多特殊的优点,因此在实验中,固定钛酸丁酯∶乙醇∶水∶乙酸∶甲酰胺的摩尔比为 1∶24∶6∶1.8∶0.5,以聚乙二醇 2000(PEG 2000)和三嵌段共聚物 F127 为表面活性剂,制备 TiO₂ 气凝胶。实验比较了两种表面活性剂的添加方式。一种是将表面活性剂加入钛酸丁酯和乙醇混合液中,另一种是将表面活性剂加入乙酸、水和乙醇的混合液中。因为F127 是高分子三嵌段共聚物,具有很好的水溶性,但相对分子质量比较大,链段较长,在有机溶剂中溶解较为缓慢和困难。因此,采用第一种添加方式,即使不停地剧烈搅拌,F127 溶解也很慢,加入量越多现象越明显,溶解少则十来分钟,多则 40~50 min,影响实验进程。虽然可以通过加热使其加速溶解于乙醇,但在逐滴加入钛酸丁酯时,仍会多次出现浑浊和沉淀,即使经过干燥也会发生。而后一种方式则由于水的存在,溶解较快。有鉴于此,本实验将表面活性剂加入乙酸、水和乙醇的混合液中,以加快实验进程。

按照表面活性剂与钛酸四丁酯的摩尔比 x 的不同,将样品编号,见表 3-1。

表 3-1　样品编号

| 表面活性剂用量摩尔比 x | | 编　号 |
PEG	F127	
0.001	/	S1
0.002	/	S2
0.003	/	S3
0.004	/	S4
0.005	/	S5
0.006	/	S6
/	0.000 5	S7
/	0.001 0	S8
/	0.001 5	S9
/	0.002 0	S10
/	0.002 5	S11
/	0.003 0	S12
0	0	S13

1. 表面活性剂对凝胶化时间的影响

图 3-8 反映了表面活性剂 PEG 2000 和 F127 的添加量与凝胶化时间的关系。由图 3-8 可见,相比未加入的样品,加入少量表面活性剂的样品,其凝胶化时间有一个小幅的增大;然后随着加入量的不断增加,凝胶化时间又逐步减少。

其中,F127 的效果相对更为明显。添加 PEG 2000 的样品凝胶化时间变化幅度越来越小,最后基本保持在 14 min;而添加 F127 后,凝胶化时间以近乎直线的趋势持续减少,在 0.003 的摩尔添加比时,仅有 6～7 min,相比未添加 PEG 2000 的样品,凝胶化时间降低了近 2/3。这说明表面活性剂可以影响溶胶粒子的状态、结构,改变其由溶胶到凝胶的进程,并且总体上在一定范围内具有明显的促进凝胶作用。不过,当 F127 加入量为 0.003 5 时,体系无法再形成凝胶。因此,F127 摩尔比只取到 0.003。

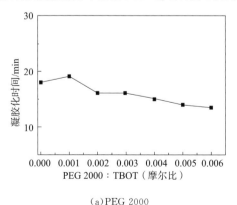

(a)PEG 2000

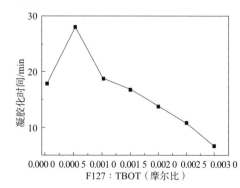

(b)F127

图 3-8　表面活性剂对凝胶化时间的影响

2. 表面活性剂对气凝胶密度的影响

图 3-9 展示了表面活性剂对气凝胶样品表观密度和气孔率的影响。加入两种表面活性剂后,密度均大体上呈现下降趋势,而气孔率的变化趋势则相反。与对凝胶化时间的影响类似,加入 F127 的样品,其密度、气孔率降低和升高幅度大于加入 PEG 2000 的影响幅度。这可以用凝胶化时间来解释。在一定范围内,添加 F127 后,凝胶化时间大幅度减少,使得凝胶骨架结构更加牢固;并且,F127 的分子链长于 PEG 2000,可形成更大的胶束团,最后得到的孔道更大,导致干燥阶段产生的毛细压力也就更小,从而不容易发生收缩,孔道也不容易坍塌破坏,因此密度变得相对更小,气孔率增大。其中,S12 样品的密度最低可达 0.261 g/cm³,此时的气孔率为 93.3%。说明 F127 能有效降低气凝胶样品的密度,使其轻质化。

添加 PEG 2000 的样品的密度,在采用 S5 的添加量时达到最小,继续增大添加量,密度反而增大。这可能是由于随着凝胶化时间缩短,虽然可以增强骨架强度,但也会使骨架粒子粗化和团聚,孔道结构不完善,干燥时容易发生破坏。添加量较少时,增强骨架占优;添加量较大时,骨架粒子团聚占优。在采用 S5 的添加量时达到二者的最优化平衡,密度最小,气孔率最大,而增大或者减少添加量都会破坏这个平衡。不过,这个密度值(0.716 g/cm³)相比未添加表面活性剂的纯样品来说,还是显得不够小。

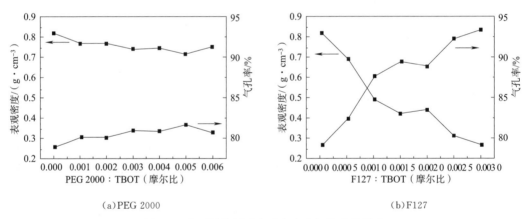

(a)PEG 2000

(b)F127

图 3-9 表面活性剂对表观密度和气孔率的影响

3. 表面活性剂对气凝胶表观形貌的影响

图 3-10 和 3-11 分别是 PEG 2000 和 F127 添加量的不同对气凝胶表面形貌的影响。随着表面活性剂添加量的增加,气凝胶孔道逐渐变大,由最初的几十纳米增大到几百纳米,甚至是微米级,小孔数目减少;变得更加疏松化,骨架颗粒逐步长大、粗化,团聚增加;整体上始终保持着三维多孔网络结构,均匀性有所改变。

对比图 3-10 和图 3-11 可见,F127 改变孔径的效果优于 PEG 2000,孔道尺寸要大得多。特别是 S12 样品,微米级的大孔清晰可见。因为其孔径大,干燥时所受毛细压力较小,才能够抵御收缩和破坏,保持形体的完整性。

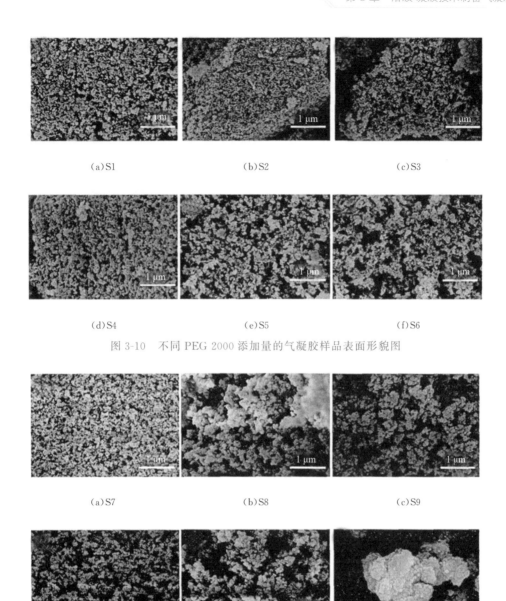

(a)S1　　　　　　　　(b)S2　　　　　　　　(c)S3

(d)S4　　　　　　　　(e)S5　　　　　　　　(f)S6

图 3-10　不同 PEG 2000 添加量的气凝胶样品表面形貌图

(a)S7　　　　　　　　(b)S8　　　　　　　　(c)S9

(d)S10　　　　　　　(e)S11　　　　　　　(f)S12

图 3-11　不同 F127 添加量的气凝胶样品表面形貌图

4. 表面活性剂对气凝胶比表面积和孔径分布的影响

图 3-12 是添加不同表面活性剂气凝胶的 N_2 吸附等温曲线。可以看到,除 S12 外,其他样品的吸附等温曲线均属于由介孔材料产生的Ⅳ型等温线。吸附起始端有凹陷,并贴近纵坐标。由于毛细凝聚的原因,产生一个明显的迟滞环。该迟滞环为 H3 型,其吸附分支曲线在较高的相对压力下也不会出现极限吸附量。吸附量随着相对压力的增大而不断增加,在

达到某一高压时剧增，等温吸附曲线几乎垂直上升，其对应的为狭长形孔。除了 S5 样品的吸附等温曲线起点稍高、比表面积会比较大外，其余样品的起始阶段几乎重合在一起，不易区分，说明它们的比表面积差距应该不太大。

与其他气凝胶样品相比，添加 F127 最多的 S12 样品的吸附等温曲线要矮小得多。图 3-13 所示的吸附等温曲线的放大图表明，其比较接近 II 型曲线。这类吸附等温曲线呈反 S 型，适用于大孔或无孔的均一材料表面的多分层吸附，吸附质与吸附剂材料之间存在较强的相互作用。由于材料表面的吸附空间没有限制，所以随着相对压力的升高，吸附由单分子层向多分子层过渡。其中，在较低相对压力处有一个拐点，即过渡点。这种类型的吸附等温曲线，常出现于在材料的孔径大于 20 nm 时，而且孔径可以无上限。这说明 S12 样品中存在大量较大孔径的孔，与图 3-11 中的表观形貌图相吻合。不过与此同时，S12 样品的吸附等温曲线中仍旧出现了十分不明显的迟滞回线，表明有毛细凝聚现象产生。又其起始点的相对压力在 0.4 左右，因此，S12 样品中含有一定数量的 1~2 nm 的微孔。

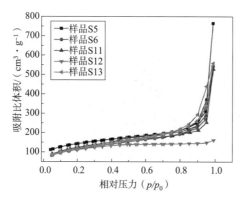

图 3-12 添加不同表面活性剂的
气凝胶样品的 N_2 吸附等温曲线

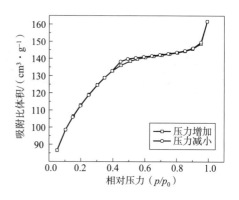

图 3-13 样品 S12 的 N_2 吸附等
温曲线放大图

表 3-2 是通过计算得到的样品的比表面积、孔体积和平均孔径数据。其中，S5 样品的比表面积最大，达 494.9 $m^2 \cdot g^{-1}$；S11 样品次之；S6、S12 和 S13 样品的大小差不多，而犹以 S12 样品最小，仅为 396.7 $m^2 \cdot g^{-1}$。由表 3-2 并结合密度值可以看出，样品密度的高低和比表面积的大小没有必然的联系。加入表面活性剂后，一部分样品孔道更加大而均匀，使干燥时产生的毛细压力变小，减少了结构破坏；同时稍大一点的孔有利于 N_2 分子的进入，而 N_2 分子的吸附情况与比表面积和孔体积等有关，因此比表面积与孔容有所提高，如 S5 样品。还有一部分样品，得到的孔道太大，不仅使 N_2 分子的进入变得方便，也使其能够更容易从里面游离出来；而且孔道太大，N_2 分子无法完全填充孔道空间，多数吸附在孔道壁上，虽然如上面的分析，二者之间的结合力会比较强，但也只是几层分子的吸附，吸附量有限，因此比表面积和孔容下降，如 S12 样品。S6 样品的平均孔径和孔体积和 S11 样品与 S13 样品的

比较接近,比表面积有所差别。这可能是因为 N_2 吸附用的是粉末样品,在把块体研磨成粉末时,结构相对致密的 S13 样品的比表面积会有显著提升,而结构相对疏松的 S6 样品和 S11 样品的比表面积的提升效果不明显,甚至还可能会因孔道被破坏而下降。最终呈现出,S6 样品的比表面积与 S13 样品相近,而 S11 样品的比表面积略大的现象。S12 样品的比表面积较小,也有如上的一部分原因。

表 3-2　添加表面活性剂的气凝胶样品的比表面积、孔体积和平均孔径

样品	比表面积/($m^2 \cdot g^{-1}$)	孔体积/($cm^3 \cdot g^{-1}$)	平均孔径/nm
S5	494.9	1.181	9.546
S6	411	0.84	8.175
S11	443.6	0.817	7.368
S12	396.7	0.25	2.251
S13	414.6	0.863	8.283

而平均孔径变化则参差不齐,特别是相比未加入表面活性剂的样品,加入后平均孔径增大有限,甚至添加 F127 后还呈下降趋势。这与图 3-10 和 3-11 的扫描电镜图片不相符。可能是由于虽然加入表面活性剂的样品孔道很多、很大,但超过实验仪器测试的孔径范围,无法表征出来,因而不能计入平均孔径的计算。根据对图 3-13 的分析可知,S12 样品还有不少 $1\sim2$ nm 的微孔,这和孔径分布图相对应。

虽然添加表面活性剂可能会因为使某些气凝胶样品孔道变得太大,而降低孔结构性能,但也可能使某些样品性能变得更好。所以,只要控制好添加量,使用表面活性剂能够达到优良的效果。并且 F127 在降低样品密度方面表现出色,而 PEG 2000 在提高孔结构性质方面则略胜一筹。

3.3　氧化锆气凝胶制备及其工艺优化

3.3.1　制备方法

将前驱体硝酸氧锆[$ZrO(NO_3)_2 \cdot 5H_2O$]加入蒸馏水和无水乙醇的混合溶剂中,搅拌至完全溶解,加入螯合剂搅拌 30 min;加入甲酰胺搅拌 30 min;加入环氧丙烷搅拌 30 min。将样品放入 70 ℃水浴中进行凝胶化和陈化。然后,在 60 ℃对凝胶用无水乙醇替换溶剂 3 次,去除体系中的水,同时洗去剩余的其他有机成分和硝酸根等杂质;然后,用表面修饰剂溶液对凝胶进行改性处理;最后用无水乙醇洗涤 3 次,清洗杂质成分。最后,将处理过的凝胶在 60 ℃烘箱中干燥,制得 ZrO_2 气凝胶样品。

3.3.2　醇水比对溶胶-凝胶过程的影响

实验表明,随着无水乙醇量增加,醇水比增大,硝酸氧锆在醇水溶剂中的溶解度大大降低。这是因为无水乙醇与水具有较强的亲和性,无水乙醇与水的相互吸引和结合势必使对硝酸氧锆起溶解作用的自由水分子减少,从而导致混合溶剂的溶剂化能力下降,溶解度降低。硝酸氧锆的溶解度本来就较低,以硝酸氧锆为前驱体制备氧化锆气凝胶的产量受到限制。增大醇水比会使得溶解度进一步降低,氧化锆气凝胶的产量更加受限。实验中,根据无水乙醇和蒸馏水的体积比 $V_{C_2H_5OH} : V_{H_2O}$,样品分别记为 R0.5、R1、R2、R3 和 R4。按 Zr、甲酰胺、环氧丙烷的摩尔比为 1:1:12,先加入甲酰胺搅拌 30 min,再加入环氧丙烷搅拌 15 min。然后,将样品放入 70 ℃ 水浴中进行凝胶化和陈化过程。在 60 ℃ 温度下,把所得的凝胶用无水乙醇清洗 3 次,去除体系中的水分,同时去除残余的其他有机成分和硝酸根等杂质;再用表面修饰剂溶液(体积分数为 15% 的正硅酸乙酯的乙醇溶液)浸泡 3 次,增强凝胶的骨架强度,同时消耗部分表面的羟基和剩余的水;最后用无水乙醇洗涤 3 次,清洗杂质成分。处理过的凝胶 60 ℃ 鼓风干燥,即得到 ZrO_2 气凝胶产品。

从表 3-3 可以看到,醇水比对凝胶过程有着明显的影响。随着醇水比的增加,介电常数下降,凝胶速度明显加快,凝胶化时间快速减少。但是当醇水比过大时,凝胶化时间又略有增加,形成的凝胶裂纹增多,强度降低。这是因为乙醇的增加使得溶液体积增大,单位体积内锆的含量减少,相当于起了稀释的作用;同时,乙醇在凝胶过程中的位阻作用会阻碍凝胶的进度。乙醇的稀释和位阻作用都会导致凝胶骨架结构疏松,强度下降。随着乙醇量的增加,乙醇的稀释和位阻作用增强,与降低介电常数作用成对立关系。醇水比较小时,乙醇的稀释和位阻作用不明显;当醇水比较大时,乙醇的稀释和位阻作用才能表现出来。因此,乙醇对体系的凝胶进程具有促进和阻碍的双重作用,当醇水比为 3 时,体系的凝胶化时间达到极小值。

表 3-3 醇水比对凝胶过程和 ZrO_2 气凝胶性质的影响

样品	凝胶化时间/s	粉体表观密度/ $(kg \cdot m^{-3})$	比表面积/ $(m^2 \cdot g^{-1})$	孔体积/ $(cm^3 \cdot g^{-1})$	平均孔径/nm
R0.5	3 762	439.0	—	—	—
R1	2 228	310.9	430	0.863 944	7.396 0
R2	596	273.6	602	1.367 808	8.157 4
R3	330	202.1	619	1.418 898	8.129 9
R4	369	236.5	520	1.688 595	12.446 3

从表 3-3 可以看到,当醇水比为 1:2 时,样品 R0.5 的表观密度为 439.0 kg/m³。随着醇水比的适量增大,表观密度大幅度降低,当醇水比为 3:1(R3)时,表观密度达到极低值 202.1 kg/m³。当醇水比过大时,表观密度相应增大,R4 样品的表观密度增至 236.5 kg/m³。

这是因为随着醇水比的增大,凝胶速率加快,凝胶越来越稳固,凝胶骨架强度越来越好,抵抗干燥时的毛细管力和表面羟基脱水缩合产生的应力的能力越强,收缩越小,越有利于维持湿凝胶中固体骨架的网络结构,表观密度减小。然而当醇水比过大时,乙醇的稀释和位阻作用凸显,会导致凝胶骨架结构疏松,强度下降,抵抗干燥时的毛细管力和表面羟基脱水缩合产生的应力的能力降低,变形和收缩增加,表观密度相应增大。另一方面,与水相比几乎不发生反应的乙醇均匀分布在体系中,起位阻作用,有利于防止羟基水合锆离子或其低聚物间发生硬结合,以维持凝胶骨架间的孔隙结构,有助于获得团聚较少,结构更加均匀的凝胶。

从 SEM 照片(见图 3-14)可以看到,所制得的 ZrO_2 气凝胶都具有均匀多孔的纳米级别的连通的三维网络结构,孔洞和骨架尺寸都为纳米量级,具有较好的结构均匀性。其中 R2、R3 和 R4 极其相近,但是仔细观察可以发现样品 R3 结构均匀性最好,孔的形貌也保持得最好。样品 R4 由于凝胶骨架强度较低,与 R3 相比在微观尺度发生整体收缩,所以结构均匀性也很好,孔却更密,而在宏观上更加细碎。与 R3 相比,样品 R2 的醇水比降低,虽然凝胶速率减慢,但是位阻作用减弱,难以阻止发生羟基水合锆离子或其低聚物间的硬结合和维持孔隙结构,因此,样品 R2 的结构均匀性不如样品 R3。相比样品 R2,样品 R0.5 和 R1 则更加严重,结构极其不均匀,明显地分成了内部的黄色透明相和表面的乳白色相两相。黄色透明相为非常致密的结构,是发生硬结合的部分。乳白色相则很好地维持了均匀多孔的纳米级别的三维网络结构,是未发生硬结合的部分。ZrO_2 气凝胶的形貌和结构的特点与其表观密度的变化趋势统一。

(a)R1

(b)R2

图 3-14 不同醇水比时 ZrO_2 气凝胶的 SEM 照片

(c)R3

(d)R4

图 3-14 不同醇水比时 ZrO_2 气凝胶的 SEM 照片(续)

3.3.3 环氧丙烷对常压制备氧化锆气凝胶的影响

Zr、甲酰胺、环氧丙烷的摩尔比为 $1:1.0:m$,其中 $m=0,4,8,12,16$(分别记为 PO00、PO04、PO08、PO12、PO16)。表 3-4 列出了环氧丙烷对凝胶化时间的影响。

表 3-4 环氧丙烷对凝胶化过程的影响

样品	湿凝胶状态	凝胶化时间/s
PO00	少量絮状沉淀	—
PO04	絮状沉淀	—
PO08	凝胶	2 241
PO12	凝胶	330
PO16	凝胶	273

从表 3-4 中可以看到,环氧丙烷的加入量对凝胶状态有着明显的影响。当 PO 与 Zr 的摩尔比小于 4 时,由于环氧丙烷的加入量较少,水合羟基锆离子基本以链状低聚物为主,未能得到完整凝胶。随着环氧丙烷加入量的增加,水合羟基锆离子间的聚合物由链状向空间

网状聚合转变,PO 与 Zr 的摩尔比为 8、12 和 16 的样品都形成了完整块状凝胶。并且随着 PO 与 Zr 摩尔比的增加,凝胶化时间大幅度减少(从 PO08 的 2 241 s 到 PO12 的 330 s 和 PO16 的 273 s),凝胶越来越稳固。可见环氧丙烷具有明显的促进凝胶作用,而且比较容易通过环氧丙烷的量控制反应过程和凝胶状态。

　　从 SEM 照片(见图 3-15)可以看到,所制得的 ZrO_2 气凝胶样品,均具有均匀多孔的纳米级别的连通的三维网络结构,孔洞和骨架尺寸都为纳米量级,结构均匀性良好。其中 PO12 具有最优秀的气凝胶结构,纳米量级均匀的骨架和孔隙分明而错落有致。PO08 虽然较大尺寸孔结构是均匀的,也有很多的孔洞结构,但可以看到由于凝胶不够稳定造成的干燥收缩导致的团聚现象。与 PO08 的坍塌团聚主要发生在干燥时不同,PO16 的缩聚凝胶反应较快,在凝胶过程中便存在一些团聚,但其凝胶稳固,干燥坍塌较少,故而得到图 3-15 所示的微团聚块搭接而成的多孔网络结构。

(a)PO08

(b)PO12

(c)PO16

图 3-15　不同环氧丙烷添加量的 ZrO_2 气凝胶的 SEM 图片

从表 3-5 可以看到,当甲酰胺与 Zr 的摩尔比为 1 时,当 PO 与 Zr 的摩尔比为 8(样品 PO08)时,表观密度为 388.89 kg/m³;随着 PO 量的增加,表观密度大幅度降低,当 PO 与 Zr 的摩尔比为 12(样品 PO12)时,表观密度低至 202.08 kg/m³。这是因为,随着环氧丙烷量的增加,凝胶越来越稳固,凝胶骨架强度越来越好,抵抗干燥时的毛细管力和表面羟基脱水缩合产生的应力的能力越强,收缩越小,表观密度减小。然而,当环氧丙烷过量时会导致过快的凝胶化过程,凝胶整体不均匀,甚至会有一些团聚现象,内部应力增大,同时孔径也趋于分散分布。结果在干燥的时候会有更多的凝胶网络结构坍塌,产生更大收缩,而局部的团聚使得结构致密,表观密度会相应增大,PO16 样品的表观密度已增至 308.75 kg/m³。

表 3-5 环氧丙烷的加入量对 ZrO₂ 气凝胶性质的影响

样品	粉体表观密度/ (kg·m⁻³)	比表面积/ (m²·g⁻¹)	孔体积/ (cm³·g⁻¹)	平均孔径/nm
PO08	388.89	418	0.784 342	7.134 0
PO12	202.08	619	1.418 898	8.129 9
PO16	308.75	507	1.552 594	11.307 8

图 3-16 所示为样品 PO08、PO12 和 PO16 的氮气吸附-脱附等温线。样品 PO08 的吸附等温线则趋向于由非孔或大孔固体产生的 E 型等温线,证明其收缩较大。PO12 和 PO16 的吸附等温线则是比较典型的由介孔固体产生的 N 型等温线,具有迟滞环,对应于圆柱形孔形。随着环氧丙烷的量增加,迟滞环增大。而迟滞回线是由易发生毛细管凝聚现象的较大孔径的孔隙引起的,说明随着环氧丙烷的量增加,所得 ZrO₂ 气凝胶中较大孔径的孔隙数量增加。

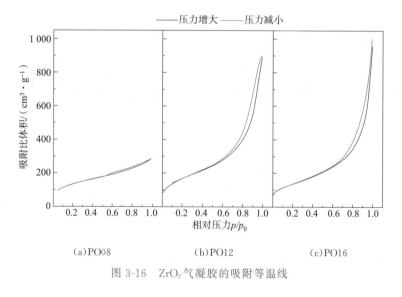

(a)PO08　　　　(b)PO12　　　　(c)PO16

图 3-16 ZrO₂气凝胶的吸附等温线

通过计算得到的比表面积、孔体积和平均孔径见表 3-5。所制备的 ZrO₂ 气凝胶具有均匀多孔、纳米级别的连通的三维网络结构,具有很高的比表面积。其平均孔径为数纳米,与扫描电镜观察结果一致,因此,所得样品为介孔材料。随着环氧丙烷量的增加,比表面积、孔体积和平均孔径都增大了。从孔径分布曲线(见图 3-17)可以看到,样品 PO08 的孔径大部分集中在 7 nm 以下,且 PO08 的孔隙比 PO12 和 PO16 还多,而较大孔径的孔隙非常少。这是由于 PO08 的凝胶虽然不够稳固,但总体都比较均匀,内部应力小,干燥时收缩比较均匀。样品 PO16 除了在约 3.5 nm 处有一个比较明显的峰外,在 520 nm 范围内的孔隙都比较多,这是由于凝胶虽然稳固,但是不均匀,且干燥时的收缩不均匀。

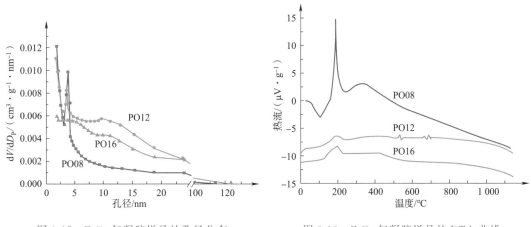

图 3-17　ZrO_2 气凝胶样品的孔径分布　　　　图 3-18　ZrO_2 气凝胶样品的 DTA 曲线

图 3-18 是加入不同量环氧丙烷的气凝胶样品的 DTA 图谱。结果表明,样品 PO08 由于结构比较致密,不利于交换和挥发,导致残留较多的溶剂和有机物,而对于 PO12 和 PO16,环氧丙烷的加入量不同,曲线变化趋势基本一致,说明环氧丙烷的加入量对 ZrO_2 气凝胶的化学成分影响不大。DTA 曲线中 90 ℃ 左右出现的明显的吸热峰是剩余溶剂水、乙醇和一些残留的有机物的挥发。甲酰胺虽然沸点为 210 ℃,但其却是溶于乙醇的,故大部分的甲酰胺会在多次用无水乙醇浸泡和交换的过程中被带走,仅有少量残留。210 ℃ 左右明显的放热峰,并非主要由甲酰胺的挥发引起,而是部分正硅酸乙酯的乙醇溶液浸泡形成的烷氧基和 $CH_2(OH)CH(OH)CH_3$、$HCONH_2$ 等残留有机物的氧化的结果。300~500 ℃ 之间宽而不明显的放热峰,对应于残留的 NO_3 的热分解和气凝胶表面部分羟基之间的脱水反应。500 ℃ 之后没有明显的特征峰,表明样品在该范围内结构与形态没有明显变化,所制得的 ZrO_2 气凝胶具有良好的热稳定性。

3.3.4　环氧丙烷作用机理探讨

添加甲酰胺可以使凝胶孔径分布集中,减少凝胶干燥时由于相邻孔洞间形成压力差带来的开裂和破碎,同时还可以使凝胶网络的孔径增大,减小干燥时的毛细管作用力[18,19]。在凝胶陈化阶段,用正硅酸乙酯的乙醇溶液浸泡凝胶,是常用的增强凝胶的方法,此时正硅酸乙酯能与凝胶骨架上的羟基基团缩合,减少因孔洞内羟基间的脱水缩合形成的应力;同时,在凝胶孔洞中正硅酸乙酯聚合形成的链能起到骨架支撑作用,从而大大提高凝胶的结构强度,减少凝胶在干燥过程中的结构坍塌[20,21],因此,甲酰胺的加入和正硅酸乙酯的乙醇溶液浸泡对于实现 ZrO_2 气凝胶的常压干燥制备是极为有利的。而环氧丙烷是 ZrO_2 凝胶形成过程中的关键成分,在体系中起到了凝胶促进剂的作用。环氧化物夺取体系中的质子(即氢离子),促进水合金属离子的水解和聚合反应,实现溶胶-凝胶的过程,得到金属氧化物凝胶。该溶胶-凝胶过程如图 3-19 所示。这种方法一方面不用金属醇盐作为前驱体,成本低,又可避免金属醇盐对水的敏感性和水解难以控制带来的困难,另一方面无须酸/碱参与催化,而是直接合成,简单易行[22,23]。

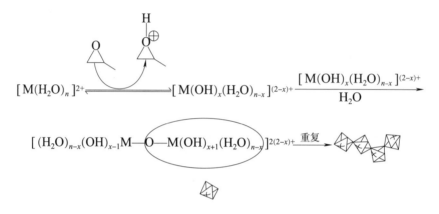

图 3-19 环氧化物促进凝胶的溶胶-凝胶过程示意图

水合锆离子的水解和聚合大致如下:

$$[Zr(H_2O)_8]^{4+} \longrightarrow [Zr(OH)_n(H_2O)_{8-n}]^{(4-n)+} + nH^+$$

$$2[Zr(OH)_n(H_2O)_{8-n}] \longrightarrow [(H_2O)_{8-n}(OH)_{n-1}Zr-O-Zr(OH)_{n-1}(H_2O)_{8-n}]^{2(4-n)+} + H_2O$$

实际上,在溶解前驱体硝酸氧锆时,上述反应就已经在进行,即已经有水合羟基锆离子的形成和缩聚。硝酸氧锆完全溶解后,可以观察到较弱的丁达尔现象,说明此时已有低聚物在体系中形成,即已经有水解和聚合反应的进行。当然,水解和聚合反应进行的程度由环境决定。锆离子的水解反应解离出了 H^+,使得体系呈酸性,溶解完全时 pH 为 2~3。

用环氧丙烷作为凝胶促进剂,是利用环氧丙烷中环氧原子的强亲核性,夺取体系中游离的质子(即氢离子),进而发生不可逆的开环反应,促进水合金属离子的水解和聚合反应:

　　由此可见,对促进水合羟基锆离子的水解和聚合起直接作用的是环氧丙烷中强亲核性的环氧原子:环氧原子能夺取水合羟基锆离子的水解产物之一——质子(即氢离子),而夺取了氢离子的环氧丙烷与体系中的 NO_3 和 H_2O 的开环反应,则起间接促进的作用。从吸收质子和开环反应的过程看,NO_3 参与的开环反应消耗了氢离子,会使体系的 pH 升高,而 H_2O 参与的开环反应只是消耗了水,而不会消耗体系中的氢离子,因此对 pH 几乎不会有影响。

　　当环氧丙烷的加入量太少时,水合羟基锆离子基本以链状低聚物为主,不能得到完整凝胶。随着环氧丙烷加入量的适当增加,水合羟基锆离子间的聚合物由链状向空间网状聚合转变,环氧丙烷促进凝胶的作用明显体现出来,凝胶化时间大幅度减少,形成完整块状凝胶,凝胶越来越稳固,干燥时抵抗收缩能力增强,可以更好地维持凝胶的网络结构,得到的 ZrO_2 气凝胶表观密度明显降低。当环氧丙烷过量时,过快的凝胶化过程会导致团聚和内部应力,干燥时收缩增大,得到的 ZrO_2 气凝胶表观密度增大。

　　这种利用环氧丙烷中环氧原子的强亲核性促进凝胶过程的原理,与常见制备 ZrO_2 粉体(特别是无机前驱体体系)工艺中采用氨水作为引发凝胶或沉淀的机制不同。氨水作为促进剂时,是通过酸碱中和反应引发凝胶或沉淀,过程快速,容易团聚,得不到均匀网络结构的凝胶。而采用环氧丙烷作为凝胶促进剂时,反应过程比较缓慢。实验发现,加入环氧丙烷后,在搅拌 15 min(即水浴前)时,只有少量反应热的放出,pH 没有明显变化,证明此凝胶过程缓慢。这种和缓的反应过程有利于缓解凝胶内部产生的应力,形成均匀网络结构的凝胶。

3.3.5　甲酰胺对氧化锆气凝胶的影响

　　在气凝胶的制备过程中,关键问题是如何防止凝胶的收缩。许多研究者为此使用了超临界干燥、表面改性等多种方法,其中有一种方法是加入甲酰胺、N,N-二甲基甲酰胺等干燥控制化学添加剂(DCCA)[24,25]。杨辉等[26]首次将甲酰胺用于 ZrO_2 气凝胶的常压制备,主要考察了甲酰胺的加入量对凝胶过程的影响,探讨了甲酰胺的作用机理。

　　按照与上节相同的工艺,控制 Zr、甲酰胺、环氧丙烷的摩尔比为 $1:y:8(0 \leqslant y \leqslant 2.5)$,根据 FA 的加入量,分别将样品记为 FA10y。表 3-6 列出了不同 FA 加入量样品的凝胶过程。从表 3-6 中可以看到,未加入甲酰胺时,体系不能凝胶;加入少量甲酰胺的样品 FA05 形成了稀而不稳固白色凝胶,加入较多甲酰胺的 FA10、FA15、FA20 和 FA25 都形成了整块的凝胶,其中 FA15、FA20 和 FA25 凝胶化时间较为接近且凝胶状态相似。总之,随着甲酰胺加入量增加,凝胶化时间逐渐减少,凝胶越来越稳固。实验显示,体系的凝胶进程对甲酰胺加入量较为敏感,甲酰胺的加入量很少的时候,样品不能凝胶,样品 FA10 的凝胶化时间为 2 241 s,而 FA15 的凝胶化时间为 1 404 s,甲酰胺加入量的变化会带来明显不同的效果。

　　表 3-6 中,常压干燥制得的 ZrO_2 气凝胶的表观密度最低可达 239.71 $kg \cdot m^{-3}$,与超临

界干燥所制得的 ZrO_2 气凝胶相当。其中样品 FA15 的表观密度（239.71 kg·m^{-3}）明显低于 FA10（288.89 kg·m^{-3}），而样品 FA15、FA20 和 FA25 的表观密度逐渐增大，但相差不大。这说明，在甲酰胺的加入量很少的时候，体系的凝胶过程对甲酰胺的量很敏感，而当甲酰胺的加入量较多的时候，体系状态非常相似。

表 3-6   甲酰胺对凝胶过程的影响

样品	湿凝胶状态	表观密度/ （kg·m^{-3}）	凝胶化时间/s	比表面积/ （m^2·g^{-1}）	孔体积/ （cm^3·g^{-1}）	平均孔径/nm
FA00	蓝色凝胶	—				
FA05	未固化凝胶	—	—	—	—	—
FA10	gel	288.89	2 241	418	0.784	7.13
FA15	gel	239.71	1 404	335	1.122	12.00
FA20	gel	259.26	1 089	322	1.119	12.45
FA25	gel	298.21	958	346	1.036	11.58

从 SEM 照片（见图 3-20）可以看到，所制得的 ZrO_2 气凝胶基本都具有均匀多孔、纳米级别的连通的三维网络结构，孔洞和骨架尺寸都为纳米量级，具有结构的均匀性。对甲酰胺的加入量 1.0 倍于 Zr 的样品 FA10 的 SEM 图片中，由于凝胶不够稳固导致干燥时收缩，能看到明显的团聚现象。而 FA15、FA20 和 FA25 都具有很好的纳米级网络结构，其中，由于较高的甲酰胺加入量使凝胶反应较快，样品 FA25 结构比较疏松，部分孔隙孔径较大。

(a)FA10

(b)FA15

图 3-20   不同甲酰胺添加量的 ZrO_2 气凝胶的 SEM 图片

(c)FA25

图 3-20　不同甲酰胺添加量的 ZrO₂ 气凝胶的 SEM 图片(续)

不同甲酰胺添加量的 ZrO₂ 气凝胶的氮气吸附脱附的等温线如图 3-21 所示。所制得的 ZrO₂ 气凝胶的吸附等温线比较接近典型的由介孔固体产生的 N 型等温线,迟滞环类型大致对应为圆柱形孔形。通过计算得到的比表面积、孔体积和平均孔径见表 3-6。所制备的 ZrO₂ 气凝胶平均孔径约为 10 nm,与扫描电镜观察结果一致,也属于介孔材料。与前文结果相对应,FA15、FA20 和 FA25 的比表面积、孔体积和平均孔径都很接近,而与 FA10 的数据相差较大,FA15、FA20 和 FA25 的平均孔径和孔体积都比 FA10 大。从孔径分布曲线(见图 3-22)可以看到,在本体系中,没有发现前人们所说的甲酰胺的加入使得气凝胶孔径均匀的现象。FA15、FA20 和 FA25 的孔径分布也非常接近,而由于凝胶强度较低,收缩较大,FA10 样品的孔径大部分集中在 7 nm 以下,其孔隙数量远远多于 FA15、FA20 和 FA25,而较大孔径的孔隙非常少。这可能是由于 FA15、FA20 和 FA25 的凝胶核心部分体积较大,其内部的孔径太小而超出测量范围。

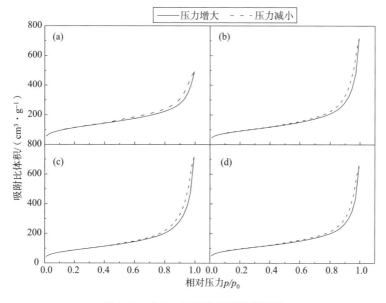

图 3-21　ZrO₂ 气凝胶的吸附等温线

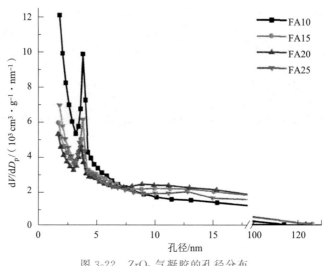

图 3-22　ZrO_2 气凝胶的孔径分布

不难发现，ZrO_2 气凝胶样品的 FA10 密度比 FA15、FA20 和 FA25 的密度大，平均孔径和孔体积都比 FA15、FA20 和 FA25 小，而其比表面积也比 FA15、FA20 和 FA25 大，看起来并不统一。实际上，如前所述，FA10 在小孔径区间的孔隙数量远远多于 FA15、FA20 和 FA25，而在其他孔径区间的孔隙数量相差不多。另一方面，本实验中进行氮气吸附实验的样品为粉末状态。将块体研磨成粉末状态的过程，对于结构致密的样品的比表面积会显著提升，而对于三维网络结构的样品的比表面积不会明显提升。而且样品 FA15、FA20 和 FA25 孔隙不均匀、脆性大、强度低，研磨成粉末甚至可能导致其比表面积下降。即测得的相对致密的样品 FA10 的比表面积因有一部分是研磨成粉体导致的分散性的贡献而偏大，样品 FA15、FA20 和 FA25 则很少有这部分的贡献。

图 3-23 是加入不同量甲酰胺的气凝胶样品的差热分析 DTA 和相应热重分析 TG 图谱。可以看出，除了样品 FA05 和 FA10 残留较多的溶剂和有机物，甲酰胺的加入量不同，变化趋势基本一致。90 ℃左右较明显的吸热峰是剩余溶剂水、乙醇和一些残留的有机物的挥发。210 ℃左右明显的放热峰对应于残留有机物的氧化。300～500 ℃之间宽而不明显的放热峰对应于残留的 NO_3^- 的热分解和气凝胶表面部分羟基之间的脱水反应。500 ℃之后没有明显的特征峰，表明样品在该范围内结构与形态没有明显变化，所制得的 ZrO_2 气凝胶具有良好的热稳定性。加入不同甲酰胺的量的样品的 DTA-TG 图谱都基本一致，说明甲酰胺的加入量对 ZrO_2 气凝胶的物相和化学成分影响不大。

甲酰胺能与无机酸反应，生成甲酸及铵盐。也有文献报道[27,28]，甲酰胺在水中会分解为甲酸和氨：

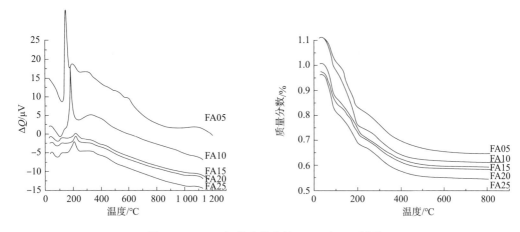

图 3-23 ZrO$_2$ 气凝胶样品的 DTA 和 TG 图谱

这一反应的结果是,一方面,反应产物 HCOOH 和 NH$_3$ 可以作为配位体占据 Zr 离子的配位位置,而且甲酸呈酸性,这些因素都会抑制水解;另一方面,反应产物 NH$_3$ 溶于水生成的氨水,会促进缩聚凝胶,并且是反应较快的成分。本体系中,前驱体硝酸氧锆溶解完毕时,pH 约为 2,酸性已经较强,甲酸起不到明显的作用。如前文所述,甲酰胺的加入缩短凝胶化时间,促进凝胶,使凝胶稳固,说明本体系中氨水的促进缩聚凝胶起了主导作用。

实际上,室温下甲酰胺与水的反应进行得很缓慢,加入甲酰胺搅拌 30 min,体系仍然是澄清液体,pH 没有明显可观察到的变化,也没有可观察到的温度变化等一系列现象。而在 70 ℃ 水浴加热的条件下,会加快该反应的进行,甲酰胺的作用在这时才真正完全地体现出来。经过前段时间的搅拌,整个体系已经均匀混合,当然甲酰胺也在其中均匀分布。70 ℃ 水浴加热时,甲酰胺与水反应的产物甲酸和氨水也大量(相对室温条件)生成。作为能快速促进缩聚反应的一种碱性物质,氨水会促使 Zr 的低聚物或尚未缩聚的水解产物在整个体系中均匀地形成较高聚合度的聚合物。这些较高聚合度的聚合物便在整个体系中成为均匀分布的凝胶核心,聚合速率慢的环氧丙烷则促进凝胶在这些核心的基础上进一步发生缩聚反应,最终形成均匀网络结构的凝胶。总的来讲,甲酸胺起的主要作用是在整个体系中形成均匀分布的缩聚凝胶核心,成为在环氧丙烷促进缩聚凝胶的作用下得到均匀凝胶的基础,该体系中均匀凝胶的形成是甲酰胺和环氧丙烷相互配合作用的综合结果。为了佐证甲酰胺的特殊作用方式,杨辉等[29] 做了 Zr、甲酰胺、环氧丙烷摩尔比为 1∶0∶12 的实验。考虑到环氧丙烷和甲酰胺都具有促进凝胶的作用,而且一个环氧丙烷分子能吸收一个质子,一个甲酰胺反应产生的是一个氨,也消耗一个氢离子。假设甲酰胺与环氧丙烷的作用方式也一样,则可将 4 倍于 Zr 的环氧丙烷转换为等量的甲酰胺,即 Zr、甲酰胺、环氧丙烷的摩尔比为 1∶4.0∶8.0。依此推断,这个样品将会比试样 FA25 凝胶更快,凝胶更稳固。但是,在实验中,该样品在 70 ℃ 水浴 10 h 后,其中只有少量流淌性凝胶,且这种低黏性凝胶的形成在很大程度上归因于醇水溶剂体系中水的离子积常数的明显下降,并且这些凝胶在 60 ℃时很快溶解,说明在硝酸氧锆体系中,没有甲酰胺参与作用,单纯增加环氧丙烷的量并不能得到明显的形成凝聚的效果。因此,甲酰胺与环氧丙烷具有不同的作用方式:甲酰胺和环氧丙烷相互配合,对体系凝胶起促进作用,而不是同等的相互竞争关系。

在甲酰胺量较少的时候,形成的缩聚凝胶核心比较少,未能布满整个体系,不足以以这些核心为基础形成均匀凝胶,凝胶效率较低。此时,甲酰胺的量增加可以明显增加缩聚凝胶核心的体积量,从整体上提升凝胶效率,因此,此时体系的凝胶进程对甲酰胺敏感:增加甲酰胺的量,会显著促进缩聚凝胶,有助于得到强度好的稳固的凝胶,抵抗干燥收缩能力增强,能更好地维持凝胶的网络结构,表观密度也相应更低。但是,当甲酰胺量较多时,体系中已形成足够数量的缩聚凝胶核心,此时增加甲酰胺的量,得到的气凝胶的结构和性质基本相近。而过多的甲酰胺量,会加快缩聚凝胶的进行,缩短凝胶化时间,干燥收缩增大,气凝胶表观密度增大。一方面,过多的甲酰胺与水反应会生成过多的氨水,导致在形成缩聚凝胶核心时由于过多过快的反应产生团聚。另一方面,过快的缩聚过程必定导致凝胶内部存在较大的应力,成为凝胶干燥时坍塌的另一个因素。

本章以钛酸丁酯为原料,采用溶胶-凝胶结合常压干燥技术制备出了 TiO_2 气凝胶,并在此基础上添加表面活性剂改性 TiO_2 气凝胶。得到的气凝胶轻质多孔具有均匀的网络结构,骨架和孔道均处于纳米级。样品密度为 0.818 g·cm^{-3},孔隙率为 79%,比表面积为 416.6 m^2/g,平均孔径为 8.28 nm。同时,使用的前驱体是价格较低的无机锆盐,实现了 ZrO_2 气凝胶的常压干燥制备,所制得的 ZrO_2 气凝胶具有均匀多孔的纳米级别连通的三维网络结构,结构均匀,表观密度可低至 202.08 kg/m^3,比表面积可高达 619 m^2/g,有助于推动 ZrO_2 气凝胶的研究及应用。

(注:本章内容涉及的研究工作由浙江大学材料科学与工程学院郭兴忠[29]教授和硕士研究生颜立清[30]、孙赛[31]等共同参与和完成,在此致谢!)

参考文献

[1]　HUSING N, SCHUBERT U. Aerogels-airy materials: chemistry, structure and properties[J]. Angewandte Chemie International Edition, 1998, 37(1-2): 22-45.

[2]　HRUBESH L W. Aerogels: the world's lightest solids[J]. Chemistry & Industry, 1990(24): 824-827.

[3]　陈龙武,甘礼华. 气凝胶[J]. 化学通报,1997,26(8):21-26.

[4]　FRICKE J, TILLOTSON T. Aerogel: production, characterization and application[J]. Thin Solid Films, 1997, 297(1-2): 212-223.

[5]　AHMED M S, ATRIA Y A. Aerogel materials for photocatalytic detoxification of cyanide wastes in water[J]. Journal of Non-crystalline Solids, 1995(186): 402-407.

[6]　丁子上,翁闻剀.溶胶-凝胶技术制备材料的进展[J].硅酸盐学报,1993,21(5):443-450.

[7]　孙继红,张晔,范文浩,等.Sol-gel 技术与纳米材料的剪裁[J].化学进展,1999,11(1):80-85.

[8]　黄剑锋.溶胶-凝胶原理与技术[M].北京:化学工业出版社,2005.

[9]　PIERRE A C,PAJONK G M. Chemistry of aerogels and their applications[J]. Chemical Review,2002,
102(11):4234-4265.

[10]　PAJONK G M. Catalytic aerogeis[J]. Catalysis Today,1997,35(3):319-337.

[11]　KIRCHNEROVA J,KLVANA D,VAILLANCOURT J,et al. Evaluation of some cobalt and nickel
based perovskites prepared by freeze-drying as combustion catalysts[J]. Catalysis Letters,1993,
21(1-2):77-87.

[12]　MAHLER W,BECHTOLD M F. Freeze-formed silica fibers[J]. Nature,1980,285(5759):27-28.

[13]　EGEBERG E D,ENGELL J. Freeze-drying of silica-gels prepared from siliciumethoxide[J]. Journal
Physique Colloques,1989,50(4):23-28.

[14]　SMITH D M,STEIN D,ANDERSON J M,et al. Preparation of low-density xerogel at ambient
pressure[J]. Journal of Non-crystalline Solids,1995(186):104-112.

[15]　WALLACEAL S,HENCH L L. The processing and characterization of DCCA modified gel-derived
silica[J]. Materials Research Society Proceedings,1984(32):47-52.

[16]　王宬舒,谢超,王涛.添加剂对气凝胶孔径分布的影响[J].过程工程学报,2010,10(2):355-360.

[17]　HUNG I M,WANG Y,LIN L T,et al. Preparation and characterization of mesoporous TiO_2 thin
films. Journal of Porous Materials,2010,17(4):509-513.

[18]　TURSILOADI S,YAMANAKA Y,HIRASHIMA H. Thermal evolution of mesoporous titania prepared by
CO_2 supercritical extraction[J]. Journal of Sol-Gel Science and Technology,2006,38(1):5-12.

[19]　SUNG W J,HYUN S H,KIM D H,et al. Fabrication of mesoporous titania aerogel film via supercritical
drying[J]. Journal of Materials Science,2009,44(15):3997-4002.

[20]　POPA M,MACOVEI D,INDREA E,et al. Synthesis and structural characteristics of nitrogen doped
TiO_2 aerogels. Microporous and Mesoporous Materials,2010,132(1-2):80-86.

[21]　CAMPBELL L K,NA B K,KO E I. Synthesis and characterization of titania aerogels[J]. Chemistry
of Materials,1992,4(6):1329-1333.

[22]　TEICHNER S,NICOLAON G,VICARINI M,et al. Inorganic oxide aerogels[J]. Advances in Colloid
and Interface Science,1976,5(3):245-273.

[23]　YODA S,SUH D J,SATO T. Adsorption and photocatalytic decomposition of benzene using silica-titania
and titania aerogels:effect of supercritical drying[J]. Journal of Sol-Gel Science and Technology,2001,
22(1-2):75-81.

[24]　WEI W,XIE J M,WU Y Y,et al. UV-resistant hydrophobic rutile titania aerogels synthesized through a
nonalkoxide ambient pressure drying process[J]. Journal of Materials Research,2013,28(3):378-384.

[25]　HONG I. VOCs degradation performance of TiO_2 aerogel photocatalyst prepared in SCF drying[J].
Journal of Industrial and Engineering Chemistry,2006,12:918-925.

[26]　郭兴忠,颜立清,杨辉,等.添加环氧丙烷法常压干燥制备 ZrO_2 气凝胶[J].物理化学学报,2011,
27(10):2478-2484.

[27]　FRICKE J,TILLOTSON T. Aerogel:production,characterization and application[J]. Thin Solid
Films,1997,297:212-223.

［28］ STENGL V，BAKARDJIEVA S，SUBRT J. Titania aerogel prepared by low temperature supercritical drying［J］. Microporous and Mesoporous Materials，2006，91：1-6.

［29］ Guo X Z，Yan L Q，Yang H，et al. Synthesis of zirconia aerogels by ambient pressure drying with propylene oxide addition［J］. Acta Physico-Chimica Sinica，2011，27（10）：2478-2484.

［30］ 颜立清. 氧化锆气凝胶的常压制备及其工艺优化［D］. 杭州：浙江大学，2012.

［31］ 孙赛. 常压干燥制备二氧化钛气凝胶及其表面改性研究［D］. 杭州：浙江大学，2012.

第4章 溶胶-凝胶技术制备氧化铝基微球及应用

以铝元素为主构成的无机非金属材料(如刚玉瓷、莫来石瓷、氧化铝球、氧化铝基板、氮化铝粉、氮化铝基板、红宝石激光介质、蓝宝石衬底、YAG荧光粉等)由于原料来源广泛、产品品种丰富、材料和相关器件性能优异等特点而被广泛应用于国民经济、社会发展、国防军工等众多领域,是一类非常重要的材料。这些铝基无机非金属材料制备中最基本也最主要的原料是氧化铝粉体,而氧化铝粉体的晶相、形状、粒径、尺寸均匀性等都会显著影响铝基无机非金属材料的制备过程、微观结构和宏观性能。因此,有效调控氧化铝粉体的形貌与尺寸对于铝基无机非金属材料的制备与应用具有十分重要的意义。

氧化铝的生产方法有碱法、酸法、电热法等,目前氧化铝行业大规模生产的生产工艺主要为碱拜耳法或碱烧结法,同时,一些其他的制备工艺,如热解法、溶胶-凝胶法、共沉淀法、水热合成法等,也被应用于氧化铝粉体的制备。但这些方法制备生产的氧化铝粉体通常都存在粉体形状不规则、颗粒尺寸分布不均匀等问题。本章论述基于环氧丙烷为凝胶促进剂的溶胶-凝胶技术的氧化铝基微球制备及应用。这类氧化铝基微球具有形状规整、粒径均匀、尺寸可控等特点,可有效改善多种铝基无机非金属材料的制备工艺和宏观性能,拓展其应用领域。

4.1 环氧丙烷为凝胶促进剂的溶胶-凝胶技术

使用环氧丙烷作为凝胶促进剂的溶胶-凝胶技术是近年来新发展的一种溶胶-凝胶制备方法。为解决早期的溶胶-凝胶法制备氧化物时普遍使用价格昂贵的金属醇盐作为前驱体的问题,研究人员考虑使用无机金属盐作为制备氧化物材料的前驱体。由于无机金属盐溶液中存在的金属水合物呈现酸性,通常通过往无机金属盐溶液中添加碱性物质(如 OH^- 及 CO_3^{2-})的方式来获得金属盐的沉淀,随后将沉淀物煅烧后获得金属氧化物。然而通过沉淀方法制备金属氧化物有较多缺点,主要是金属氧化物的形貌不可控,只能得到一些絮状物的沉淀,其原因是加入碱的过程中溶液局部的 pH 上升非常快,导致溶液在局部快速转变为沉淀,反应过程不是很均匀,无法得到规则形貌的产物。同样,由于反应的不均匀性,整体反应过程也变得不可控,这就不能通过改变反应条件来调控产物形貌。Gash 等[2] 发明了以无机金属盐为前驱体,环氧丙烷为凝胶促进剂的溶胶-凝胶过程来制备金属氧化物。在这一过程中,环氧丙烷主要作为质子反应剂,与溶液中的金属离子水合物进行反应,引发金属离子在溶液中的水解-聚合,使溶液的 pH 不会在一开始就急剧发生变化,而是逐步均匀升高,这样就有效控制了反应过程,实现了均匀反应,可获得形貌规则的产物。整个反应过程如图 4-1[4]所示。在环氧丙烷还没有加入反应体系中时,溶液中的金属离子主要是以水合物形式存在,表现为酸性,当环氧丙烷加入后,由于环氧丙烷是一种优秀的质子捕获剂,可以认为是一种碱,其与金属离子水合物发生反应后,主要捕获金属离子水合物中的质子,使得金属离子水合物形成了金属离子羟基水合物。而金属离子羟基水合物互相发生脱水聚合反应形成金属离子与氧离子的网络结构,如果环氧丙烷能够不停地使金属离子水合物转换为金属离子羟基水合物,那么最终金属离子羟基水合物便会相互聚合形成一个比较大范围的金属离子与氧离子的网络,随着形成网络的逐渐增大,溶液便会失去其流动性,最终实现从溶液到凝胶的转变。

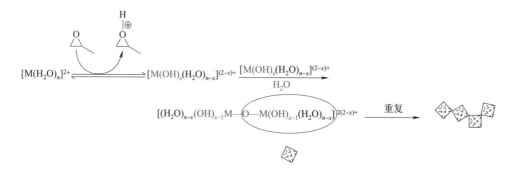

图 4-1　环氧丙烷为凝胶促进剂的溶胶-凝胶反应机理示意图

添加环氧丙烷的溶胶-凝胶过程主要是利用环氧丙烷消耗了溶液中金属离子水合物中的质子,使金属离子水合物转变为金属离子与氧离子构成的网络。这个反应中很重要的一点是金属离子需要在环氧丙烷的促进下不断转化为金属离子羟基水合物,但从图 4-1 的反应式可以看出,由于这个反应是个可逆反应,当反应物与产物的浓度到达一定的程度便会达到平衡,使反应不能进一步进行下去。因此,使该反应能够继续进行的原因是环氧丙烷在获

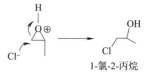

1-氯-2-丙烷

图 4-2　环氧丙烷与氯离子
发生开环反应示意图

取了金属离子水合物中的质子后还会与溶液中金属盐的阴离子发生开环反应,其过程如图 4-2所示。在这个反应中,阴离子(氯离子)由于有较强的亲核作用,促使获取质子的环氧丙烷发生了开环反应,形成了 1-氯-2-丙烷,这样在图 4-1 所示反应中的反应产物便被溶液中的氯离子给消耗掉了,所以反应会一直朝着正方向进行,直到氯离子被完全消耗。

由上可知,在无机金属盐溶液中添加环氧丙烷,可以使金属离子水合物形成的金属离子羟基水合物不断发生聚合反应形成金属离子与氧离子的网络结构。通过控制这一过程的反应速度,可制备不同形貌的产物。例如,通过增加环氧丙烷添加量,在溶液中阴离子足够多的情况下可以使反应能够更快地进行,使得金属离子羟基水合物由原来的链状结构向空间

环状结构转变。而溶液中的水醇比会改变阴离子在溶液中的亲核性,使反应速度改变,最终调控反应产物的形貌。

Gash 等[1,2]研究了不同无机金属盐前驱体及不同溶剂对于凝胶过程的影响。研究发现,能够形成凝胶的溶剂一般是极性质子溶剂,这是由于这些溶剂中的氢键会促进反应产物发生聚合过程。而极性非质子溶剂则一般不能形成凝胶,原因是在这些溶剂中金属离子会反应非常剧烈而形成沉淀。在非极性溶剂中则无法制备获得凝胶,这主要是非极性溶剂对于无机金属盐的溶解能力非常低。此外,也研究了不同过渡及主族元素金属离子形成凝胶的能力。结果表明,大多数高价金属离子都可以通过添加环氧丙烷的方法获得凝胶,原因是高价金属离子在水溶液中的酸性比较强,可以和环氧丙烷发生较剧烈的反应,生成金属离子与氧离子的网络结构。而大多数低价的金属离子基本都不能形成凝胶,只能形成沉淀,这主要是低价金属离子的水溶液酸性比较弱,和环氧丙烷反应后不能在短时间内形成交联的网络结构,最后只能形成沉淀。为解决这一问题,可通过调整溶液中的水醇比来增大反应活性,块体镍基的气凝胶就可以用这种方法制备出来[5]。

4.2　非晶态氧化铝微球的制备

非晶态氧化铝微球采用环氧丙烷为凝胶促进剂的快速溶胶-凝胶法制备,其典型的制备工艺如下:称取一定量的 $AlCl_3 \cdot 6H_2O$ 溶解于一定比例的蒸馏水、乙醇和甲酰胺的混合溶液中,在一定温度下持续进行磁力搅拌,待 $AlCl_3 \cdot 6H_2O$ 完全溶解后,向溶液中迅速注入一定量的环氧丙烷来促进反应进行。当环氧丙烷加入后,快速搅拌约 10 s 后停止搅拌并静置,此时透明溶液将很快转变为白色不透明的凝胶,随后将凝胶倒入合适的容器中在 80 ℃左右干燥一定时间,即可获得非晶态氧化铝微球。在此制备过程中,通过采用较高的金属离子浓度和高环氧丙烯/金属离子摩尔比,使透明溶液向白色不透明凝胶态转变的过程在很短的时间内完成(一般约为 20 s),反应时间较传统的环氧化物作促进剂的凝胶反应要短得多。

图 4-3 为采用环氧丙烷做促进剂的溶胶-凝胶法制备非晶态氧化铝微球的流程图。Al^{3+}水解形成六水和配合物 $[Al(H_2O)_6]^{3+}$,这些配合物在环氧丙烷存在的条件下充当着酸的角色,进而形成一系列不同聚合度的聚合物离子 $[Al(OH)_x(H_2O)_{6-x}]^{(3-x)+}$,其中 x 根据溶液的 pH 不同而在 0 到 4 之间变化。这些水解后的阳离子通过羟联和氧联缩聚形成低聚物,再由低聚物进一步缩聚成高聚物,从而促进凝聚相的产生[4],最终获得非晶态 Al_2O_3 凝胶。

根据 Flory 和 Huggins 等的研究结果,凝胶形貌是由相分离与凝胶开始的相对时间决定的,而相分离与凝胶系统的流动性有关。当一个系统含有至少一种高聚物的时候,其两相的相容性可以通过 Flory-Huggins 公式进行计算[6]。对于混合二元系统的吉布斯自由能 ΔG 的变化可用以下公式表示:

$$\Delta G \propto RT\left(\frac{\varphi_1}{P_1}\ln\varphi_1+\frac{\varphi_2}{P_2}\ln\varphi_2+\chi\varphi_1\varphi_2\right) \tag{4-1}$$

式中，χ 为相互作用参数；φ_i 和 P_i 是组分 i（$i=1$ 或 2）的容积率和聚合程度；R 为摩尔气体常数；T 为温度；括号中前两项为熵的贡献，后一项为焓。熵的减少对自由能的变化起着决定性的作用，是造成相分离的重要因素。当溶液 pH 增大时，Al_2O_3 的低聚物缩合反应导致式（4-1）中的 P_1 增大，从而使 ΔG 增大。而溶液 pH 的改变可以通过调节 Al^{3+} 的浓度或者水醇比实现，因此系统相分离在 Al^{3+} 的缩聚反应时发生。由于环氧丙烷能加快缩聚反应的速率，故也可通过调节环氧丙烷的加入量来调节相分离和凝胶的相对时间。因此，可以通过调整环氧丙烷的加入量、Al^{3+} 浓度以及水醇比等参数来控制凝胶和相分离的相对速率，当开始相分离的时间早于凝胶形成的时间时，溶液中的高聚物 $[Al(OH)_x(H_2O)_{6-x}]^{(3-x)+}$ 就要通过形成球体来降低系统表面能，这样就易于形成非晶态的 Al_2O_3 微球。

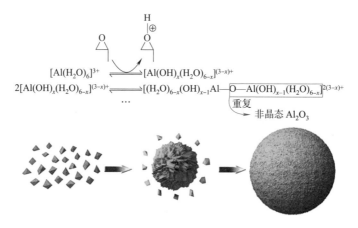

图 4-3　环氧丙烷做促进剂的溶胶-凝胶法制备非晶态氧化铝微球的流程图

图 4-4 为不同环氧丙烷加入量（溶胶组成：4.35 g $AlCl_3\cdot6H_2O$、5.5 mL 乙醇、4 mL 水和 1 mL 甲酰胺）制备的非晶态 Al_2O_3 微球扫描电子显微镜照片。当环氧丙烷加入量为5 mL 时，形成了较致密的块体凝胶，没有球形颗粒生成，从宏观上来看是形成了半透明的块体凝胶。由于此时环氧丙烷加入量比较少，反应速度处于一个比较合理的范围内，在反应发生时 $Al(H_2O)_6^{3+}$ 水解速度比较均匀，最终互相交联形成三维网络，外观上看就是一个比较透明的凝胶。当环氧丙烷加入量为 7 mL 时，开始形成不太规整的球颗粒，球与球之间倾向于互相连接。当环氧丙烷加入量为 9 mL 时，形成分散性良好的微球，当环氧丙烷加入量为11 mL 时，体系中既有球形颗粒又有不规则的块体。实验中也发现随着环氧丙烷加入量的增加，形成凝胶的速度逐渐增大，当加入量为 11 mL 时，样品已经分层（相分离）。当环氧丙烷加入量较少时，反应速度处于一个比较合理的范围内，反应发生时 $Al(H_2O)_6^{3+}$ 水解速度比较均匀，最终互相交联形成三维网络，外观上看就是一个比较透明的凝胶。当环氧丙烷的量适中（如 7 mL、9 mL）时，反应过程中相分离开始的时间大于凝胶形成开始的时间，分相中

的高聚物 $[\mathrm{Al(OH)}_x(\mathrm{H_2O})_{6-x}]^{(3-x)+}$ 相就要通过形成球体来降低系统界面能。当环氧丙烷的量较多时,反应进行得很快,快速的凝胶过程中部分高聚物 $[\mathrm{Al(OH)}_x(\mathrm{H_2O})_{6-x}]^{(3-x)+}$ 相来不及形成比较完整的球形颗粒,而是倾向于互相交联,这就形成了互相堆积在一起的并不是很完整的球形结构。

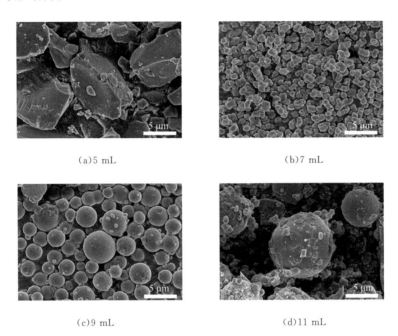

(a)5 mL　　　　　　　　　　　(b)7 mL

(c)9 mL　　　　　　　　　　　(d)11 mL

图 4-4　不同环氧丙烷加入量样品的扫描电镜照片

除了凝胶促进剂环氧丙烷,其他表面活性剂也会对非晶态氧化铝微球的形成产生影响。图 4-5 是不同聚氧乙烯聚氧丙烯醚嵌段共聚物(F127)加入量制备的非晶态氧化铝微球扫描电镜照片。随着 F127 的量增加,颗粒的尺寸变大,分散性变好。F127 作为一种三嵌段共聚物,亲水链段和疏水链段会分别聚集,整个大分子倾向形成球状胶束结构,为聚合反应提供了有限的反应空间,使得产物在该胶束模板剂的调控下,具有了特殊的球状形貌。随着 F127 浓度的增加,胶束内反应空间变大,微球尺寸相应变大。同时铝离子聚集体本身的 —OH 同 F127 的聚醚链段的对铝离子聚集体的缠绕和包覆,以及 F127 中的—OH 氢键相互作用,对微球颗粒生长和分散性都起到了非常重要的作用。

图 4-6 为不同聚乙二醇 6000(PEG6000)添加量制备的非晶态氧化铝微球扫描电子显微镜照片,随着 PEG6000 量的增加,微球的粒径显著增加,分散性也变好。PEG 是中间带有聚醚段,两端为羟基的优良分散剂。它可以吸附在铝离子形核表面,改变粒子之间的静电作用,并且产生位阻效应,使各粒子相互分散,防止相互吸引而团聚,使粒的分散性变好。同时较多 PEG 的加入会与铝离子的聚合体形成聚合,加速缩合反应的进行,造成高聚物 $[\mathrm{Al(OH)}_x(\mathrm{H_2O})_{6-x}]^{(3-x)+}$ 的聚集速度加快,从而增加粒径。PEG 作为非离子表面活性剂

会降低溶液中的表面张力,形成更大尺寸的聚集体颗粒。

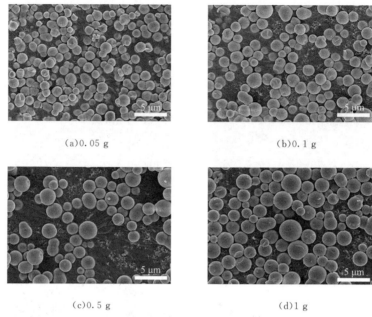

(a)0.05 g (b)0.1 g

(c)0.5 g (d)1 g

图 4-5　不同 F127 加入量样品的扫描电镜照片

(a)0.05 g (b)0.1 g

(c)0.5 g (d)1 g

图 4-6　不同 PEG 加入量样品的扫描电镜照片

4.3　氮化铝(AlN)微球的制备

采用气氛还原氮化法制备 AlN 微球。将上述采用环氧丙烷为凝胶促进剂的快速溶胶-凝胶法制备的非晶态氧化铝微球铺展于氧化铝舟,置入可进行气氛控制的高温烧结炉中,通入一定流量的(40 L/h)氨气作为氮化还原性气氛。经一段时间的氨气流通后将炉内空气排净,在再通氨气情况下开始升温,在氨气气氛中于高温下热处理一定时间后即可获得 AlN 微球。图 4-7(a)为不同温度热处理 2 h 样品的 X 射线衍射图谱。未经氮化处理的样品没有任何衍射峰,为典型的非晶态结构;800 ℃ 热处理样品也基本为非晶态结构;1 100 ℃热处理样品开始出现特征衍射峰,但衍射峰强度较低,半高宽较大,表明晶体结构不完整;而 1 200 ℃热处理样品则呈现显著的特征衍射峰,其特征峰与标准卡片(PDF♯65-3409)六方晶系AlN(h-AlN)相一致,而且不存在另外晶相(杂相)的衍射峰。随着热处理温度升高,六方晶系 AlN 的特征峰半高宽越来越窄,峰形也越来越尖锐,表明晶体的结晶完整性逐渐提高,晶粒尺寸逐渐增大。图 4-7(b)为非晶态氧化铝微球(为热处理)的扫描电镜照片,由图可见,形状规则的微球密实,表面光滑,颗粒尺寸分布均匀。图 4-7(c)和(d)分别为经过 1 200 ℃和1 400 ℃氮化处理的 AlN 微球扫描电镜照片,热处理后的 AlN 微球比非晶态氧化铝微球表面要粗糙得多,并且形成一些微小孔洞。当热处理温度升高至 1 400 ℃时,AlN 微球已经开始破碎。微球热处理前后的形貌变化可归因于非晶态微球在析晶过程中产生的体积收缩、水分蒸发以及有机物裂解所产生的气体(如 H_2O 和 CO_2)的逸出。此外,热处理过程中晶体的生长对微球中裂隙的扩展也有显著的影响。

图 4-8(a)是 1 200 ℃下热处理所得 AlN 微球的透射电镜照片,从图中可以看出,AlN 微球由很多紧密相连的纳米晶体构成,内嵌的选区电子衍射图(SAED)中能看到明亮的衍射花样以及清晰的衍射环,证实了 AlN 微球的多晶结构。图 4-8(b)高分辨电镜照片显示构成 AlN 微球的纳米晶体 (110) 面的晶面间距为 0.270 4 nm,(102) 面的晶面间距为 0.183 8 nm,与 h-AlN 的微观结构特征信息一致。图 4-8(c)为 AlN 微球的元素分布图,Al 和 N 这两种元素均匀地分布于球体中。能谱图[见图 4-8(d)]中 0.4 keV 和 1.5 keV 处的尖峰分别为 N 和 Al 元素的信号,0.5 keV 处的弱峰为 O 元素信号。根据 Wu 等的研究结论[7],h-AlN 的表面不可避免地会被部分氧化,故能谱图中存在 O 元素信号。

在以环氧丙烷为凝胶促进剂的快速溶胶-凝胶法制备非晶态氧化铝微球的工艺过程中,通过改变溶胶的温度(水浴温度),可以实现对非晶态氧化铝微球粒径的调控,进而影响最终产物 AlN 微球的颗粒尺寸。图 4-9 为不同水浴温度制备的非晶态氧化铝微球经 1 200 ℃热处理 2 h 获得的 AlN 微球扫描电镜照片以及相应的粒径分布柱状图。由图可见,随着水浴温度的升高,AlN 微球的粒径逐渐减小。微球粒径随水浴温度升高而减小的规律类似于由成核生长机制产生的纳米颗粒尺寸随合成温度变化的规律,温度越高,形成的晶核越多,晶体颗粒尺寸越小。

较高温度下,金属离子的水解缩聚反应加剧,单位时间内形成的低聚物增多,同时,溶剂黏度降低,阳离子水解缩聚产生的聚合物从溶液中经相分离析出所需克服的能量降低,尺寸小、聚合度低的非晶态 AlN 微球易于析出,故而反应温度越高,微球粒径越小。

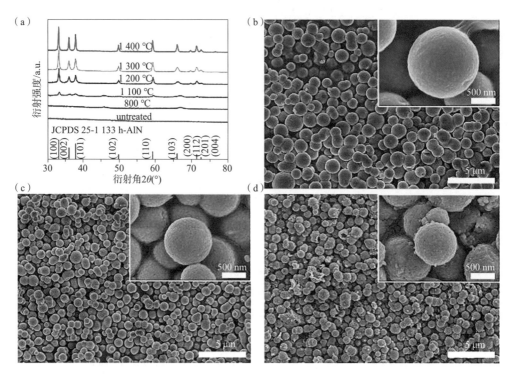

图 4-7 气氛还原氮化法制备 ALN 微球

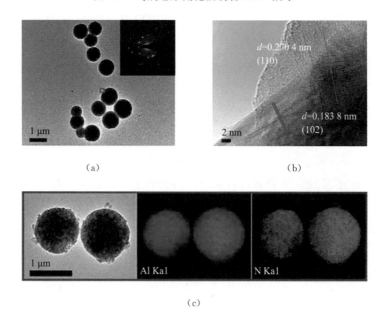

图 4-8 氨气气氛下 1 200 ℃热处理 2 h 制备的 AlN 微球

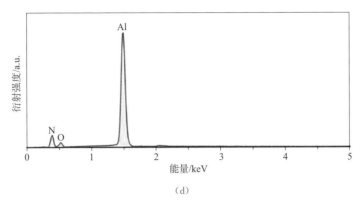

（d）

图 4-8　氨气气氛下 1 200 ℃热处理 2 h 制备的 AlN 微球（续）

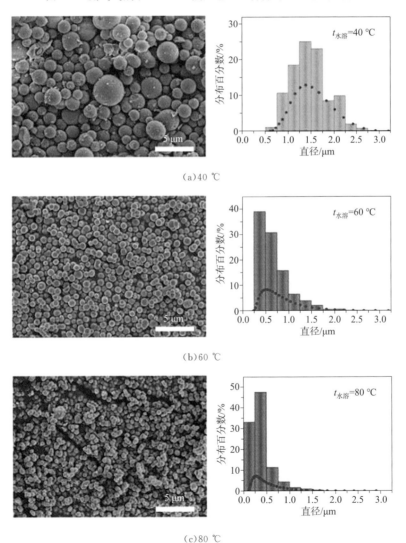

（a）40 ℃

（b）60 ℃

（c）80 ℃

图 4-9　不同水浴温度制备的非晶态氧化铝微球在 1 200 ℃

氮化处理 2 h 后的扫描电镜照片（左）和粒径分布（右）

4.4　氧化铝空心微球的制备

氧化物空心微球具有光学、电学和磁学性能优异以及大比表面积、低密度等特性而在航空航天、节能环保、生物医学、建筑节能等领域有广泛的应用前景。其中,研究较多的氧化铝空心微球在催化、环境治理、药物释放以及隔热保温等方面都呈现出明显的优势。其制备方法目前有硬模板法、软模板法和无模板法等。例如,Zeng 等利用物理涂覆的方法,以聚苯乙烯(PS)球为模板,采用壳聚糖辅助聚集的方法在聚苯乙烯(PS)球表面包覆了 Al_2O_3,从而形成了 PS-Al_2O_3 核心的混合球体,然后通过煅烧核心-球体来去除 PS 模板,在 1 800 ℃真空环境烧结 5 h,最终得到半透明毫米级别的 MgO 掺杂的 Al_2O_3[8]。Wang 等采用 T 型微乳液通道作为乳液液滴发生器制备了稳定的乳状液滴,采用氧化铝作为连续相(水相)和二甲硅油为分散相(油相),在 100 ℃下经过 12 h 旋转蒸发过程,得到 Al_2O_3 凝胶空心球,最后在 1 200 ℃下煅烧制成直径为 600~2 500 μm 的 Al_2O_3 空心微球[9]。Xue 等通过水热处理碳水化合物和 $Al(NO_3)_3$ 的混合物得到紧密嵌入金属前驱体的碳球,再经煅烧去除碳球制成具有高比表面积的紧密堆积的纳米颗粒空心球,空心球的壁厚约为几百纳米,中空的结构、尺寸和组成可调,利用该方法也可以合成其他金属氧化物中空纳米结构[10]。但这些方法都存在制备工艺相对复杂,不适用于大批量工业化生产等问题。

在前述以环氧丙烷为凝胶促进剂的快速溶胶-凝胶法制备非晶态氧化铝微球工艺的基础上,通过调整和优化工艺路线,可以实现氧化铝空心微球的简易制备。具体流程为:将一定量的 $AlCl_3 \cdot 6H_2O$ 和聚氧化乙烯(PEO)置于烧杯中,随后加入一定量的去离子水、无水乙醇和甲酰胺(FA),将混合溶液置于恒温水浴中,用磁力搅拌持续搅拌到 $AlCl_3 \cdot 6H_2O$ 完全和聚氧化乙烯溶解后,向溶液中快速注入一定量环氧丙烷(PO),继续搅拌约 20 s 后停止搅拌并静置,透明溶液将在 1 min 左右转变为不透明的凝胶,随后将凝胶在 5 倍于其体积的异丙醇中陈化一定时间,再经烘干(60 ℃)、研磨、高温热处理,获得氧化铝空心微球。

水醇比、水浴温度、陈化时间和环氧丙烷添加量等成分与工艺参数对氧化铝空心微球的形成过程都有重要影响。图 4-10 为不同陈化时间样品的扫描电镜和透射电镜照片。由图可见,当陈化时间为 0 时,样品表面光滑,基本没有孔洞结构,也没有毛糙的形貌。透射电镜照片[见图 4-10(a)]显示微球为实心结构,即未陈化的样品是实心的微球。当陈化时间增加至 24 h 后,微球表面出现了毛糙的结构,球内部出现了部分空心的结构[见图 4-10(b)]。进一步延长陈化时间至 48 h,微球颗粒内部基本已呈现空心结构且球颗粒表面出现很多毛糙的结构,即类似海胆状的结构[见图 4-10(c)]。很明显,随着陈化时间的增加,微球颗粒内部逐渐从实心向空心转变,颗粒表面则从光滑结构逐渐向海胆状的毛糙结构转化,最终形成了类似于海胆的表面粗糙的空心微球。氧化铝实心微球向表面具有海胆结构空心微球的转变过程机理,可以用奥斯瓦尔德熟化理论来解释。未陈化样品形成实心微球则可用形核-生长理论解释,加入环氧丙烷后混合溶液转变为凝胶的反应过程速度非常快,反应开始时形成小颗粒作为形核核心后,随后不断有小颗粒在该核心的表面快速聚集,并在表面张力的作用下形成更大尺寸的实心微球。在此过程中,刚开始反应时 pH 升幅比较小,颗粒生长的速度比反应后期慢,故反应初期生长到形核核心上的颗粒尺寸比反应后期生长的颗粒尺寸更小,导致实心球内部的非晶态颗粒尺寸比实心球外部的非晶态颗粒尺寸要小[11]。根据奥斯瓦尔德熟化理论,小尺寸的颗粒具有比较高的能量,相对大尺寸颗粒来说是不稳定的,当样品浸泡在异丙醇溶液进行陈化时,实心球内部的小颗粒倾向于优先溶解到异丙醇溶液中,这样就在球的内部和外部造成了一个浓度差,内部高浓度部分就倾向于向外部浓度较低的部分扩散,在扩散到球的外表面后便结晶析出,转化为晶态,扩散到球表面的晶态部分逐渐形成一个晶态的外壳,而内部的非晶态实心核部分则通过溶解-扩散过程缓慢扩散至外部的晶态壳层进一步结晶,此过程不断重复,直至内部的非晶态实心核完全溶解并扩散至外部的晶态壳层,形成表面具有海胆状结构的空心微球,如图 4-10(d)所示。

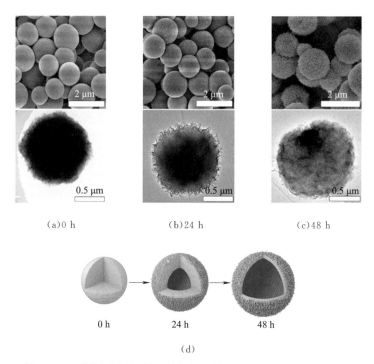

(a)0 h　　　　　　　(b)24 h　　　　　　　(c)48 h

0 h　　　　　　24 h　　　　　　48 h

(d)

图 4-10　不同陈化时间样品的扫描电镜(上)和透射电镜(中)照片

图 4-11 所示为不同水醇比制备的样品(陈化时间 48 h)扫描电镜照片,采用合适的水醇比时,可形成粒度均匀,形状规则、表面具有海胆状结构的空心微球[见图 4-11(c)]。降低水醇比后,凝胶速率加快,凝胶底部出现部分透明块状物体,样品颗粒尺寸变小,球颗粒出现较多破损[见图 4-11(d)、(e)]。相反地,如果增加水醇比,微球颗粒尺寸则产生明显的增加,但微球粒径均匀性明显下降,部分颗粒已失去球形[见图 4-11(b)]。进一步增加水醇比,凝胶

速率变得非常缓慢,凝胶烘干后体积收缩非常严重,研磨后样品的扫描电镜照片如图 4-11(a)所示,颗粒已完全不具有球的形状。如前所述,微球的形成主要通过环氧丙烷的开环反应获得,在此过程中,氯离子直接作为反应物参与了反应,环氧丙烷发生开环反应的反应速度主要取决于氯离子是否与其进行反应,即取决于氯离子的反应活性。已有的研究结果表明,在含有水与醇的混合溶液中,氯离子的亲核能力是由醇与水的相对量来决定的,当系统中醇较多时,氯离子的亲核能力就比较高,反之,氯离子的亲核能力就较低,即在醇相对水比较多的体系中,环氧丙烷的开环反应就更加容易进行,$Al(H_2O)_6^{3+}$ 的产生与聚合也变得更快,体现在宏观上就是反应能够很快地进行。与之相反,如果反应体系中水相对醇比较多,则环氧丙烷的开环反应进行得比较缓慢,$Al(H_2O)_6^{3+}$ 的产生与聚合反应便会受阻,宏观上来看就是反应速度较慢。因此,反应过程中溶液的水醇比会明显影响反应速度,进而影响样品的形貌。微球的形成主要是通过形核-生长来实现的,当水醇比较高时,整体反应比较慢,形核中心比较少,并且最终溶液失去流动性会比较晚,这样反应会在一个比较长的时间内持续进行,最终便只能得到一些不规则形貌的沉淀物颗粒。而当水醇比比较低的时候,整体反应过程非常快,$Al(H_2O)_6^{3+}$ 迅速水解聚合,球与球之间互相交联,形成一个比较完整的网络,最终得到的是一个半透明的块体。只有当水醇比控制在一定范围的时候,反应速度既不快到足以形成完整的网络,又不慢到无法形成微球,就可控制形成具有规则球形的氧化铝微球。

(a)1∶0.24   (b)1∶0.39

(c)1∶0.54   (d)1∶0.90   (e)1∶1.26

图 4-11　不同水醇比样品的扫描电镜照片

图 4-12 为不同水浴温度制备的氧化铝微球扫描电镜照片,不同水浴温度制备的氧化铝微球形状规则,尺寸均匀,表面形貌一致。随着水浴温度的逐渐升高,氧化铝微球的尺寸逐渐减小。温度较高时,$Al(H_2O)_6^{3+}$ 的水解缩聚反应加剧,单位时间内形成的低聚物增多,同时,溶液黏度降低,水解缩聚产生的聚合物从溶液中经相分离析出所需克服的能量降低,容

易析出尺寸较小、聚合度较低的非晶态微球,故而反应温度越高,所得微球粒径越小。

(a)10 ℃　　　　　(b)30 ℃　　　　　(c)50 ℃

图 4-12　不同水浴温度样品的扫描电镜照片

图 4-13 所示为不同环氧丙烷加入量样品的扫描电镜照片。图 4-13(c)是环氧丙烷加入量为 7 mL 时的产物形貌,颗粒形貌较好,粒径较为均匀。减小环氧丙烷加入量时,颗粒尺寸明显减小,形貌和粒径均匀性变差,如图 4-13(a)、(b)所示。当增加环氧丙烷用量时,微球仍能保持较好的球形颗粒形貌好粒径均匀性,颗粒尺寸也有小幅增加,如图 4-13(d)、(e)所示。环氧丙烷在微球形成过程中主要起促进凝胶的作用,环氧丙烷通过与溶液中的氯化铝反应,使氯化铝快速聚合,从而快速形成凝胶。但另一方面,增加环氧丙烷的加入量也会导致铝盐水解产物的浓度下降,从而减慢凝胶速率。当环氧丙烷加入量较少时,反应速度在一个较合理的范围内,反应发生时 $Al(H_2O)_6^{3+}$ 水解速度比较均匀,最终互相交联形成三维网络,外观上看是一个比较透明的凝胶,此时的微球形貌和粒径均匀性都较差。当环氧丙烷加入量达到一定值之后,促进凝胶的过程成为主要的因素,此时就可获得形状规则、粒径均匀的微球。当进一步增加环氧丙烷加入量时,凝胶速率变化不大,所获得的产物虽然颗粒粒径有所增加,但球形形貌和粒径均匀性仍保持良好。

(a)5 mL　　　　　　　　　　(b)6 mL

(c)7 mL　　　　　(d)8 mL　　　　　(e)9 mL

图 4-13　不同环氧丙烷加入量样品的扫描电镜照片

4.5 氧化铝空心球构成的块体氧化铝类气凝胶的制备与性能

近年来,隔热材料由于其在节约能源方面具有重大的意义,有望解决 21 世纪的能源问题而受到人们的广泛关注[12,13]。氧化铝多孔材料秉承了氧化铝材料和多孔材料的优良特性,具有良好的耐高温性能,极低的热导率,较好的机械强度,在高温隔热领域具有广泛的应用前景[14]。目前,高孔隙率及高比表面积,低体密度的块体氧化铝气凝胶主要通过溶胶-凝胶法结合超临界干燥法来制备,即先通过溶胶-凝胶法制得氧化铝湿凝胶,然后通过超临界干燥法去除湿凝胶内部的溶剂而获得块体氧化铝气凝胶。通常,湿凝胶在干燥过程中其内部孔洞中的液面会产生非常大的毛细管力,使得湿凝胶在常温干燥的过程中非常容易开裂及收缩,而超临界干燥法可以通过使湿凝胶中的液体转变为超临界态来消除液体与气体界面,进而消除其毛细管力,防止干燥过程对块体凝胶的破坏。然而,超临界干燥法使用的设备复杂,干燥过程通常需要在高温高压的环境中进行,使用的原料也比较昂贵,对能源的消耗也非常巨大。同时,由于气凝胶保持了凝胶的网络状结构,使其具有非常高的表面能,在高温下易产生剧烈的烧结过程,导致气凝胶在高温下极易发生坍塌和收缩,故常规的气凝胶往往不能很好地在高温下长期稳定使用,这也极大限制了气凝胶材料在高温环境下的广泛应用。因此,寻求一种能在常温常压的环境中制备,生产成本低廉,保温隔热性能与气凝胶相近但能在更高温度下使用的材料具有十分重要的意义。通过在无机金属盐溶胶体系中添加过量环氧丙烷获得由实心微球构成的块体凝胶,再将块体凝胶在异丙醇中陈化,实现实心微球向空心微球的转化,可在常温常压的干燥环境下制备由表面具有介孔结构的氧化铝空心微球构成的块体氧化铝类气凝胶,这种新型的氧化铝类气凝胶的宏观物理特性与氧化铝气凝胶接近,但比氧化铝气凝胶的耐温性更好,能在更高的温度使用,可作为耐高温的隔热材料。

块体氧化铝类气凝胶与前述氧化铝空心微球类似,具体制备流程如下:首先,将无机金属盐结晶氯化铝溶解于一定比例的蒸馏水与乙醇的混合溶液中,保持溶液在不同的温度下持续进行磁力搅拌,待结晶氯化铝完全溶解后,向溶液中迅速加入一定量的环氧丙烷来促进反应进行,当环氧丙烷加入后,快速搅拌 20 s 左右后将溶液放入 60 ℃恒温环境静置,此时透明溶液将在 1 min 左右转变为不透明的凝胶,然后将凝胶在 5 倍于其体积的异丙醇中老化一定时间后,在常温常压的环境下缓慢干燥,得到块体氧化铝类气凝胶。

图 4-14 为经常温常压干燥后的块体氧化铝类气凝胶样品的照片,可见,干燥后的样品非常轻,只需要一片柔弱的叶片便可以支撑起如此大体积的样品。干燥后的样品体密度为 0.133 g・cm^{-3},比表面积为 505.6 m^2・g^{-1},两者都非常接近常规方法制备的氧化铝气凝胶。值得注意的是,常规气凝胶一般都比较透明,这是因为其孔洞一般都是由尺寸小于 200 nm 的介孔和微孔组成,光线比较容易穿透样品。而本样品外观呈白色,说明样品中不仅

有介孔和微孔,还有氧化铝空心球形成的大孔,这样便能比较好地对光线形成阻隔作用。众所周知,热量的主要传导途径有对流导热和辐射导热,空心微球结构可以把空洞中的气体隔离开来,大幅度减少对流导热的效果;对于辐射导热而言,氧化铝空心微球可以使电磁波在样品中不断折射与反射,电磁波的光程增加几百倍,使得电磁波无法顺利通过样品,这样便大幅度削弱辐射导热的作用。综上所述,这种块体氧化铝类气凝胶与传统气凝胶相比,其物理性能基本接近,而由于其独特的结构,其高温隔热性能(削弱了辐射导热)具有比传统气凝胶更为优秀的潜能。

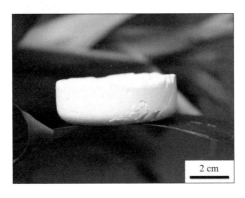

图 4-14　经过常温常压干燥后的块体氧化铝类气凝胶的实物照片

　　图 4-15 展示了不同陈化时间处理的样品的扫描电镜和透射电镜照片。未陈化样品是实心的微球,内部没有空隙,表面也非常光滑。图 4-16(a)为不同陈化时间样品的氮气吸附-脱附曲线,可以看出,未陈化样品几乎不产生氮气吸附量,故其比表面积也非常小。其中,陈化时间为 48 h 的样品在介孔部分的孔径分布如图 4-16(b)所示。图 4-17 为不同陈化时间样品的 X 射线多晶衍射图,可见未陈化样品基本为非晶态。很明显,未陈化样品为表面不具有空隙结构的非晶态微球。在异丙醇溶液中陈化 24 h 以后,样品开始形成空心结构,球的表面也开始形成一种类似海胆的结构,这种结构在表面形成了部分孔洞,氮气吸附-脱附曲线表明样品对氮气产生了吸附,产生了吸附回滞环。根据国际纯粹与应用化学联合会(IUPAC)的分类,此时的吸附-脱附曲线属于Ⅳ型,表明样品中有介孔的存在,回滞环属于H2 型,表明此阶段的孔洞结构为墨水瓶型结构。由 X 射线衍射图谱图可知此时的样品还基本处于非晶状态。因此,在异丙醇中陈化 24 h 后,微球中某些实心部分转化成了表面的海胆状结构,并且表面的海胆状结构互相交织,形成了互相交联的孔状结构。在异丙醇溶液中老化 48 h 后,实心微球已基本转变为空心微球,球表面的海胆状结构更加明显,形成了更多的孔洞结构。氮气吸附-脱附曲线表明样品对氮气已经能形成非常明显的吸附效果,吸附量也有了较大幅度提高。X 射线衍射图谱表明样品已具备初步的晶体结构,其晶形为γ-AOOH勃姆石结构,表明空心球外壳部分的海胆状结构是由非常细小晶粒的勃姆石组成的。

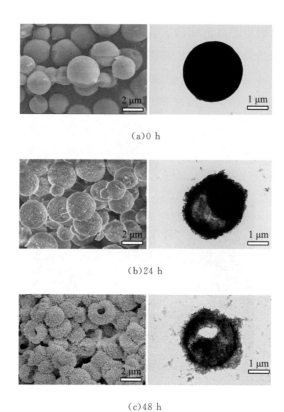

图 4-15　不同陈化时间下氧化铝类气凝胶的扫描和透射电镜照片

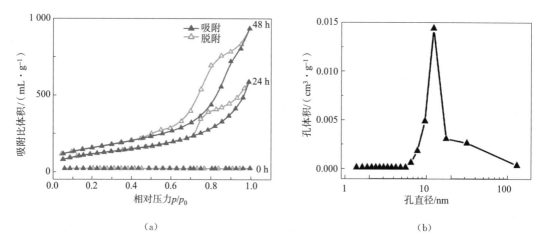

（a）　　　　　　　　　　　　　　　　（b）

图 4-16　不同陈化时间的氧化铝类气凝胶的氮气吸附-脱附曲线及

陈化时间为 48 h 的样品在介孔部分的孔径分布

　　图 4-18 是氧化铝类气凝胶热处理前后的实物照片，可见，虽然经过 1 200 ℃热处理 2 h，样品的尺寸有所收缩，但其外观却和热处理之前基本保持一致，并没有发生很大的形变与开裂，说明较长时间的高温热处理对其影响并不是很大。图 4-19 为经不同温度热处理的氧化

铝类气凝胶 X 射线多晶衍射图谱。800 ℃热处理样品已经从常温下的 γ-AOOH 相转化为 γ-氧化铝相,但峰比较宽,表明此时的晶粒还比较小。热处理温度 1 000 ℃时,除了原来的 γ-氧化铝以外,还出现了部分 θ-氧化铝,衍射峰半高宽比也比 800 ℃热处理样品明显变小, 说明此时样品的晶粒已经开始长大。1 200 ℃热处理样品的晶相完全为 θ-氧化铝,衍射峰进一步变窄,晶粒尺寸进一步长大。图 4-20 为不同温度热处理的氧化铝类气凝胶扫描电镜照片,虽然随着热处理温度的提高,样品晶相从 γ-AOOH 相转变到了 γ-氧化铝相,后又转变到了 θ-氧化铝相,但其微观形貌却没有发生太大的变化,基本保持着表面具有海胆状结构的空心微球结构,同时,空心微球的直径也并没有发生非常明显的变化,基本维持在 1～2 μm。 图 4-21 是不同温度热处理氧化铝类气凝胶的体密度和孔隙率变化。随着热处理温度的提高,体密度逐渐降低,在 1 000 ℃达到最小,然后在 1 200 ℃有明显增加。在 1 000 ℃之前热处理时,样品内部可能有部分残留的有机物被除去,这时会造成质量减小,体密度不断降低。 而更高温度热处理时,由于烧结收缩,导致了体密度的快速增加。

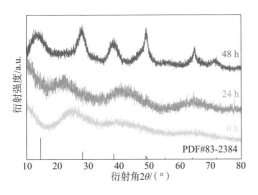

图 4-17　不同陈化时间氧化铝类气凝胶
的 X 射线衍射图谱

（a）热处理前　　　　（b）1 200 ℃热处理后

图 4-18　氧化铝类气凝胶热处理前后的实物照片

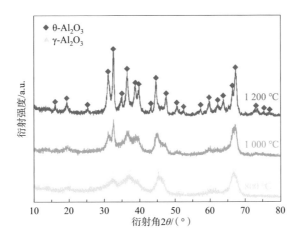

图 4-19　不同温度热处理氧化铝类气凝胶的 X 射线衍射图谱

(a)800 ℃   (b)1 000 ℃   (c)1 200 ℃

图 4-20   不同温度热处理氧化铝类气凝胶的扫描电镜照片

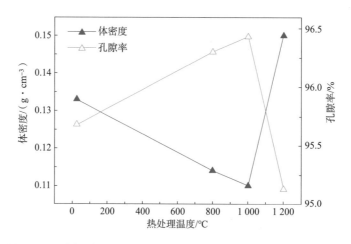

图 4-21   不同温度热处理氧化铝类气凝胶的体密度及孔隙率变化图

图 4-22 为不同温度热处理氧化铝类气凝胶的氮气吸附-脱附曲线。高温处理后样品的吸附-脱附曲线基本还是Ⅳ型曲线,但是其在低压部分的吸附量非常低,说明样品表面的介孔相比常温下有减少。图 4-23 是通过氮气吸附-脱附曲线计算得到的样品介孔部分和微孔部分孔径分布图。经过 800 ℃和 1 000 ℃热处理,其微孔和介孔还能保持一定的体积,但经过 1 200 ℃热处理以后其介孔和微孔体积却产生了明显下降。很明显,随着热处理温度的增加,虽然样品在宏观形态和微观形貌上没有太大的变化,但是其孔洞结构却发生了很大的变化。图 4-24 为根据氮气吸附-脱附曲线获得的不同温度热处理样品的比表面积和孔体积。随着热处理温度的提高,其微孔和介孔部分都发生了塌缩,其原因是温度升高时发生了从 γ-氧化铝相到 θ-氧化铝相的相转变,组成其微孔和介孔部分的晶体结构发生了变化,进而造成孔体积的缩小。另一方面,高温热处理也会造成晶粒之间产生烧结现象,进而引起介孔和微孔部分的体积收缩。

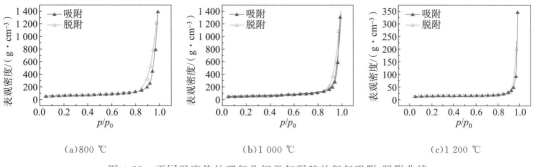

图 4-22　不同温度热处理氧化铝类气凝胶的氮气吸附-脱附曲线

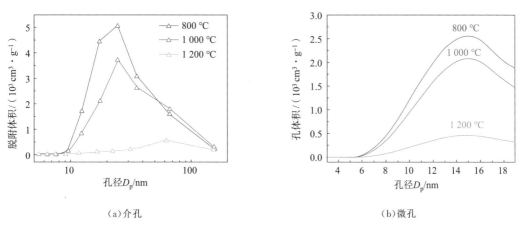

图 4-23　不同温度热处理氧化铝类气凝胶的介孔与微孔孔径分布图

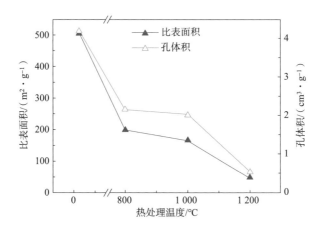

图 4-24　不同温度热处理氧化铝类气凝胶的比表面积及总孔体积变化图

　　图 4-25 是不同温度热处理氧化铝类气凝胶在常温下的导热系数。可知,随着热处理温度的提高,样品在常温下的导热系数也不断提高。众所周知,热传输主要有三种方式:热传导、热对流、热辐射。对于块体氧化铝类气凝胶样品,由于空心球结构及其表面多孔结构的作用,气体在样品内部的对流严重受限,在常温常压下样品内部的气体流动几乎可以忽略不

计,同时由于导热系数是由热线法测量的,几乎可以忽略辐射传导的影响,因此,可以认为这样的导热系数主要由样品的热传导来决定。样品总体的热传导是由固体导热系数和样品中气体的导热系数决定的,分别和其在样品中占有的体积成正比。一般来说,在封闭的环境中,气体的导热系数为 0.023 W/(m·K),而氧化铝的各种晶形的导热系数基本都在 10 W/(m·K)以上,所以在样品中气体所占的比例越大,样品的导热系数就越低。由于随着热处理温度的提高,样品中不论大孔还是介孔和微孔都有闭合缩小的趋势,其孔隙率都在不断降低,故导热系数随着热处理温度升高而变大。

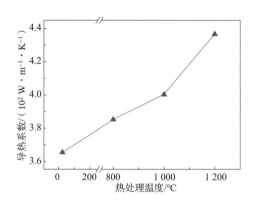

图 4-25　不同温度热处理氧化铝类气凝胶在常温下的导热系数

对于物体的导热性能而言,除了热传导外,辐射导热也是一个非常重要的途径。图 4-26 是 1 200 ℃热处理氧化铝类气凝胶的可见-红外透过光谱和一般氧化铝气凝胶可见-红外透过光谱的对比图。由图可见,在可见-红外部分,传统氧化铝气凝胶的透过率最大可达 70%,而氧化铝类气凝胶的透过率基本维持在 5%以下。传统的氧化铝气凝胶由于其孔径非常小,所以对电磁波的透过能力比较强,所以抗辐射、导热能力比较弱。而对于块体氧化铝类气凝胶来说,由于其拥有多层级的孔洞结构,可以对电磁波进行有效的散射,所以电磁波对其的穿透能力非常弱,抗辐射、导热性能就比较显著。

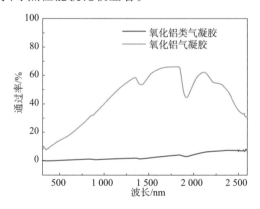

图 4-26　1 200 ℃热处理氧化铝类气凝胶及普通氧化铝气凝胶可见-红外透过光谱

图 4-27 为不同温度热处理氧化铝类气凝胶的压力-形变曲线。随着热处理温度的提高,样品的抗压能力不断增强。未经热处理的样品,其内部结构主要为空心微球之间通过表面海胆状结构相互交联而维持,这种相互间的作用力非常弱,导致样品在常温干燥结束时非常脆弱。随着热处理温度的升高,样品内部的晶粒之间发生烧结反应,颗粒之间形成了一定的键合,增强了样品内部颗粒之间的连接,所以抗压强度不断提高。对于隔热材料来说,其孔隙率和块体强度都非常重要,孔隙率随着热处理温度升高不断减少,而强度则随着热处理温度升高不断增加,故在实际应用中,要针对不同的应用要求设置最佳热处理温度。

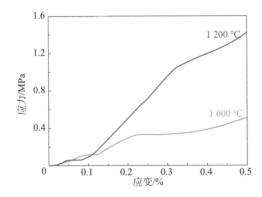

图 4-27　不同温度热处理氧化铝类气凝胶的应力-应变曲线

4.6　YAG:Ce³⁺ 荧光微球的制备及发光性能

作为第四代绿色照明光源,半导体照明(LED 照明)具有环保、节能、寿命长、体积小、驱动电压低、响应速度快等特点,已在通用照明、景观照明、汽车、显示屏、背光源、仪器仪表等各个领域获得广泛应用。1996 年第一只白光 LED 问世,开辟了白光 LED 照明的新篇章。该白光 LED 采用将黄色荧光粉[钇铝石榴石(YAG:Ce³⁺)]涂覆在 InGaN 蓝光芯片上的方法,实现了蓝光与黄光的同时发射与混合,产生可用于照明的白光。目前,InGaN 蓝光芯片加 YAG:Ce³⁺ 黄色荧光粉构成的白光 LED 仍然是实现白光 LED 照明的主要途径。

白光 LED 用荧光材料不仅需要良好的光转换效率、物理化学稳定性,还需严格控制其安全性及使用成本。目前白光 LED 用荧光材料按照基质可分为氮化物/氮氧化物体系、铝酸盐体系、硼酸盐体系、硅酸盐体系、钼酸盐体系、磷酸盐体系等。其中,钇铝石榴石(YAG)为基质的铝酸盐掺杂体系、硅酸盐体系及氮化物/氮氧化物体系使用较多。YAG:Ce³⁺ 荧光粉是目前应用最为广泛的白光 LED 用荧光材料之一,其综合性能已能较好地满足市场需求,但目前 YAG:Ce³⁺ 荧光粉的制备方法多为高温固相烧结法。制备过程中需要高温长时间煅烧,耗能严重。高温固相反应过程中,生成 Y_2O_3-Al_2O_3 化合物物相种类多,难以获得纯净的 YAG 相。同时，由于高温固相烧结产物存在颗粒不均、形状不规则的缺点，需进行二次研磨及洗粉、筛选等后处理工艺，极易引入杂质，对荧光粉造成污染，削弱其发光性能及耐久性能。此外，在封装白光 LED 器件的过程中，荧光粉通常需要与环氧树脂一起混合后经由点胶工艺涂覆在芯片上，球形颗粒的荧光粉在封装过程中具有低散射性、高封装密度、高分辨率、高亮度等优点，因此在较低温度下制备球形颗粒的 YAG:Ce^{3+} 荧光粉具有十分重要的意义。

借鉴前述以环氧丙烷为凝胶促进剂的快速溶胶-凝胶法制备非晶态氧化铝微球的技术途径，通过调整原料配比、优化工艺路线，可以实现单分散性良好，尺寸均匀的 YAG:Ce^{3+} 黄色荧光微球的简易制备。其制备过程如下：按化学计量比称取六水合氯化铝（AlCl$_3$·6H$_2$O）、六水合氯化钇（YCl$_3$·6H$_2$O）和七水合氯化铈（CeCl$_3$·6H$_2$O）置于三颈烧瓶中，加入一定量的去离子水、无水乙醇和甲酰胺，将混合溶液置于恒温水浴中，用磁力搅拌持续搅拌至完全溶解后，向溶液中快速注入一定量环氧丙烷，继续搅拌约 30 s 后停止搅拌并静置，约 40 s 后开始产生凝胶，1 min 左右形成乳白色霜状半固体凝胶，将凝胶于 80 ℃ 干燥约10 h，获得非晶态 YAG:Ce^{3+} 粉末，再将非晶态 YAG:Ce^{3+} 粉末加热到一定温度于还原气氛下热处理，获得 YAG:Ce^{3+} 荧光微球。

不同浓度 Ce^{3+} 掺杂的 YAG:Ce^{3+} 荧光微球用 Y$_{3(1-x)}$Al$_5$O$_{12}$:3xCe^{3+}（0.02≤x≤0.10，标记为 YAGCe 100x）表示，其中 x 表示 Ce^{3+} 相对于 Y^{3+} 在体系中的摩尔分数。图 4-28（a）所示为在 5% H$_2$＋95% N$_2$（摩尔分数）还原气氛中 1 400 ℃ 热处理 6 h 的 YAGCe2 微球 TEM 照片。图 4-28（b）所示为图 4-28（a）中红色矩形选区的高分辨透射电镜照片，图 4-28（c）所示为扫描透射电镜照片和元素分布图。TEM 照片表明微球为固体实心微球。HRTEM 照片中标出的 0.270 66 nm、0.421 49 nm 晶面间距分别与立方相 Y$_3$Al$_5$O$_{12}$ 的（420）以及（220）相匹配。图 4-28（c）显示 Al、Y、O 和 Ce 元素均匀地分布于 YAGCe2 微球中，没有富集相产生。

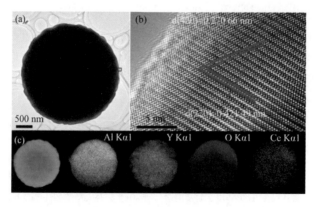

图 4-28　在 5% H$_2$＋95% N$_2$ 摩尔分数还原气氛中
1 400 ℃ 热处理 6 h 的 YAGCe2 微球

图 4-29(a)为不同温度热处理 6 h 的 YAGCe2 微球的 X 射线衍射图谱,热处理温度为 1 000~1 600 ℃的样品的衍射峰完全与立方相 $Y_3Al_5O_{12}$ 晶体的标准卡片(PDF♯33-0040)相一致,无杂质相出现,表明都能形成 $Y_3Al_5O_{12}$ 晶体。但热处理温度较低时,衍射峰的半高宽较宽,结晶度不高,随着温度的升高,衍射峰逐渐尖锐,YAG 晶体结晶度逐渐增强。根据 Debye-Scherrer 公式[式(4-2)],可以对不同温度热处理的 YAGCe2 微球的晶粒尺寸进行计算。

$$d = \frac{k\lambda}{B\cos\theta} \tag{4-2}$$

式中,k 为 Scherrer 常数;d 为晶粒垂直于晶面方向的平均厚度,nm;B 为衍射峰半高宽;θ 为衍射角;λ 为 X 射线波长(0.154 056 nm)。

图 4-29(b)为 YAGCe2 微球的晶粒尺寸与热处理温度的关系曲线,随着温度的升高,YAGCe2 微球的晶粒尺寸不断增大。

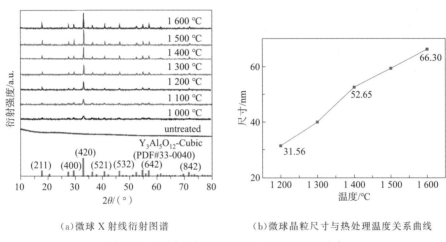

(a)微球 X 射线衍射图谱　　　　(b)微球晶粒尺寸与热处理温度关系曲线

图 4-29　不同温度热处理 6 h 后 YAGCe2 微球

图 4-30 为不同温度热处理 6 h 的 YAGCe2 微球的扫描电镜照片。当温度低于 1 400 ℃时,微球几乎没有被破坏,形貌保持得比较良好。但随着温度升高,微球表面粗糙度增加,逐渐出现细小的孔洞。当温度升高至 1 500 ℃时,微球开始失去球形形貌并相互粘结,开始出现烧结颈部。当温度升高至 1 600 ℃时,微球已完全失去球形形貌,产生严重的高温烧结现象。

图 4-31 为不同温度热处理 6 h 的 YAGCe2 微球的激发光谱与发射光谱。YAGCe2 微球在 400~500 nm 区间具有很宽的激发光谱带,与蓝光 LED 芯片所发射的 450~480 nm 波长的光完美契合。以 460 nm 入射光激发时,YAGCe2 微球呈现出 500~650 nm 宽范围的黄光发射,其发射峰峰值位置处于 550 nm 处,是由 Ce^{3+} 的 $4f^1 \sim 5d^1$ 能级跃迁造成的。YAGCe2 微球产生的黄光与未被吸收的 LED 芯片所发射的蓝光结合,可产生完美的白光发

射[15]。随着热处理温度的升高,发光强度持续增大,在 1 400 ℃达到最高值。微球结晶度与微球形貌完整性对 YAGCe2 微球的发光强度有重要影响,结合 X 射线衍射图谱和扫描电镜照片,可以发现在 1 400 ℃以下,微球形貌保持完好,结晶度随温度升高不断增加。当热处理温度升高至 1 400 ℃以上时,由于 YAG 晶相已经完整,此时晶粒尺寸虽然继续增大,但微球之间出现烧结现象,球形形貌被破坏,故 1 500 ℃和 1 600 ℃热处理的 YAGCe2 微球,发光强度下降。

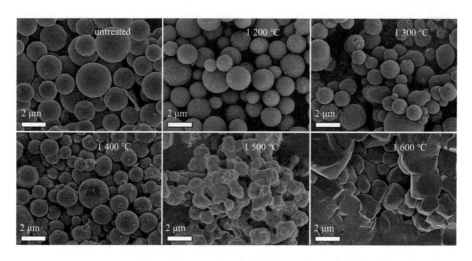

图 4-30 不同温度热处理 6 h 的 YAGCe2 微球扫描电镜照片

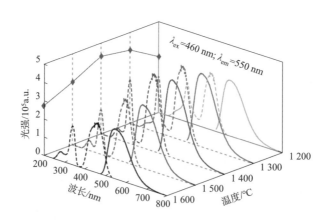

图 4-31 不同温度热处理 6 h 的 YAGCe2 微球激发光谱和发射光谱

图 4-32 为 1 400 ℃热处理 6 h 后不同浓度 Ce^{3+} 掺杂的 YAGCe $100x(0.02 \leqslant x \leqslant 0.10)$ 微球的激发光谱和发射光谱。可见,YAGCe $100x$ 微球发光强度随 Ce^{3+} 掺杂浓度的增大先增大后减小,在 $x=0.02$ 时达到最大,其发光量子效率为 70%,随后产生发光浓度猝灭。当掺杂浓度较低时,随着 Ce^{3+} 掺杂浓度增加,发光中心数目增多,发光强度增强。而当浓度超过临界浓度后,Ce^{3+} 与周围相邻的 Ce^{3+} 相互作用增强,部分处于激发态的 Ce^{3+} 将能量传递

给邻近处于基态的 Ce^{3+},使其受激跃迁至激发态,由此循环往复,最终被猝灭中心捕获,这样的弛豫作用使辐射跃迁减弱,导致发光强度降低[16]。

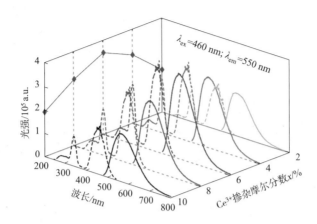

图 4-32　1 400 ℃热处理 6 h 不同浓度 Ce^{3+} 掺杂的 YAGCe $100x(0.02 \leqslant x \leqslant 0.10)$微球的激发光谱和发射光谱

　　通常,荧光粉的微观形貌和颗粒尺寸等对其发光性能有显著影响,小尺寸粒径的颗粒比大尺寸粒径的颗粒有更强的散射作用,因此,通过调控荧光粉的粒径可显著改善其发光性能[17]。通过引入 F127 实现对 YAG:Ce^{3+} 荧光微球粒径的调控,可进一步提高 YAG:Ce^{3+} 荧光微球的发光性能。图 4-33(a)～(f)所示分别为不同 F127 添加量$(0、0.04 \times 10^{-3}、0.7 \times 10^{-3}、1.5 \times 10^{-3}、3.7 \times 10^{-3}、7.4 \times 10^{-3}$ mol/L) YAGCe6:$0.18Ce^{3+}$(Ce^{3+} 掺杂摩尔分数:6%)微球的扫描电镜照片及粒径分布图,热处理温度为 1 400 ℃,热处理时间为 6 h,热处理气氛为$(5\%$ $H_2+95\%$ $N_2)$。由图可见,随着 F127 加入量的增多,YAGCe6 微球粒径先增大后减小,在 F127 加入量为 0.7 mmol/L 时,粒径达到最大,分布范围为 1～5 μm,平均粒径为约 3 μm。很明显,F127 的加入对 YAG:Ce^{3+} 荧光微球的粒径有重要影响。图 4-33(g)所示为 F127 作用下微球形成的示意图。当 F127 加入量低于临界胶束浓度时,F127 以单链状形式分散在溶胶体系中,这些单链为金属离子水合物提供了附着点,并将其限定在一个有限的区域内,当 PO 加入后,缩聚反应发生,区域内初步形成的多聚体由于 F127 链的牵制更多地聚集在一个微球上,故有效增大了微球粒径。而当加入的 F127 浓度高于临界胶束浓度时,F127 将聚集形成胶束[18],使体系表面张力减小[19],由于低表面张力有助于促进微观分相和形核[20],因此更多的微球由于微观分相而产生,相应的其进一步长大受阻。因此当 F127 加入量超过 0.7 mmol/L 时,可产生更多的微球,但微球的粒径变小。

　　图 4-34(a) 所示为不同 F127 添加量下 YAGCe6 微球的激发光谱和发射光谱,图 4-34(b)所示为 0.7 mmol/L 加入量时发光量子效率测试谱图。采用 460 nm 激发光激发时可以监测到峰值位于 550 nm 处的宽带黄光发射。当 F127 加入量为 0.7 mmol/L 时,YAGCe6 微球的发光量子效率(QY)最大,达到 90.1%,已十分接近商用 YAG 荧光粉

的量子效率。

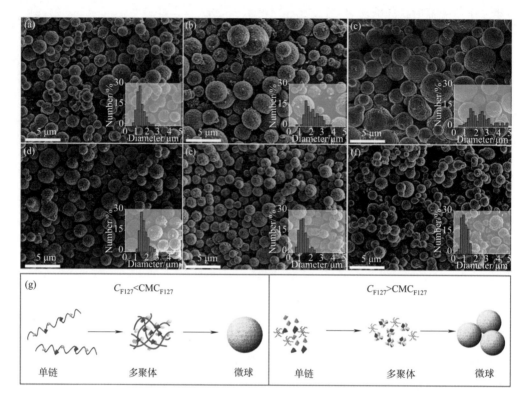

图 4-33　不同 F127 加入量时的 YAGCe6 微球

注:CMC 为临界胶束浓度。

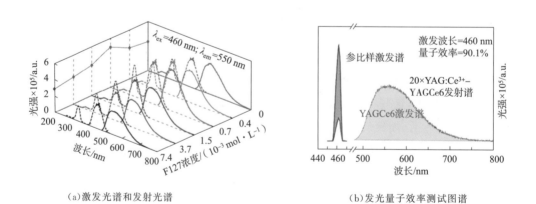

(a)激发光谱和发射光谱　　　　　(b)发光量子效率测试图谱

图 4-34　不同 F127 加入量 YAGCe6 微球

注:"20×"代表图中为光强放大了 20 倍的效果。

4.7 SrAl₂O₄:Eu²⁺笼形荧光微球的制备及发光性能

Dy³⁺掺杂的鳞石英结构 $SrAl_2O_4$:Eu^{2+}具有余辉时间长、发光强度高、化学稳定性高等优点而广泛用作为绿色长余晖发光材料。未掺杂 Dy^{3+} 的 $SrAl_2O_4$:Eu^{2+}则具有高亮度、短余辉的特点,因而可作为紫外光激发 LED 用的绿色荧光粉。采用前述类似的以环氧丙烷为凝胶促进剂的快速溶胶-凝胶法,可制备出 $SrAl_2O_4$:Eu^{2+}绿色笼形荧光微球,并呈现优异的光谱学性能。

$SrAl_2O_4$:Eu^{2+}笼形荧光微球前驱体的制备采用环氧丙烷作促进剂的溶胶-凝胶法。在此方法中,作为凝胶促进剂的环氧丙烷通过开环反应捕获溶液中的质子,加快了金属阳离子的水解缩聚反应速度。在 $SrAl_2O_4$:Eu^{2+}笼形微球前驱体的制备中,主要原料为六水合氯化铝($AlCl_3 \cdot 6H_2O$)、六水合氯化锶($SrCl_2 \cdot 6H_2O$)以及六水合氯化铕($EuCl_3 \cdot 6H_2O$),由于($SrCl_2 \cdot 6H_2O$)在水醇混合溶剂中溶解度较低,为提高其溶解度,在水醇混合溶剂中加入了适量甲酰胺。此外,聚氧化乙烯作为非离子型表面活性剂也加入至反应体系中,用于改善前驱体微球形貌及减小粒径分布范围。

$SrAl_2O_4$:Eu^{2+}笼形荧光微球的典型制备过程如下:将 1.60 g($SrCl_2 \cdot 6H_2O$)、3.65 g($AlCl_3 \cdot 6H_2O$)、0.24 g($EuCl_3 \cdot 6H_2O$)和 0.10 g 聚氧化乙烯加入由 5.6 mL 水、7.7 mL 乙醇和 2.4 mL 甲酰胺混合而成的溶液中,并在 25 ℃水浴中搅拌 1 h,形成透明的溶液,然后将 14.0 mL 的环氧丙烷快速注入上述溶液中并快速搅拌 1 min,再将溶液静置约 2 min 后,无色透明溶液出现白色浑浊并逐渐漫延,直至完全转变为具有一定流动性的白色胶状物,迅速将白色胶状物取出,均匀铺展于培养皿中,再置于 80 ℃烘箱内干燥 12 h,即可获得非晶态微球前驱体。将非晶态微球前驱体铺展于氧化铝烧舟中,置入气氛炉中,通入一定流量的(40 L/h)氨气作为还原性气氛,约 1 h 后气氛炉空气基本排净,按升温速率 5 ℃/min 升温到 1 200 ℃热处理 2 h,获得 $SrAl_2O_4$:Eu^{2+}笼形荧光微球。

图 4-35(a)为前驱体及其在不同温度下热处理样品的 X 射线衍射图谱。未经高温热处理的前驱体无明显衍射峰,说明金属阳离子水解缩聚生成的前驱体为非晶态。当热处理温度上升至 900 ℃时,谱线上出现微弱的衍射峰信号,说明此时产物中已有适当的晶体析出。1 000 ℃热处理样品的 X 射线衍射峰与单斜相 $SrAl_2O_4$ 的 PDF♯34-0379 标准卡片特征衍射峰相对应,随着热处理温度的逐渐增加,衍射峰的半高宽逐渐变窄,表明 $SrAl_2O_4$ 相的结晶度逐渐增加。图 4-35(b)为非晶态前驱体微球的扫描电镜照片,微球表面光滑、粒径分布均匀,平均粒径约为 5 μm。经过 1 200 ℃热处理后,原来表面光滑密实的微球变成了笼形微球,微球表面及内部存在大量裂隙和孔洞,如图 4-35(c)所示。微球热处理前后形貌变化缘于非晶态前驱体在结晶过程中产生的体积收缩、水分蒸发以及有机物裂解所产生的气体(如 H_2O 和 CO_2)逸出。此外,热处理过程中晶体的生长对 $SrAl_2O_4$:Eu^{2+}笼形微球中裂隙的扩

展也会产生一定影响。

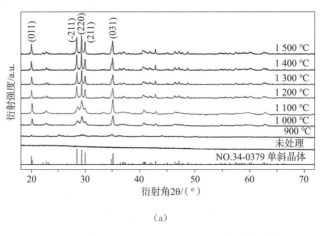

（a）

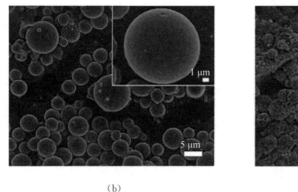

（b）   （c）

图 4-35　不同温度热处理 2 h $Sr_{0.9}Al_2O_4:0.1Eu^{2+}$ 笼形微球

图 4-36 中，(a)为 $Sr_{0.9}Al_2O_4:0.1Eu^{2+}$ 笼形微球的透射电镜照片；(b)为对应于(a)中矩形区域的高分辨透射电镜照片；(c)为对应于(b)的选区电子衍射花样；(d)为 $Sr_{0.9}Al_2O_4:0.1Eu^{2+}$ 笼形微球的能谱图，插图为其扫描透射电镜照片和元素面分布图。透射电镜照片中微球较暗的图像轮廓内部依稀可辨些许明亮斑点，表明笼形微球内部并非密实结构，而是由多孔骨架构成。图 4-36(b)所标出的 0.313 5 nm、0.299 8 nm 和 0.440 9 nm 晶面间距分别与单斜相 $SrAl_2O_4$ 的(−211)、(211)和(020)相匹配。图 4-36(c)中选区电子衍射花样证明所选区域为单晶。根据以上结果可以认为 $Sr_{0.9}Al_2O_4:0.1Eu^{2+}$ 笼形微球由大量尺寸约为 100 nm 的单晶组成。图 4-36(d)的能谱分析结果中 Sr 和 Al 元素的信号很强，Eu 元素因掺杂浓度低，信号较弱。Eu 和 Sr 原子数量比接近于化学计量比 1∶9。图 4-36(d)插图显示 Sr、Al、O 和 Eu 元素均匀地分布于笼形微球表面。

热处理过程中的升温速率对 $Sr_{0.9}Al_2O_4:Eu^{2+}$ 笼形微球的形成有决定性的影响，如图 4-37 所示。当升温速率低至 1 ℃/min 时，$Sr_{0.9}Al_2O_4:0.1Eu^{2+}$ 微球表面密实，无明显孔洞〔见图 4-37(a)〕；当升温速率为 2.5 ℃/min 时，$Sr_{0.9}Al_2O_4:0.1Eu^{2+}$ 微球表面出现微裂纹和些许孔隙[见图 4-37(b)];当升温速率上升至 5 ℃/min 时,$Sr_{0.9}Al_2O_4:0.1Eu^{2+}$ 微球表面出现大量裂隙和孔洞,形成了完整的笼形结构[见图 4-37(c)];而当升温速率达到 10 ℃/min 时,除一小部分微球保留笼形结构外,大部分微球都破裂成无规则形状的碎块[见图 4-37(d)]。当升温速率较低时,前驱体中的有机物裂解和氧化反应缓慢进行,反应生成的气体(如 H_2O 和 CO_2)缓慢逸出,对微球的内部及表面造成的损害较小,因而微球密实,无明显孔洞。随着升温速率的提高,残留的有机物裂解和氧化反应加剧,大量生成的气体在微球内部形成较大气压,形成内部裂隙;气体快速逸出微球表面时,形成表面孔洞。$Sr_{0.9}Al_2O_4:0.1Eu^{2+}$ 微球热处理过程中晶体的形核生长行为对孔隙的形成也有所影响。根据 Keddie 等的研究成果[21],较快的升温速率不利于形核过程,非晶态凝胶在低升温速率下热处理会比高升温速率下形成更多晶核,并进一步生长形成更多微晶,这些微晶在后续的热处理过程中会彼此融合,因而所得产物结构密实。而在较高升温速率下热处理形成更少的微晶,这些微晶会沿着基质中不规则纹理曲折生长,在快速升温过程中,基质致密化的驱动力占据主导,微球中的物质向少数正在生长的微晶聚集,进而在晶粒间产生一定间距并最终形成笼形微球。

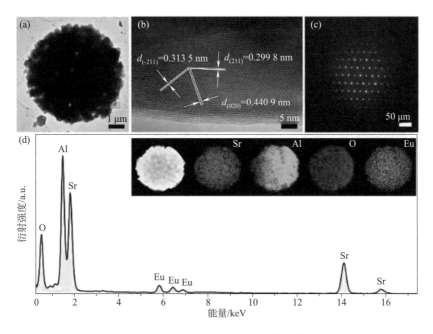

图 4-36　$Sr_{0.9}Al_2O_4:0.1Eu^{2+}$ 笼形微球

图 4-38 为不同升温速率下热处理所得 $Sr_{0.9}Al_2O_4:0.1Eu^{2+}$ 微球激发光谱与发射光谱。在 365 nm 紫外光的激发下,$Sr_{0.9}Al_2O_4:0.1Eu^{2+}$ 微球发射出明亮的绿光,发射峰为 440~660 nm 的宽峰,最强发射峰波长为 520 nm。值得一提的是,$Sr_{0.9}Al_2O_4:0.1Eu^{2+}$ 微球的激发峰为 250~500 nm 的宽峰,不仅适用于紫外 LED 芯片,还可用于蓝光 LED 芯片。$Sr_{0.9}Al_2O_4:0.1Eu^{2+}$ 微球的宽谱发射由 Eu^{2+} 的 $4f^7(^8S) \rightarrow 4f^65d^1$ 电子跃迁产生[22],受基质晶

体场对称性影响显著。基质晶体场强的强度将会影响 Eu^{2+} 激发态中 $4f^6 5d^1$ 能带劈裂重心的位置[23]，即影响其能级跃迁时辐射出的能量高低，进而影响发射光的波长，实现发光颜色可调。由图 4-38 可见，升温速率的变化只影响样品的发光强度，发射峰位并未发生明显变化。图 4-38 中的插图为 $Sr_{0.9} Al_2 O_4 : 0.1 Eu^{2+}$ 微球的发光强度与升温速率之间的关系曲线，升温速率为 5 ℃/min 时，具有完整笼形结构样品的发光强度最高。

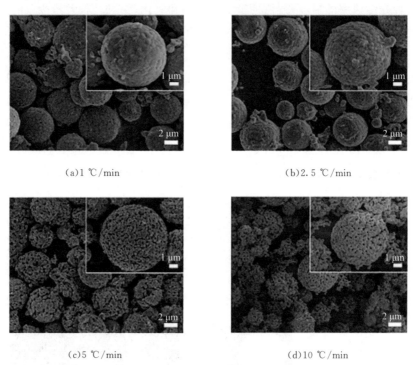

(a)1 ℃/min　　　　　　　　　　　(b)2.5 ℃/min

(c)5 ℃/min　　　　　　　　　　　(d)10 ℃/min

图 4-37　不同升温速率下的 $Sr_{0.9} Al_2 O_4 : 0.1 Eu^{2+}$ 微球

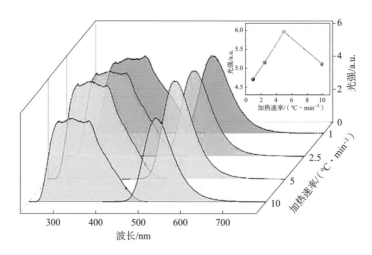

图 4-38　不同升温速率 $Sr_{0.9} Al_2 O_4 : 0.1 Eu^{2+}$ 微球的激发光谱(左，监控波长 520 nm)

与发射光谱(右，激发波长 365 nm)

图 4-39 为前驱体微球、$Sr_{0.9}Al_2O_4:0.1Eu^{2+}$ 笼形微球和密实微球以及它们相应的发光行为模型图。$Sr_{0.9}Al_2O_4:0.1Eu^{2+}$ 密实微球的表面层受到入射光激发后，一部分入射光被吸收利用后发射出一定强度的绿光，另一部分入射光则被微球表面散射，并未被有效利用。对于 $Sr_{0.9}Al_2O_4:0.1Eu^{2+}$ 笼形微球，一部分入射光到达笼形微球表面骨架后激发 Eu^{2+} 离子，辐射出一定强度的绿光，其中少量入射光被微球表面骨架散射，而另一部分入射光则由笼形微球表面的裂隙和孔洞进入微球内部，经过多次随机散射后被笼形微球内部更多的 Eu^{2+} 离子充分吸收，这些 Eu^{2+} 离子受激后产生的辐射发光再在笼形微球内部经过多次散射后从笼形微球中发射出来，这样就导致了 $Sr_{0.9}Al_2O_4:0.1Eu^{2+}$ 笼形微球具有更高的发光强度。

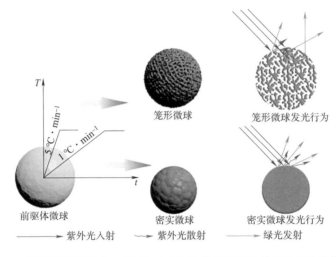

图 4-39　不同升温速率 $Sr_{0.9}Al_2O_4:0.1Eu^{2+}$ 荧光微球及其发光行为的模型图

为进一步佐证微球的笼形结构能更多地吸收入射光进而有效增加 Eu^{2+} 的发光强度，对比测试了不同升温速率制备的 $Sr_{0.9}Al_2O_4:0.1Eu^{2+}$ 微球的漫反射光谱。漫反射（diffuse reflectance）光是指从光源发出的光进入样品内部，经过多次反射、折射、散射及吸收后返回样品表面的光。漫反射光是入射光与样品内部质点发生作用以后的光，携带有丰富的样品组成和结构信息。与透射光相比，虽然透射光中也与样品的组成和结构信息有关，但是透射光的强度受产物的厚度及透射过程光路不规则性影响。因此，漫反射光谱的测量在获得样品组成和结构信息方面更为直接可靠。积分球是漫反射光谱测量中的常用附件，入射光进入样品后，其中部分漫反射光返回积分球内部，在积分球内经过多次漫反射后到达检测器。信号光从散射层面发出后，经过积分球的空间积分，可以克服漫反射测量中随机因素的影响，提高数据稳定性和重复性。根据样品的漫反射光谱及相应的吸收光谱，可以分析比较光致发光样品对激发光的吸收利用程度。图 4-40 为不同升温速率热处理 $Sr_{0.9}Al_2O_4:0.1Eu^{2+}$ 微球的漫反射光谱和根据漫反射光谱数据经过 Kubelka-Munk 公式计算绘制而成的吸收光谱，反映了不同升温速率热处理 $Sr_{0.9}Al_2O_4:0.1Eu^{2+}$ 微球对紫外可见光的吸收情况。

Kubelka-Munk 公式如下：

$$F(r) = \frac{\alpha}{\Lambda} = \frac{2(1-r)}{r} \tag{4-3}$$

式中，r 为反射率；α 为吸收系数；Λ 为反射系数。由图 4-40 可见，升温速率为 5 ℃/min 时，样品的反射率最低、吸收度最高，因此笼形结构有利于提高对激发光的吸收利用并实现发光强度增强。很明显，$Sr_{0.9}Al_2O_4:0.1Eu^{2+}$ 笼形微球比密实微球具有更为优异的发光性能。

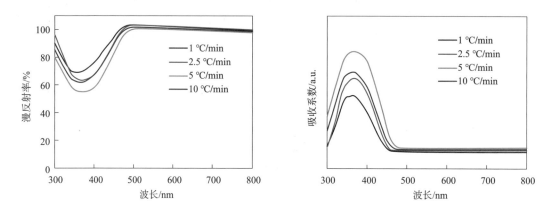

图 4-40 不同升温速率 $Sr_{0.9}Al_2O_4:0.1Eu^{2+}$ 微球漫反射光谱(左)和吸收光谱(右)

稀土离子掺杂浓度对于稀土离子掺杂荧光材料的发光行为有重要影响，通常，稀土掺杂荧光材料的发光强度与稀土离子的掺杂浓度成正比。但当掺杂浓度超过某一临界掺杂浓度时，会产生发光浓度猝灭现象。而稀土掺杂荧光材料的发光猝灭浓度与稀土离子种类、基质组成、微观结构有关。例如，由常规高温固相反应方法制备的 Eu^{2+} 掺杂 $SrAl_2O_4$ 荧光粉的发光猝灭摩尔分数约为 2%。图 4-41(a) 所示为 $Sr_{1-x}Al_2O_4:xEu^{2+}$ ($x = 0.001$、0.002、0.005、0.01、0.02、0.05、0.1、0.15)笼形微球的激发光谱(左，监控波长 520 nm)与发射光谱(右，激发波长 365 nm)。可见，随着 Eu^{2+} 离子掺杂浓度的提高，$Sr_{1-x}Al_2O_4:xEu^{2+}$ 笼形微球的激发峰和发射峰的强度呈现出先增强后减弱的变化规律，当 Eu^{2+} 离子的名义掺杂摩尔分数为 10% 时，$Sr_{1-x}Al_2O_4:xEu^{2+}$ 笼形微球表现出最强的绿色发光。这里的 10% 即为 $Sr_{1-x}Al_2O_4:xEu^{2+}$ 笼形微球体系中的临界掺杂摩尔分数，而采用高温固相反应方法制备的 $Sr_{1-x}Al_2O_4:xEu^{2+}$ 荧光粉临界掺杂摩尔分数通常为 2%。

$SrAl_2O_4$ 笼形微球之所以能够实现如此高浓度的临界掺杂浓度，主要有以下两方面原因：

(1)通常的固相反应采用研磨、球磨等机械方式混合反应原料，导致 Eu^{2+} 离子分布不均、局部富集。而溶胶-凝胶法采用湿化学的方法，在分子尺度上实现了原料的均匀混合。在高浓度掺杂的情况下，Eu^{2+} 离子可以均匀地分布在凝胶组织中。发光中心彼此空间距离较远，有效地减弱了相邻激发态 Eu^{2+} 离子与稳态 Eu^{2+} 离子间的声子能量传递导致的无辐射能量传递概率，进而削弱了浓度猝灭效应，提高了 Eu^{2+} 离子临界掺杂浓度。

(2)根据上述扫描电镜和透射电镜分析结果，笼形微球由部分小颗粒和部分空隙构成，颗粒之间存在空间位阻。这种特殊的空间结构使不同小颗粒之间的激发态 Eu^{2+} 离子与稳态 Eu^{2+} 离子的能量传递过程无法正常进行,因而可有效降低整个微球中相邻激发态 Eu^{2+} 离子与稳态 Eu^{2+} 离子间的能量传递,导致浓度猝灭效应,提高了 Eu^{2+} 离子的临界掺杂浓度。图 4-41(b)所示为不同 Eu^{2+} 掺杂浓度的 $Sr_{1-x}Al_2O_4:xEu^{2+}$ 笼形微球的余辉时间曲线。可以看出,随着 Eu^{2+} 掺杂浓度的提高,$Sr_{1-x}Al_2O_4:xEu^{2+}$ 笼形微球的余辉时间迅速衰减,掺杂摩尔分数为 10% 时,笼形微球的余辉时间已经缩短至几秒。

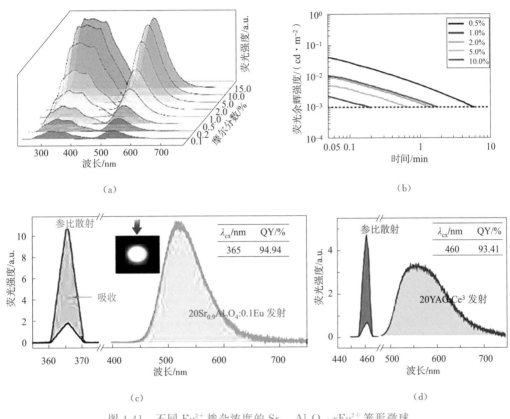

图 4-41　不同 Eu^{2+} 掺杂浓度的 $Sr_{1-x}Al_2O_4:xEu^{2+}$ 笼形微球

　　发光材料的内量子效率表示将吸收的光子转化为发光的效率(吸收的光子有多少可用于产生发光),通过量子效率可以更好地评估荧光粉的发光性能,比较不同材料之间的发光效率。图 4-41(c)所示为 $Sr_{0.9}Al_2O_4:0.1Eu^{2+}$ 笼形微球内量子效率测量光谱图,根据这些光谱通过数据分析软件积分可计算出发射光子数与吸收光子数之比,最终得到 $Sr_{0.9}Al_2O_4:0.1Eu^{2+}$ 笼形微球的内量子效率为 94.94%,这一结果远高于以前文献中所报道的最佳结果,如 Meister 等报道的数据为 55%[24],Nakauchi 等报道的数据为 50%[25]。图 4-41(d)显示了商用黄色荧光粉的内量子效率测量光谱图,其内量子效率为 93.41%。图 4-42(a)所示为不同浓度 Eu^{2+} 掺杂的 $SrAl_2O_4$($Sr_{1-x}Al_2O_4:xEu^{2+}$)笼形微球内量子效率测量光谱图。图 4-42(b)所示为 $Sr_{1-x}Al_2O_4:xEu^{2+}$ 笼形微球内量子效率与 Eu^{2+} 离子掺杂浓度的关系曲线。随着 Eu^{2+} 离子掺杂浓度的增加,微球的内量子效率逐渐增大,掺杂摩尔分数为 10% 时,笼形微球内量子效率达到最大,这也进一步表明了笼形微球中 Eu^{2+} 离子的临界掺杂摩尔分数可达 10%。很明显,笼形结构既可以提高激发光的利用效率(激发光可进入笼形微球的内部激发位于内部的 Eu^{2+} 离子),又能够有效提高 Eu^{2+} 离子的临界掺杂浓度,这些都能有效增强 $Sr_{1-x}Al_2O_4:xEu^{2+}$ 笼形微球的发光量子效率,使 $Sr_{0.9}Al_2O_4:0.1Eu^{2+}$ 笼形微球获得高达 94.94% 的内量子效率。

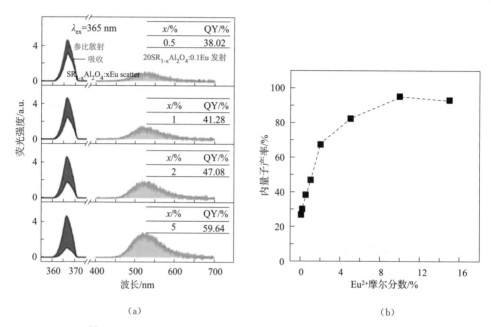

（a）　　　　　　　　　　　　　　　　　（b）

图 4-42　$Sr_{1-x}Al_2O_4:xEu^{2+}$ 笼形微球内量子效率测量光谱图和
发光量子效率与 Eu^{2+} 掺杂浓度关系曲线

综上,以无机金属盐为前驱体,环氧丙烷为凝胶促进剂的溶胶-凝胶技术,通过在无机金属盐溶液中添加环氧丙烷,使金属离子水合物形成的金属离子羟基水合物不断发生聚合反应,逐渐形成较大范围金属离子与氧离子的网络结构,随着形成网络的逐渐增大,溶液便会失去其流动性,最终实现从溶液到凝胶的转变。以 $AlCl_3 \cdot 6H_2O$、$YCl_3 \cdot 6H_2O$、$CeCl_3 \cdot 6H_2O$、$SrCl_2 \cdot 6H_2O$、$EuCl_3 \cdot 6H_2O$ 等水合氯化物为原料,水与乙醇的混合液为溶剂,环氧丙烷为凝胶促进剂,通过调控原料比、环氧丙烷添加量、湿凝胶陈化温度与时间以及后续的热处理工艺,可分别制备出形状规整、粒径均匀,尺寸可控的非晶态氧化铝微球、氮化铝微球、氧化铝空心微球、氧化铝空心微球构成的类气凝胶、$YAG:Ce^{3+}$ 荧光微球、$SrAl_2O_4:Eu^{2+}$ 笼形荧光微球等氧化铝基微球,并分别呈现出优异的热学、光谱学等性能。这一技术预期也可扩展应用于其他氧化物体系微球的制备,在形状规整、粒径均匀、尺寸可控的无机非金属材料的制备与应用方面有广泛的应用前景。

（注：本章内容涉及的研究工作由浙江大学材料科学与工程学院吴立昂博士、万军博士、王媛硕士、张雨婷硕士和沈斌华硕士共同参与完成，浙江大学材料科学与工程学院乔旭升副教授在指导研究生开展相关研究工作方面也做了大量的工作，在此致谢！）

参考文献

[1] GASH A E,TILLOTSON T,SATCHER JR J H,et al. New sol-gel synthetic route to transition and main-group metal oxide aerogels using inorganic salt precursors[J]. Journal of non-crystalline solids, 2001,285(1-3):22-28.

[2] GASH A E, TILLOTSON T M, SATCHER J H, POCO J, et al. Use of epoxides in the sol-gel synthesis of porous iron (Ⅲ)Oxide Monoliths from Fe (Ⅲ)Salts[J]. Chemistry of Materials, 2001,13 (3):999-1007.

[3] GASH A E,SATCHER J H, SIMPSON R L. Strong akaganeite aerogel monoliths using epoxides: synthesis and characterization[J]. Chemistry of Materials, 2003,15(7):3268-3275.

[4] CHERVIN C N,CLAPSADDLE B J,CHIU H W,et al. Aerogel synthesis of yttria-stabilized zirconia by a non-alkoxide sol-gel route[J]. Chemistry of Materials. 2005,17(13):3345-3351.

[5] GASH A E, SATCHER J H. Monolithic nickel (Ⅱ)-based aerogels using an organic epoxide:the importance of the counterion[J]. Journal of non-crystalline solids. 2004(350):145-151.

[6] FLORY P I. Thermodynamics of high polymer solutions[J]. Journal of Chemical Physics, 1942, 10(1):51-61.

[7] WU Q,HU Z,WANG X,et al. Extended vapor-liquid-solid growth and field emission properties of aluminium nitride nanowires[J]. Journal of Materials Chemistry, 2003,13(8):2024-2027.

[8] ZENG Y,WANG F,LIAO Q,et al. Synthesis and characterization of translucent MgO-doped Al_2O_3 hollow spheres in millimeter-scale[J]. Journal of Alloys and Compounds,2014(608):185-190.

[9] WANG H,WANG F,LIAO Q, et al. Synthesis of millimeter-scale Al_2O_3 ceramic hollow spheres by an improved emulsion microencapsulation method[J]. Ceramics International,2015,41(3):4959-4965.

[10] XUE G,HUANG X,ZHAO N,et al. Hollow Al_2O_3 spheres prepared by a simple and tunable hydrothermal method[J]. RSC Advances,2015,5(18):13385-13391.

[11] YU J,GUO H,DAVIS S A, et al. Fabrication of hollow inorganic microspheres by chemically induced self-transformation[J]. Advanced Functional Materials. 2006,16(15):2035-2041.

[12] ALIEV A E,OH J,KOZLOV M E,et al. Giant-stroke,superelastic carbon nanotube aerogel muscles [J]. Science. 2009,323(5921):1575-1578.

[13] MOHANAN J L,ARACHCHIGE I U, BROCK S L. Porous semiconductor chalcogenide aerogels [J]. Science. 2005,307(5708):397-400.

[14] TOKUDOME Y,NAKANISHI K,KANAMORI K,et al. Structural characterization of hierarchically porous alumina aerogel and xerogel monoliths[J]. Journal of colloid and interface science. 2009, 338(2):506-513.

[15] PAN Y X,WU M M,SU Q. Tailored photoluminescence of YAG:Ce phosphor through various methods[J]. Journal of Physics and Chemistry of Solids,2004,65(5):845-850.

[16]　GAI S L,LI C X,YANG P P,et al. Recent progress in rare earth micro/nanocrystals:soft chemical synthesis,luminescent properties,and biomedical applications[J]. Chemical Reviews,2014,114(4): 2343-2389.

[17]　KANG Y C,LENGGORO I W,PARK S B,et al. YAG:Ce phosphor particles prepared by ultrasonic spray pyrolysis[J]. Materials Research Bulletin,2000,35(5):789-798.

[18]　LI Y,XU R,COUDERC S,et al. Binding of sodium dodecyl sulfate (SDS)to the Aba block copolymer pluronic F127 (EO97PO69EO97):F127 aggregation induced by SDS[J]. Langmuir,2001,17(1):183-188.

[19]　DESAI P R,JAIN N J,SHARMA R K,et al. Effect of additives on the micellization of PEO/PPO/PEO block copolymer F127 in aqueous solution[J]. Colloids and Surfaces a-Physicochemical and Engineering Aspects,2001,178(1-3):57-69.

[20]　GASSER U,WEEKS E,SCHOFIELD A,et al. Real-space imaging of nucleation and growth in colloidal crystallization[J]. Science,2001,292(5515):258-262.

[21]　KEDDIE J L,GIANNELIS E P. Effect of heating rate on the sintering of titanium dioxide thin films: competition between densification and crystallization[J]. Journal of The American Ceramic Society, 1991,74(10):2669-2671.

[22]　CLABAU F,ROCQUEFELTE X,JOBIC S,et al. Mechanism of phosphorescence appropriate for the Long-Lasting phosphors Eu^{2+}-doped $SrAl_2O_4$ with codopants Dy^{3+} and B^{3+} [J]. Chemistry of Materials,2005,17(15):3904-3912.

[23]　KOSTOVA M H,ZOLLFRANK C,BATENTSCHUK M,et al. Bioinspired design of $SrAl_2O_4:Eu^{2+}$ phosphor[J]. Advanced Functional Materials,2009,19(4):599-603.

[24]　MEISTER F,BATENTSCHUK M,DRÖSCHER S,et al. Eu^{2+} luminescence in the $EuAl_2O_4$ concentrated phosphor[J]. Radiation Measurements, 2007,42(4):771-774.

[25]　NAKAUCHI D,OKADA G,KOSHIMIZU M,et al. Storage luminescence and scintillation properties of Eu-Doped $SrAl_2O_4$ crystals[J]. Journal of Luminescence, 2016(176):342-346.

[26]　吴立昂,基于无机盐溶胶-凝胶过程调控的新型氧化铝(锆)基材料的制备技术研究[D]. 杭州:浙江大学,2015.

[27]　万军,应用于白光 LED 的铝基发光材料的制备与发光性能研究[D]. 杭州:浙江大学,2017.

[28]　王媛,氮化铝微球的制备及其在高导热复合材料中的应用[D]. 杭州:浙江大学,2017.

[29]　张雨婷,YAG 基荧光微球的制备及其光谱学性能研究[D]. 杭州:浙江大学,2018.

[30]　沈斌华,氧化物空心球的湿化学制备与隔热涂层性能研究[D]. 杭州:浙江大学,2018.

第5章 溶胶-凝胶技术制备介电材料

介电陶瓷是一类主要利用陶瓷的介电性能来制作电容器及微波介质器件的电子陶瓷，具有介电损耗小、介电常数可调、热稳定性和化学稳定好等特点，在现代移动通信、全球卫星定位系统、微型计算机、物联网、汽车电子、国防军工等领域具有广泛的应用，在电子信息产业的发展中占据重要地位。随着现代移动通信、物联网等整机产业的快速发展，对介电陶瓷材料及器件提出了更高的要求。介电陶瓷器件正朝着轻量小型化、低损耗、多层集成化、多功能等方向发展。介电陶瓷器件的小型化、微型化发展，要求介电层厚度不断降低，当介电层厚度降至数微米时，微米级的介电陶瓷材料将会严重影响器件的一致性和可靠性，不能满足其要求，急需发展新型纳米介电陶瓷材料及其相关制备技术。

常见的介电陶瓷的制备方法主要有固相法、液相法、气相法等。固相法具有制备工艺简单、成本低、产量大等特点，成为介电陶瓷工业生产重要的制备技术，但存在颗粒粒径大、微量组分均质掺杂困难、烧结温度高等缺陷，难以满足新型介电器件制造要求。液相法包括水热法、沉淀法和溶胶-凝胶法，具有反应温和、颗粒粒径和组分可控等特点，逐渐受到介电陶瓷材料科研工作者的高度关注。其中，溶胶-凝胶法是以金属有机或无机化合物溶液为原料，经水解、缩合反应形成稳定的溶胶，溶胶经陈化，发生缓慢的聚合，逐渐形成具有三维空间网络结构的凝胶，凝胶再经过干燥、热处理等形成氧化物或其他固体化合物，制备出纳米尺寸级别乃至纳米亚微米结构的粉体材料。溶胶-凝胶法具有反应均匀性好、颗粒细、合成温度高、粉体活性高、微量掺杂可控等特点，所制备的陶瓷烧结温度低、晶粒大小均匀，成为新型纳米介电陶瓷材料极有竞争力的一种制备技术[1-6]。

本章论述 Li_2O-TiO_2、稀土掺杂 $BaTiO_3$ 和 ZnO 掺杂 $CaTiO_3$ 三种纳米介电陶瓷粉体的制备工艺，分析纳米介电陶瓷粉体的相组成及形貌特征，研究纳米粉体制备的介电陶瓷烧结特性、显微结构和介电性能，通过优化制备条件，获得高质量低介电损耗的纳米介电陶瓷粉体，为纳米介电陶瓷未来在微型电容器、滤波器、天线等领域的应用和发展奠定基础，具有一定的理论意义和实用价值。

5.1 溶胶-凝胶法制备纳米 Li_2O-TiO_2 粉体及其介电性能

Li_2TiO_3 陶瓷体系具有高 $Q \times f$ 值（注：Q 为品质因数；f 为谐振频率）、介电常数适中等特点，在通信微波器件领域具有广泛的应用前景。然而，Li_2TiO_3 陶瓷烧结时容易出现相变、

Li 挥发、烧结温度高等问题,限制了其应用[7]。为了提高微波介质陶瓷的烧结特性,得到气孔较少、致密度高、烧结温度低的陶瓷,许多科研工作者尝试掺杂和改进制备方法,如掺杂固溶 MgO 以改变 Li_2TiO_3 陶瓷晶体有序度,提高陶瓷的 $Q \times f$ 值;掺杂 $ZnO\text{-}B_2O_3$ 和 LiF 等助剂以降低陶瓷的烧结温度[8-12]。Li_2TiO_3 陶瓷的制备主要集中于固相法,所获得的粉体一般处于微米量级,因此对陶瓷烧结和介电性能的改善有限。目前,采用溶胶-凝胶法制备纳米 Li_2TiO_3 的研究还较少。X. W. Wu 等以去离子水作为反应介质,$LiNO_3$ 和 $Ti(C_6H_6O_7)_2$ 作为原料,通过水基溶胶-凝胶法制备出粒径 $40 \sim 80$ nm 的 Li_2TiO_3,存在粉体团聚严重、分散性差、尺寸分布不均等问题[13]。此外,通过 Li_2TiO_3 纳米粒子制备该体系微波介质陶瓷的研究还未见报道。非水基溶胶-凝胶法采用乙醇等有机溶剂,可有效克服水基溶胶-凝胶法所遇到的问题,并且混合物中的有机成分在反应时较水更容易控制。课题组分别使用硝酸锂($LiNO_3$)和乙酸锂(LiOAc)作为锂前驱体,使用钛酸四丁酯(TBT)为钛源,通过非水基溶胶-凝胶法合成 Li_2TiO_3 纳米粉体,制备出分散性好、小尺寸的 Li_2TiO_3 纳米粉体,研究了其对陶瓷烧结特性及微波介电性能的影响;在此基础上,通过非化学计量比改善 Li_2TiO_3 陶瓷的烧结致密度及占位机制,提高陶瓷的介电性能[14]。

5.1.1 $LiNO_3$ 作为锂前驱体制备 Li_2TiO_3 粉体

1. 粉体制备及条件优化

按 Li_2TiO_3 的化学计量比将 $LiNO_3$ 溶入无水乙醇,快速搅拌 1 h 得到 $LiNO_3$ 乙醇溶液。将 TBT 溶入无水乙醇,均匀搅拌得到 TBT 的乙醇溶液,在 TBT 的乙醇溶液当中滴入乙酸,用于抑制 TBT 的水解,继续搅拌。将 $LiNO_3$ 的无水乙醇溶液缓慢滴入 TBT 的无水乙醇溶液,同时用磁力搅拌子均匀搅拌,充分混合后逐滴滴入去离子水,当溶液转变为淡蓝色时加入 PEG 表面活性剂。继续搅拌,至其完全转化为淡蓝色半透明溶胶,置于 60 ℃ 水浴中加热直至形成凝胶。将凝胶在 120 ℃ 下烘干,然后取干凝胶分别在 $500 \sim 800$ ℃ 下热处理 2 h 后常温冷却。研究表明:乙酸和去离子水加入量、前驱体浓度和分散剂对溶胶-凝胶过程及粉体质量具有较大的影响。

在锂前驱体溶液中未加入有机表面活性剂的情况下,调节 TBT∶乙酸∶去离子水的比例来找到最佳的溶胶-凝胶反应环境。对比分析了 TBT∶乙酸∶去离子水比例分别为 1∶2∶2、1∶2∶4、1∶4∶4、1∶4∶8、1∶8∶8、1∶8∶16 的凝胶状态。研究表明,TBT∶乙酸∶去离子水=1∶4∶8 是最佳的反应环境。乙酸的作用是作为水解抑制剂,因为 TBT 极容易水解,在与 $LiNO_3$ 乙醇溶液混合后水解过快,不利于溶胶及凝胶的形成。此外,酸性环境下,溶胶中水解产物表面所带的乙酸根可以形成一层负电荷层,水解产物表面的负电荷越多,产物之间的排斥力就越大,从而阻止粒子之间相互吸引而团聚沉淀。在溶胶-凝胶反应生成钛酸盐的过程中,乙酸的加入使每一个同步生成的 TiO_6 八面体彼此分开,单独生长成为一个完整的目标产物单元。但是过多的乙酸有可能抑制 TBT 水解,并进一步阻止凝胶网络结构的形成。去离子水的作用是作为水解剂,TBT∶去离子水＝1∶8 为最佳配比,过少的去离子水会导致 TBT 水解过慢,不能形成凝胶;而过多的去离子水导致水解过快,溶胶颗粒过大,形成的凝胶质量不好。对比 TBT 浓度 0.1 mol/L、0.2 mol/L、0.5 mol/L、0.8 mol/L和 1 mol/L 的凝胶状态,低 TBT 浓度(≤0.2 mol/L)的前驱体导致反应物无法出现爆炸形核,同时也无法形成网络结构的凝胶;而当 TBT 浓度过高时,形成凝胶过快,反应物容易提前析出,获得的粉体粒径大小分布不均;TBT 浓度 0.8 mol/L 时为最佳反应浓度。

固定前驱体浓度为 0.8 mol/L,选用 PEG400、PEG2000 和 PEG10000 作为表面活性剂改善纳米粒子的分散性及粒度。PEG 是一种非离子性分散剂,既适用于酸性环境,也适用于碱性环境。当 PEG 加入溶胶中时,其分子链的一端可以吸附在溶胶粒子的表面,而另一端则溶于溶剂中,当大量的 PEG 吸附于溶胶粒子表面时,便形成一层类似球壳的结构,紧紧包覆于溶胶粒子表面,从而阻止其继续长大。此外,PEG 可以起到屏蔽作用,减少溶胶粒子间的静电吸附。

图 5-1 列出了 TBT 浓度为 0.8 mol/L,分别添加 PEG400、PEG2000 和 PEG10000 作为分散剂的干凝胶粉体在 600 ℃热处理后的 TEM 照片。

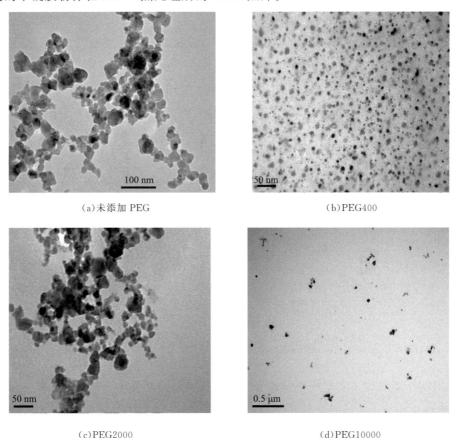

(a)未添加 PEG　　　　　　　　　　(b)PEG400

(c)PEG2000　　　　　　　　　　(d)PEG10000

图 5-1　以 LiNO₃ 为锂前驱体时,添加不同分散剂的 Li₂TiO₃ 干凝胶粉体在 600 ℃热处理的 TEM 照片

由图 5-1 可知,加入 PEG400 作为分散剂时,分散效果最佳,制备得到的纳米粒子尺寸较小,且粒径分散均一;PEG 的分子量增加时,分散效果变差。PEG 的分子量越大,则其单个的分子链越长。当 PEG 溶于溶胶当中时,需要大量的分子链一端吸附于溶胶粒子,另一端溶于溶剂,从而形成球壳形结构,起到包覆的作用。而当分子链过长时,会互相阻碍,不利于分子链吸附于粒子表面,所以相对分子质量过大的 PEG 分散作用反而下降。PEG400 是有机低聚体,有较长的烃基线性长链,所以当将其加入溶液中时,有机分子链开始伸展,同时溶液中金属有机化合物和硝酸盐开始水解,所以有机分子链就吸附在这种单体周围。当有机添加物比较少时,有机分子链只能部分覆盖粒子表面,从而导致粒子部分表面失活,使粒子取向生长;而当有机添加物过多时,各分子链在溶液中不能完全伸展,而产生相互缠绕,虽然位阻效应对团聚有一定的抑制作用,但仍有部分团聚,以 PEG400 的添加量为 3%(质量分数)时效果最佳。

2. 干凝胶差热-失重及粉体相组成与形貌

图 5-2 为 LiNO₃ 为锂前驱体制备得到的干凝胶的差热(DTA)-热重(TG)曲线。图中可见,30~130 ℃约有 15% 的失重,主要归因于残余无水乙醇和乙酸的挥发。211 ℃的明显放热峰是由干凝胶的燃烧所致。291 ℃的明显吸热峰是由大部分硝酸根的分解引起,从而在200~380 ℃温度范围内约有 30% 的失重。616 ℃出现的吸热峰是由剩余硝酸根的分解造成,TG 曲线上 420~600 ℃范围内可观察到大约 20% 的失重。304 ℃放热峰,是由于前驱体粉末结晶形成 α-立方相所致。410 ℃左右放热峰对应于不稳定的 α-立方相转变为 β-单斜相。610 ℃吸热曲线,是由 β-单斜相到 γ-立方相(有序-无序转变)的相变引起的。

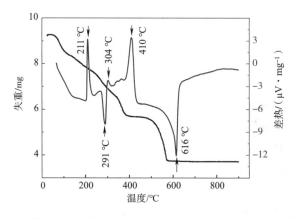

图 5-2　以 LiNO₃ 为锂前驱体时 Li₂TiO₃ 干凝胶的 DTA-TG 曲线

图 5-3 为干凝胶在不同温度热处理 2 h 后得到的纳米粉体的 XRD 谱。如图 5-3 所示,500~700 ℃热处理 2 h 后得到的 Li₂TiO₃ 纳米粉体均为单斜 β-Li₂TiO₃ 相,无第二相存在。随热处理温度升高,衍射峰强增强,结晶度升高。由差热-热失重曲线分析可得,在 500 ℃时,粉体中还有部分硝酸根未分解完全;而 700 ℃处理得到的粉体衍射峰峰宽较窄,这是由于温度升高后粉体晶粒长大。因此,600 ℃为最佳热处理温度。图 5-4 为以 LiNO₃ 为锂前

驱体制备得到的 Li$_2$TiO$_3$ 纳米粉体 TEM 和 SEAD 照片。图中可见,所制备的纳米粒子粒度分布较窄,分散均匀,粒径为 6～11 nm。SEAD 显示清晰并宽化的衍射环,表明粒子为多晶,结晶状态良好。

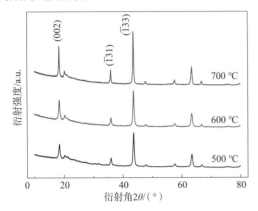

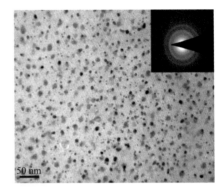

图 5-3　以 LiNO$_3$ 为锂前驱体时 Li$_2$TiO$_3$ 干凝胶经不同温度热处理 2 h 后得到的纳米粉体的 XRD 谱

图 5-4　以 LiNO$_3$ 为锂前驱体时,Li$_2$TiO$_3$ 纳米粉体 TEM 照片和 SEAD 花样

5.1.2　LiOAc 作为锂前驱体制备 Li$_2$TiO$_3$ 纳米粉体

在上述基础上,采用 LiOAc 为锂前驱体制备纳米 Li$_2$TiO$_3$ 粉体。固定 LiOAc 前驱体浓度为 0.8 mol/L,PEG400 加入量为 3%(质量分数)。图 5-5 为 LiOAc 为锂前驱体制备得到的干凝胶在 500～700 ℃ 热处理 2 h 得到的粉体 XRD 谱。从图中可以看出,热处理温度 500 ℃ 出现 Li$_2$TiO$_3$ 衍射峰,但峰值较弱,这可能是因为此时粉体中还含有部分未燃烧完全的有机物。当温度升高到 600 ℃,主晶相基本形成,所有衍射峰均可见,再升高热处理温度,衍射峰峰强增大,峰宽变窄,说明随着热处理温度的升高,粉体粒径持续增大。

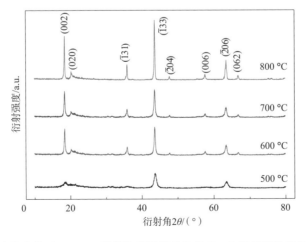

图 5-5　LiOAc 为前驱体时 Li$_2$TiO$_3$ 干凝胶不同温度热处理 2 h 后得到的纳米粉体的 XRD 谱

图 5-6 是 LiOAc 为前驱体制备的干凝胶在 $600 \sim 800\ ℃$ 热处理 2 h 后获得的纳米粉体的 TEM 照片。由图可知，以 LiOAc 为锂前驱体的干凝胶在 $600\ ℃$ 热处理 2 h 后得到的粉体粒径为 $20 \sim 30\ nm$。随着热处理温度升高，纳米颗粒尺寸增加，温度高于 $700\ ℃$ 时，颗粒尺寸明显增加且伴随有明显的团聚现象。与用 $LiNO_3$ 制备的 Li_2TiO_3 纳米粉体相比，LiOAc 为锂前驱体制备的粉体粒径较差，尺寸分布单一性较差，且容易产生团聚。

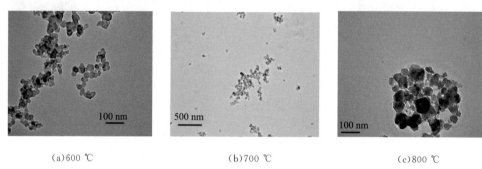

(a)600 ℃   (b)700 ℃   (c)800 ℃

图 5-6　LiOAc 为前驱体时 Li_2TiO_3 干凝胶热处理 2 h 后得到的纳米粉体 TEM 照片

5.1.3　纳米 Li_2TiO_3 粉体制备的陶瓷结构及介电性能

采用以 $LiNO_3$ 制备得到的纳米 Li_2TiO_3 粉体为原料，制备 Li_2TiO_3 微波介质陶瓷。先将 $600\ ℃$ 热处理 2 h 制备得到的 Li_2TiO_3 粉体加入无水乙醇溶液，球磨 4 h，烘干后，加入质量分数为 5% 的聚乙烯醇（PVA）水溶液造粒，在 80 MPa 压力下制备出直径约为 10 mm、高度约为 5 mm 的陶瓷坯体。坯体以 $1\ ℃/min$ 的速率升温至 $500\ ℃$，保温 1 h 进行排胶。排胶后的坯体以 $5\ ℃/min$ 的速度升温至 $1\,050 \sim 1\,250\ ℃$，保温 3 h。

1. Li_2TiO_3 陶瓷的相组成及显微结构

图 5-7 是 Li_2TiO_3 陶瓷在不同温度下烧结 3 h 后的 XRD 谱。从图可知，在 $1\,100 \sim 1\,250\ ℃$ 烧结 3 h 后得到的陶瓷无杂相出现，所有衍射峰均为单相的 $β\text{-}Li_2TiO_3$。虽然 Li_2TiO_3 在 $1\,150\ ℃$ 以上烧结时会出现 β 相到 γ 相的相变，但此相变为可逆相变，陶瓷冷却后又重新变为 β 相，烧结过程中出现的相变对陶瓷最终相成分没有影响，但会影响陶瓷烧结中的致密化过程。

图 5-8 是在不同温度下烧结得到的 Li_2TiO_3 陶瓷表面的 SEM 照片。可知，烧结温度高于 $1\,150\ ℃$ 时，由于 Li 原子的挥发，陶瓷表面容易产生大量的裂缝和气孔。同时，

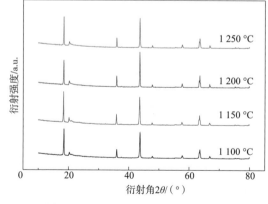

图 5-7　不同温度烧结 3 h 得到的
Li_2TiO_3 陶瓷 XRD 谱图

在图 5-8(b)中可以观察到除晶粒中的气孔外,还有不少晶粒之间的裂缝和气孔,这主要是由于 1 150 ℃≤t_s≤1 215 ℃,Li_2TiO_3 会发生 β 相到 γ 相的转变,由于这个相变是可逆的,当陶瓷开始冷却时,γ 相会重新转变为 β 相,由于 γ 相的晶胞体积大于 β 相的晶胞体积,冷却时晶粒收缩,出现晶粒之间的孔洞和缝隙。当烧结温度升高到 1 250 ℃和 1 300 ℃后,陶瓷致密度有显著提升。与固相法制备得到陶瓷相比,通过溶胶-凝胶法制备的 Li_2TiO_3 陶瓷表面气孔和裂缝较少,对陶瓷介电性能的改善有一定帮助,但由于高温烧结时出现晶粒异常长大,品质因数的进一步提高受到阻碍。

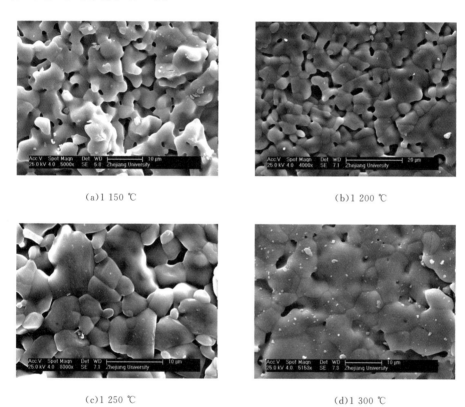

(a)1 150 ℃　　　　　　　　　　　　　　(b)1 200 ℃

(c)1 250 ℃　　　　　　　　　　　　　　(d)1 300 ℃

图 5-8　不同温度烧结 3 h 得到的 Li_2TiO_3 陶瓷的 SEM 照片

2. Li_2TiO_3 陶瓷的介电性能

由纳米粉体制备的 Li_2TiO_3 陶瓷密度变化及介电性能的变化见表 5-1,随着烧结温度的升高,陶瓷的致密度持续增加,陶瓷的介电常数和品质因子也随之增大,介电常数和品质因子在 1 250 ℃处达到最大值,而后随着烧结温度的继续增加而略微减小。由于 1 100 ℃和 1 150 ℃ 烧结样品具有较多的孔隙存在,品质因子 $Q×f$ 值相对较低。当烧结温度升高到 1 300 ℃时,部分晶粒在过高烧结温度下的异常长大是阻碍品质因数继续提升的主要原因。在 1 250 ℃烧结 3 h 后得到最高的 $Q×f$ 值(23 500 GHz)。由于溶胶-凝胶法制备得到的陶瓷气孔较少,与固相法制备得到的纯 Li_2TiO_3 陶瓷(<20 000 GHz)相比,介电性能得到一定改善。

表 5-1　Li$_2$TiO$_3$陶瓷的密度及介电性能

烧结温度 t_s/℃	相对介电常数 ε_r	品质因数和频率乘积 $Q \times f$/GHz	密度 ρ/(g·cm^{-3})
1 100	18.7	12 600	3.060
1 150	20.6	16 600	3.092
1 200	21.9	21 700	3.179
1 250	22.2	23 500	3.183

5.1.4　非化学计量比对 Li$_2$TiO$_3$陶瓷烧结特性及介电性能的影响

1. 非化学计量比 Li$_2$TiO$_3$粉体相结构

图 5-9 为 Li$_{2+x}$TiO$_3$ 600 ℃热处理 2 h 后得到的 Li$_{2+x}$TiO$_3$粉体和($\bar{1}$33)衍射峰图谱。所有主相均为单斜的 β-Li$_2$TiO$_3$ 相,当与化学计量比的 Li$_2$TiO$_3$相比,发现小角度出现少量的 TiO$_2$ 相。由于溶胶-凝胶法反应较为复杂,微小的改变都可能会造成反应物的不同,非化学计量的引入是通过增加 LiNO$_3$ 或 TBT 的加入量来实现,即改变其中一种前驱体的反应浓度,因此造成了反应产物中出现了少量的 TiO$_2$ 相。过量的 Li 在 Li$_{2+x}$TiO$_3$中的占位机制主要有两种:①过量的 Li 进入间隙位(四面体空位);②过量的 Li 进入 Li$_2$TiO$_3$中的 Li 位并同时产生 Ti 和 O 空位。无论过量的 Li 是进入间隙位置还是产生了 Ti 和 O 空位,都会造成 Li$_{2+x}$TiO$_3$的晶格畸变,并影响其晶胞常数,在其主晶相不变的条件下,晶胞常数的增大或缩小都会造成 XRD 衍射峰的峰位偏移,因此,可通过这种方法推测过量的 Li 在 Li$_{2+x}$TiO$_3$晶格中的占位机制。由图 5-9(b)可知,当 x 过量,由 0.04 增加至 0.15 时,($\bar{1}$33)衍射峰先向低角度漂移,大约在 $x=0.06$ 至 $x=0.08$ 间达到极小,之后向高角度方向漂移。对这一现象的一个可能解释是:在 $x \leqslant 0.08$ 时,Li 逐渐填充到间隙位置(四面体空位),由于 Li 离子的半径较大(0.072 nm),随着 x 的增大,即过量 Li 含量的增加,引发晶格膨胀,晶胞体积增大,峰位

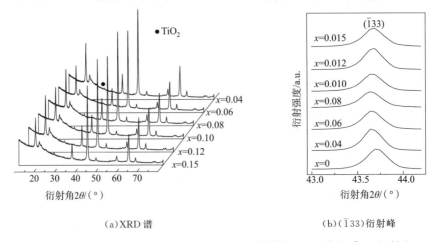

(a)XRD 谱　　　　　　　　(b)($\bar{1}$33)衍射峰

图 5-9　600 ℃热处理 2 h 后得到的 Li$_{2+x}$TiO$_3$粉体的 XRD 谱和($\bar{1}$33)衍射峰

向低角度方向移动；而在 $x>0.08$ 时，峰位逐步向右移，这可能是因为间隙位置已经饱和，无法容纳更多的 Li 离子，所以 Li 离子进入 Li 原位，产生 Ti 和 O 空位，导致晶胞体积减小，峰位向高角度方向移动。

图 5-10 为 600 ℃热处理 2 h 后得到的 $Li_2Ti_{1+y}O_3$ 粉体 XRD 谱和 $(\bar{1}33)$ 衍射峰图谱。由图可知，所有主相均为单斜的 β-Li_2TiO_3 相，但与化学计量比的 Li_2TiO_3 相比，可见在小角度出现少量的 TiO_2 相。这与在 $Li_{2+x}TiO_3$ 的 XRD 谱中观察到的现象相似，可能也是由于非化学计量比引起的前驱体浓度的改变而造成的反应产物出现了少量的 TiO_2。过量的 Ti 在 $Li_2Ti_{1+y}O_3$ 中的占位机制主要有两种：①过量的 Ti 进入间隙位（四面体空位）；②过量的 Ti 进入 Li_2TiO_3 中的 Ti 位并同时产生 Li 和 O 空位。与 $Li_{2+x}TiO_3$ 中的情况类似，过量 Ti 引起的晶格畸变同时造成了在 XRD 谱上衍射峰的峰位偏移。图 5-10(b) 可以看出，Li_2TiO_3 的单斜-β 相的峰位先向左漂移，在 $x=0.06$ 达到极左，随后向右漂移，一种可能的解释为：在 $y<0.08$ 时，随 y 的增大，即 Ti 含量的增加，Ti 填充到间隙位置，引发晶格膨胀和晶胞体积增大，峰位向低角度方向移动；当 $y\geqslant 0.10$ 时，间隙位置已经饱和，无法容纳更多的 Ti，Ti 进入原位，产生 Li 和氧空位，所以引起晶胞体积减小，峰位向高角度方向移动。当 y 继续增加时，Ti 可能同时具有两种占位机制，因为 Ti 离子的半径较小（0.060 5 nm）。所以，与 Li 过量的样品相比，Ti 过量的样品衍射峰位移较小。

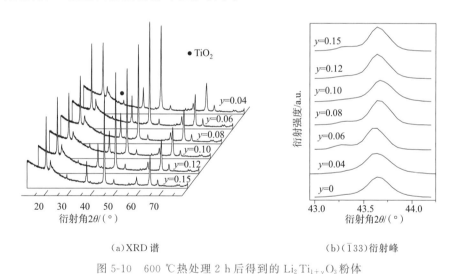

(a)XRD 谱　　　　　　　　(b)$(\bar{1}33)$衍射峰

图 5-10　600 ℃热处理 2 h 后得到的 $Li_2Ti_{1+y}O_3$ 粉体

2. 非化学计量比 Li_2TiO_3 陶瓷烧结特性、相组成及显微结构

图 5-11 为非化学计量比的 Li_2TiO_3 陶瓷 XRD 谱。由图可见，所有衍射峰均为单斜 β-Li_2TiO_3 相。非化学计量比的 Li_2TiO_3 粉体中出现少量 TiO_2 相，但经 1 000 ℃高温烧结后，所有的 TiO_2 相已全部消失。

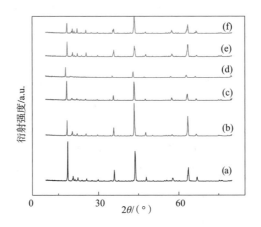

图 5-11　非化学计量比的 Li_2TiO_3 陶瓷 XRD 谱

(a)Li_2TiO_3,1 100 ℃;(b)Li_2TiO_3,1 250 ℃;(c)$Li_{2+0.08}TiO_3$,1 050 ℃;

(d)$Li_{2+0.15}TiO_3$,1 050 ℃;(e)$Li_2Ti_{1+0.06}O_3$,1 250 ℃;(f)$Li_2Ti_{1+0.15}O_3$,1 250 ℃

图 5-12 为 $Li_{2+x}TiO_3$ 和 $Li_2Ti_{1+y}O_3$ 陶瓷密度随温度变化关系图。图 5-12(a)可见,1 050 ℃ 烧结 2 h 后得到的陶瓷密度最高(达到 3.294 g/cm^3,相对密度达到 97%),随温度继续升高后密度逐渐降低。当烧结温度≤1 100 ℃,过量 Li 导致的晶格缺陷明显促进了晶粒间的固相传质过程,使烧结温度大大降低。当烧结温度>1 100 ℃时,由于 Li 原子的大量挥发而产生较多的气孔,导致陶瓷密度降低。同时,Li_2TiO_3 陶瓷在 1 150 ℃≤t_S≤1 215 ℃时会出现 β 相到 γ 相的有序到无序的转变,也会使陶瓷的烧结致密度降低。此外,当 Li 过量,达到 0.15 时,在 1 050~1 250 ℃范围内陶瓷的烧结性能均很差,这是因为当非化学计量比过大时,造成过多的点缺陷在烧结过程中逐渐积累,渐渐形成线缺陷和面缺陷,最终对陶瓷的微观结构造成不良影响,因此当 Li 过量,大于 0.08 时,陶瓷密度逐渐降低[15-17]。由图 5-12(b)可见,密度随温度升高而逐渐升高,且 y 越高,密度越高,1 250 ℃时得到最高密度(3.21 g/cm^3,相对

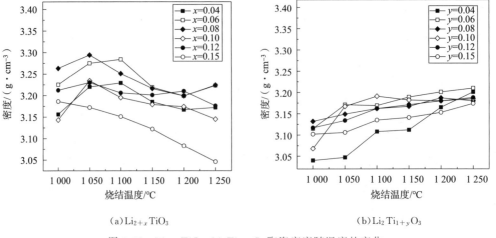

(a)$Li_{2+x}TiO_3$　　　　　　　　　　(b)$Li_2Ti_{1+y}O_3$

图 5-12　$Li_{2+x}TiO_3$、$Li_2Ti_{1+y}O_3$ 陶瓷密度随温度的变化

密度 94%)。和 $Li_{2+x}TiO_3$ 相比,$Li_2Ti_{1+y}O_3$ 组分的陶瓷密烧结性能提升较少,密度较低。与 Li 过量情况相似,虽然适量过量 Ti 带来的晶格缺陷有助于提高陶瓷的烧结性能,但过大的非化学计量比也显著降低了陶瓷的烧结性能。

图 5-13 是非计量化学比 Li_2TiO_3 陶瓷 1 100~1 300 ℃烧结 2 h 的 SEM 照片。由图可见,过量 Li 显著地提高了 Li_2TiO_3 陶瓷的烧结特性,在 1 050 ℃烧结后即得到了致密度较高的陶瓷。由于烧结温度较低,抑制了高温时 Li 的大量挥发以及高温时会发生的有序—无序相变,产生的裂缝和气孔明显较少,有利于微波介电性能明显提升。图 5-13(a)与(c)~(d)比较,晶粒尺寸较小,且分布较均匀,平均晶粒尺寸约为 1.5~2.0 μm。晶粒大小和晶粒的尺寸分布对介电性能也有很大影响,通常晶粒尺寸分布越均匀,介电常数和品质因数越高[18-19]。因此,Li 过量,为 0.08 时的 $Li_{2+0.08}TiO_3$ 陶瓷介电性能获得了较大提升。图 5-13(b)中 Li 过量较大的 $Li_{2+0.15}TiO_3$ 陶瓷则明显出现了较多的气孔及裂缝,致密度较低,这是因为 Li 过量较大时产生过多点缺陷在烧结中转为线缺陷和面缺陷,从而影响了陶瓷的致密度。图 5-13(c)和(d)分别是 $Li_2Ti_{1+0.06}O_3$ 和 $Li_2Ti_{1+0.15}O_3$ 在 1 250 ℃烧结 3 h 的 SEM。同样地,

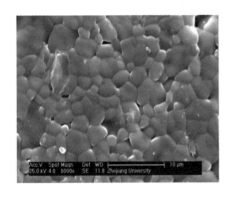

(a)$Li_{2+0.08}TiO_3$,1 050 ℃

(b)$Li_{2+0.15}TiO_3$,1 050 ℃

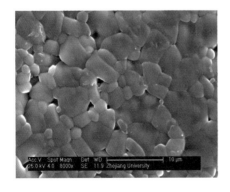

(c)$Li_2Ti_{1+0.06}O_3$,1 250 ℃

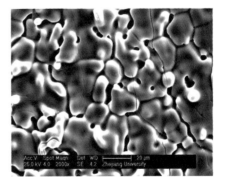

(d)$Li_2Ti_{1+0.15}O_3$,1 250 ℃

图 5-13 非化学计量比的 Li_2TiO_3 陶瓷表面形貌

陶瓷微观结构变化与体积密度变化相一致。适量的 Ti 过量有利于陶瓷烧结，$Li_2Ti_{1+0.06}O_3$ 陶瓷 1 250 ℃烧结虽然没有 $Li_{2+0.08}TiO_3$ 的致密化程度高，但裂缝和气孔明显减少、致密化程度较高，但当 Ti 过量较多时，反而阻碍了陶瓷的烧结。综合而言，Li 过量的 $Li_{2+0.08}TiO_3$ 陶瓷 1 050 ℃烧结 3 h 后具有最佳的微观结构。

图 5-14 分别为 1 050 ℃烧结 3 h 的 $Li_{2+x}TiO_3$ 陶瓷(a)和 1 250 ℃烧结 3 h 的 $Li_2Ti_{1+y}O_3$ 陶瓷的介电性能。图 5-14(a)可看出，$Li_{2+x}TiO_3$ 陶瓷 $Q\times f$ 值随 x 的增加先增加后减少，这是因为在 $x\leqslant0.08$ 时，随过量 Li 的增加，Li 离子逐渐填充到间隙位置，使晶格膨胀，产生的晶格缺陷有利于陶瓷烧结，烧结温度降低至 1 050 ℃，由此避免了因 Li 在高温时的挥发和 1 150 ℃以上时发生的有序—无序相变而导致的气孔及裂缝，致密度较高，介电性能得到明显改善；同时 $Li_{2+0.08}TiO_3$ 陶瓷平均晶粒尺寸约为 1.5～2 μm，远远小于纯 Li_2TiO_3 陶瓷晶粒尺寸，且晶粒尺寸分布较小。由于陶瓷的损耗有很大一部分来自晶界造成的损耗，所以较小的晶粒尺寸分布，也即较规则的晶界形状有利于减少晶界部分带来的损耗，从而提高陶瓷的品质因数，获得较高的 $Q\times f$ 值。而在 $x>0.08$ 时，由于密度逐渐减小，且过大的非化学计量比导致的气孔和裂缝逐渐增多，陶瓷的微波介电性能也迅速降低，$Li_{2+x}TiO_3$ 体系陶瓷的品质因数在 $x=0.08$ 的时候达到最佳：$Q\times f=56\ 400$ GHz。然而，其介电常数的变化趋势与品质因数变化趋势不同，随 Li 含量的增加，介电常数 ε_r 逐渐下降。ε_r 值的变化分为两个阶段，当 $0.04\leqslant x\leqslant0.10$ 时，介电常数下降较缓慢；当 $x>0.10$ 时，ε_r 值迅速下降。说明造成这两个阶段介电常数下降的原因可能不同。由 $Li_{2+x}TiO_3$ 陶瓷体积密度随温度变化可知，当 $x\leqslant0.10$ 时，$Li_{2+x}TiO_3$ 陶瓷密度大于 93%；而当 $x>0.10$ 时，因过多的缺陷阻碍了烧结而导致密度迅速下降。研究表明：当陶瓷密度>93%时，介电常数随致密度的增加或下降而变化不大，因此可推测：当 $0.04\leqslant x\leqslant0.10$ 时，介电常数的下降主要受由非化学计量比引起的可极化离子的变化的影响。在 Li_2TiO_3 陶瓷中，主要极化离子为 Li^+，且其极化方向主要沿(002)方向。Li^+ 极化除与自身极化率相关外，还受到晶胞参数、晶格畸变等因素的影响。当 Li 过量，在 $0.04\leqslant x\leqslant0.10$ 范围内变化时，过量 Li 进入了间隙位置(四面体空隙)，在间隙位置的 Li 由于在(002)方向上的移动受到限制，因此难于极化，对介电常数的影响较小；另一方面，由于过量 Li 导致了晶格畸变，八面体扭曲，点缺陷使八面体对称性受损，受到压缩，抑制了 Li^+ 在(002)方向上的极化，因此介电常数随 x 的增加而下降。当 $x>0.10$ 时，由于密度迅速下降，出现大量的气孔和裂缝，而空气的介电常数为 1，因此随 x 继续增加，ε_r 值迅速下降。

由图 5-14(b)可看出，$Li_2Ti_{1+y}O_3$ 陶瓷 $Q\times f$ 值随 y 的增加先增加，当 $y=0.06$ 时 $Q\times f$ 达到最大值(39 000 GHz)，当 y 继续增大时 $Q\times f$ 逐渐降低。与 $Li_{2+x}TiO_3$ 陶瓷相比较，$Li_2Ti_{1+y}O_3$ 陶瓷的介电性能提升较小。这主要是因为 $Li_2Ti_{1+y}O_3$ 陶瓷的烧结温度较高，虽然非化学计量比弥补了一部分由 Li 挥发和高温相变引起的气孔和裂缝，但与 Li 过量的陶瓷相比，仍有一些气孔，且高温烧结导致的晶粒异常长大也抑制了介电性能的进一步改善。陶

瓷 ε_r 值随着 y 的增加先增大，之后出现略微下降，但与 $Li_{2+x}TiO_3$ 陶瓷比较，变化较小。出现这一现象的原因可能是因为 Ti^{4+} 的半径较小，引起的晶格畸变也较小，因此对介电常数的影响比 Li 过量的陶瓷小。

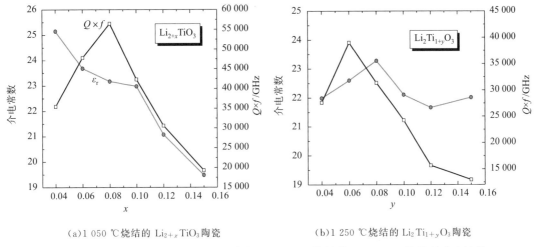

(a) 1 050 ℃ 烧结的 $Li_{2+x}TiO_3$ 陶瓷　　(b) 1 250 ℃ 烧结的 $Li_2Ti_{1+y}O_3$ 陶瓷

图 5-14　1 050 ℃ 烧结的 $Li_{2+x}TiO_3$ 陶瓷和 1 250 ℃ 烧结的 $Li_2Ti_{1+y}O_3$ 陶瓷的介电性能

通过溶胶-凝胶法制备得到了粒径小于 20 nm 且粒度分布均一的 Li_2TiO_3 纳米粉体。与固相法制备得到的粉体相比，高活性的纳米粉体有助于陶瓷的烧结，减少烧结过程中由 Li 挥发和高温相变导致的气孔及裂缝。Li_2TiO_3 纳米粉体可在 1 250 ℃ 下烧结得到相对密度为 93% 的陶瓷，微波介电性能得到改善。

适量的非化学计量比所导致的晶格缺陷在烧结过程中促进了颗粒间的固相传质，有利于烧结。少量 Li 过量或 Ti 过量成功地使 Li_2TiO_3 陶瓷烧结温度降低至 1 050 ℃；当 Li 过量，为 0.08 时，在 1 050 ℃ 烧结 3 h 后得到的 Li_2TiO_3 陶瓷致密度可达到 96%，与固相法相比，微波介电性能得到明显提高：$\varepsilon_r = 23.2$，$Q \times f = 56\ 400$ GHz，$\tau_f = 38.4$ mg·kg^{-1}·℃$^{-1}$。

5.2　溶胶-凝胶法制备稀土掺杂 $BaTiO_3$ 介电陶瓷及其性能

$BaTiO_3$ 陶瓷作为 MLCC 器件介质层的关键材料，具有较高的介电常数 ε_r，但其介电常数在居里点温度附近有较大的突变，因此改善其介电温度稳定性是研究的重点。而微型化、高集成化和高可靠性电子陶瓷器件的发展，对陶瓷粉体原料的微细性和品质提出了更高的要求。稀土离子掺杂是提高 $BaTiO_3$ 基 MLCC 使用性能的有效手段，而采用传统的固相法所制备的粉体粒度较大、掺杂剂分布不均匀，且烧结成陶瓷所需温度较高，一方面使 MLCC 器件的介质层不易与电极层共烧，另一方面容易引起陶瓷晶粒的异常长大，降低 MLCC 器件使用的可靠性。此外，很难制备高浓度稀土掺杂 $BaTiO_3$ 介电陶瓷，这限制了其性能的探讨。

溶胶-凝胶法可在低温下合成粒度较小、掺杂剂分布均匀、物相纯净、烧结活性高的纳米陶瓷粉体,能够满足电子器件小型化、集成化、高可靠性的要求。

关于稀土离子掺杂改性 $BaTiO_3$ 基介电陶瓷的研究,国内外已有较多报道,在介电损耗抑制、电容温度稳定性等方面取得了显著成果[20-30]。然而,对于 Sc^{3+} 掺杂 $BaTiO_3$ 粉体和陶瓷的制备及其性能的研究较少。采用固相法制备掺杂 Sc^{3+} 的 $BaTiO_3$ 介电陶瓷,存在烧结温度较高、不易得到纯净物相的缺陷,难以获得高 Sc 掺杂浓度的 $BaTiO_3$ 介电陶瓷。本节采用溶胶-凝胶法制备了稀土离子 Sc^{3+} 单独掺杂以及 Sc^{3+} 和 Dy^{3+} 复合($DyScO_3$)掺杂改性的 $BaTiO_3$ 纳米粉体,并利用该粉体在低温下烧结成陶瓷,重点研究了溶胶-凝胶法引入稀土离子 Sc^{3+} 和 Dy^{3+} 对 $BaTiO_3$ 的物相、微结构和介电性能的影响[31-32]。

5.2.1　Sc^{3+} 掺杂的 $BaTiO_3$ 纳米粉体和陶瓷的制备与性能

1. 溶胶-凝胶法制备 $BaTi_{1-x}Sc_xO_{3-\delta}$ 陶瓷工艺过程

将 TBT 溶于无水乙醇中,用磁力搅拌器搅拌 1 h。将乙酸钡[$Ba(OAc)_2$]和乙酸钪[$Sc(OAc)_3$]溶入乙酸和去离子水的混合溶液中,加热至 80 ℃,充分搅拌直至溶解,其中 $Sc(OAc)_3$ 的加入量为 $Ba(OAc)_2$ 加入量的 $0\sim17\%$(摩尔分数)。将 $Ba(OAc)_2$ 和 $Ba(OAc)_3$ 的乙酸溶液缓慢滴入 TBT 的无水乙醇溶液中,并用磁力搅拌器搅拌 1 h。取质量分数为 2% 的 PEG 400 加入混合溶液中,逐渐形成溶胶,将溶胶陈化直至其充分转化成凝胶。凝胶在 80 ℃下烘干 12 h,对得到的干凝胶研磨,并在 600~900 ℃下预烧 2 h。预烧所得纳米粉体加入质量分数为 6% 的聚乙烯醇(PVA)进行造粒,在 100 MPa 的压力下将粉体压制成直径为 10 mm,厚度为 1.5 mm 的陶瓷坯体。将陶瓷坯体以 1 ℃/min 的速度升温至 600 ℃,保温 1 h 排胶,然后升温至 1 000~1 400 ℃烧结 4 h,随炉冷却。

2. Sc^{3+} 掺杂的 $BaTiO_3$ 纳米粉体制备的条件研究

(1)干凝胶 TG-DTA 热分析及热处理条件优化

图 5-15 为 Sc^{3+} 掺杂量为 3%(摩尔分数)的 $BaTiO_3$ 干凝胶的 TG-DTA 曲线。TG 曲线中可观察到 $BaTiO_3$ 干凝胶随着温度的升高,共经历了 3 个阶段:①当温度低于 260 ℃时,干凝胶经历了凝胶中包裹的吸收水和易挥发有机物的蒸发过程,如乙酸和乙醇,这一阶段是 TG 曲线上的第一个失重阶段,失重约 25%,所对应的 DTA 曲线上在 98 ℃左右出现的吸热峰;②260~630 ℃的范围为 TG 曲线上的第二个失重阶段,失重约 50%,对应的 DTA 曲线上先在 350 ℃处出现一个吸热峰,然后在 400 ℃附近出现放热峰,这是因为这一阶段发生了凝胶阶段所形成的有机基团和粒子的燃烧过程,燃烧反应还可以使粒子表面吸附的有机物燃烧,使凝胶网络结构迅速消除,产生放热峰,随温度继续升高,$BaCO_3$ 和 TiO_2 晶相开始形成;③当温度继续升高至 630 ℃以上时,在 DTA 曲线上 760 ℃附近出现放热峰,说明 $BaTiO_3$ 的主晶相生成,TG 曲线经历了第 3 个失重阶段,失重约 25%。当温度高于 760 ℃时,TG 曲线上几乎不再产生重量损失,说明此时 $BaTiO_3$ 的主晶相已形成完全。

图 5-16 为 Sc^{3+} 掺杂量为 3%(摩尔分数)的 $BaTiO_3$ 干凝胶 600~900 ℃热处理 2 h 所得粉体的 XRD 谱。从图中可看出,当温度为 600 ℃时,粉体中开始有晶相物质形成,但此时 $BaTiO_3$ 主晶相的衍射峰较弱,伴有大量的 $BaCO_3$ 相;700 ℃时,$BaTiO_3$ 主晶相开始大量生成,衍射峰强度有所增强,并伴随有少量未分解完全的 $BaCO_3$ 相;从 800 ℃开始,衍射峰逐渐尖锐,形成赝立方钙钛矿结构 $BaTiO_3$。根据热分析和 XRD 的结果,预烧温度应 ≥800 ℃。

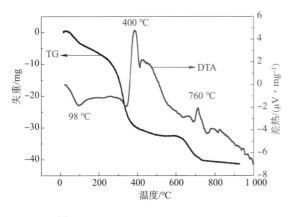

图 5-15　$BaTi_{1-x}Sc_xO_{3-\delta}$($x=0.03$) 干凝胶的 TG/DTA 曲线

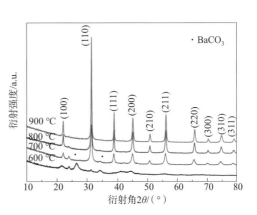

图 5-16　$BaTi_{1-x}Sc_xO_{3-\delta}$($x=0.03$) 干凝胶热处理 2 h 所得粉体的 XRD

图 5-17 为 Sc^{3+} 掺杂量为 3%(摩尔分数)的 $BaTiO_3$ 干凝胶 600~900 ℃热处理 2 h 所得粉体经不同烧结温度烧结所得陶瓷的体积密度。从图中可以看出,预烧温度为 600 ℃ 和 700 ℃的试样烧结性能较差。当温度高于 800 ℃时,烧结性能较好。这是因为当温度低于 700 ℃时,凝胶网络断裂形成的粉体颗粒主要为非晶态或未成相完全的晶态,这使得烧结过程中发生向完全晶态的转变,并伴随体积的收缩,使得陶瓷晶粒间生成气孔。而当温度为 900 ℃时,试样体积密度较 800 ℃时反而减小。这是因为经 800 ℃预烧所得到的粉体具有适宜的烧结活性,而当预烧温度继续升高时,粉体的烧结活性有所降低,不利于陶瓷烧结,从而影响陶瓷的致密性。此外,不同预烧温度下陶瓷的密度均随烧结温度的升高而增大。因此,综合热分析和烧结性能,800 ℃为干凝胶的最佳预烧温度。

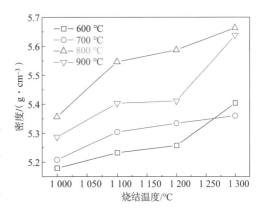

图 5-17　不同预烧温度和烧结温度的 $BaTi_{0.97}Sc_{0.03}O_{3-\delta}$ 陶瓷的密度

（2）分散剂对 Sc^{3+} 掺杂的 $BaTiO_3$ 纳米粉体制备的影响

图 5-18(a)为添加 2％（质量分数）PEG 400 的 $BaTi_{0.97}Sc_{0.03}O_{3-\delta}$ 干凝胶 800 ℃预烧 2 h 所得粉体的 TEM 照片。从图中看出粉体平均颗粒尺寸约为 20～30 nm，颗粒分散均匀，无明显的团聚。而图 5-18(b)和(c)分别为未添加 PEG 400 和添加 6％（质量分数）PEG 400 所得粉体的 TEM 照片。可以看出，未添加和过量添加分散剂的粉体团聚严重，且粉体尺寸较大，大于 100 nm。当溶液中的金属醇盐和钡盐开始水解-缩聚时，伴随着形核过程的发生。此时加入分散剂 PEG 400，由于其具有较长的线形烃基长链，所以当将其加入前驱体溶液中时，有机分子链开始在溶液中伸展开来，并附着在核单体上。然而 PEG 400 的添加量应适当，添加过量或不足会影响纳米颗粒的粒度及分布情况。当添加有机分散剂过多时，分子链不能在溶液中完全伸展，链与链之间发生缠绕，降低了抑制颗粒间团聚的效果，且生成的纳米颗粒形状不规则。当分散剂的添加量不足时，分子链不能完全覆盖核单体的表面，使粒子发生取向生长，同样无法得到分散性较好、粒度均一的粉体。

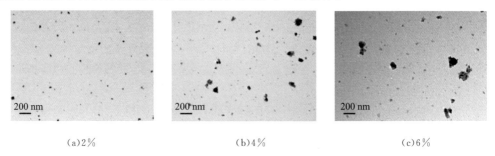

(a)2％   (b)4％   (c)6％

图 5-18   不同 PEG 400 添加量（质量分数）所得 $BaTi_{0.97}Sc_{0.03}O_{3-\delta}$ 干凝胶预煅烧粉体的 TEM 照片

（3）Sc^{3+} 掺杂的 $BaTiO_3$ 纳米粉体的结构表征

图 5-19(a)为不同 Sc^{3+} 掺杂量的 $BaTiO_3$ 干凝胶 800 ℃热处理 2 h 所得粉体的 XRD 谱，图 5-19(b)为处于 $2\theta=31.0°～32.0°$ 之间的(110)峰的局部放大图。可以看出，所有成分的

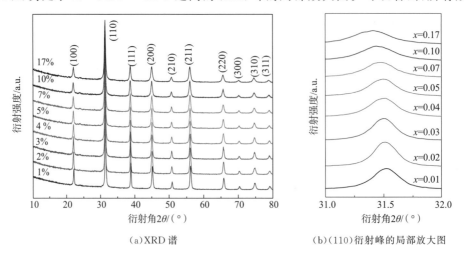

(a)XRD 谱   (b)(110)衍射峰的局部放大图

图 5-19   800 ℃热处理 2 h 后 $BaTi_{1-x}Sc_xO_3$ 干凝胶粉体

$BaTiO_3$ 粉体均为赝立方相,随 Sc^{3+} 掺杂量的增大,XRD 的峰位逐渐向低角度移动。峰位的移动与晶格的扩大和畸变有关,因为 Sc^{3+} 的半径比 Ti^{4+} 大,所以当 Sc^{3+} 进入 $BaTiO_3$ 陶瓷的晶格中时,会使晶格扩张,从而导致 XRD 衍射峰向低角度方向移动。XRD 的结果间接说表明 Sc^{3+} 掺杂取代了 $BaTiO_3$ 陶瓷的 Ti 位。

为进行对比,采用固相法来制备 Sc^{3+} 掺杂的 $BaTiO_3$ 单相粉体及陶瓷,当合成温度较高时,Sc^{3+} 仍难以进入 $BaTiO_3$ 的晶格而取代 Ti^{4+};直到温度升高至 1 450 ℃时,才得到 Sc^{3+} 掺杂量较低的 $BaTiO_3$ 固溶体。图 5-20(a)为采用固相法所制得的 Sc_2O_3 掺杂量为 $1\%\sim3\%$(质量分数)的 $BaTiO_3$ 陶瓷 XRD 结果,图 5-20(b)为处于 $2\theta=26.0°\sim26.5°$ 之间的衍射峰的局部放大图。研究表明:$BaTiO_3$ 为四方相和六方相的混合相。随 Sc_2O_3 掺杂量的增大,衍射峰位同样向低角度方向移动。而当掺杂量继续增大时,仍然无法获得单相的 Sc^{3+} 掺杂的 $BaTiO_3$ 陶瓷,且不再产生峰位移动现象。

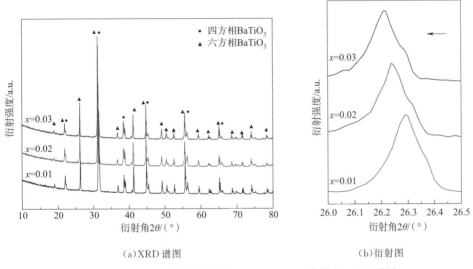

(a)XRD 谱图　　　　　　　　　　(b)衍射图

图 5-20　1 450 ℃烧结所得的 $BaTi_{1-x}Sc_xO_{3-\delta}$ 陶瓷的 XRD 谱图

和 $2\theta=26°$ 附近的衍射图

3. Sc^{3+} 掺杂的 $BaTiO_3$ 陶瓷的结构与介电性能

图 5-21 所示为 $BaTi_{1-x}Sc_xO_{3-\delta}$ 固溶体的相分布图。经 1 000~1 400 ℃烧结后,由于掺杂量和温度的不同,Sc^{3+} 掺杂的 $BaTiO_3$ 陶瓷试样呈现多态性:四方相、赝立方相、六方相或者两种相共存。通过 XRD 结果建立了相分布图。从图 5-21 来看,Sc^{3+} 掺杂的 $BaTiO_3$ 陶瓷的相分布情况与 Mn^{3+}、Fe^{3+}、Ti^{3+} 掺杂的结果类似,主要特征如下:①在分布图中形成了范围较大的赝立方相区域,其边界随着 Sc^{3+} 掺杂量的增大和温度的降低而扩展。当 Sc^{3+} 掺杂量较小($x\leqslant0.01$)且烧结温度高于 1 200 ℃时,试样呈现四方相;当掺杂量 x 增大到 0.02时,产生由四方相向赝立方相的转变,这与 Sc^{3+} 掺杂所引起的晶格畸变有关,Sc^{3+} 掺杂使得

BaTiO$_3$陶瓷的晶胞参数沿 c 轴减小,沿 a 轴增大,这种畸变使 BaTiO$_3$ 陶瓷偏离了四方相。②从相分布图中可以观察到赝立方和六方共存的两相区。Sc^{3+} 掺杂对高温时立方相向六方相的转变有很大影响,当掺杂量 x 增大到 0.04 时,六方相在 1 300 ℃ 开始形成,并且在 1 350 ℃ 稳定存在,比通常的立方-六方相变温度低 110 ℃ 左右。③BaTiO$_3$ 陶瓷的固溶度与温度有很大关系。当温度为 1 300 ℃ 时,赝立方 BaTiO$_3$ 固溶体的固溶度为 $0.02 \leqslant x \leqslant 0.03$;当温度为 1 250 ℃ 时,赝立方 BaTiO$_3$ 固溶体的固溶度为 $x \leqslant 0.17$。

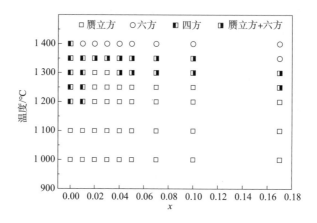

图 5-21　BaTi$_{1-x}$Sc$_x$O$_{3-\delta}$ 固溶体的相分布图

图 5-22 所示为 BaTiO$_3$ 陶瓷固溶体的赝立方晶胞参数和晶胞体积。可以看出,当 Sc^{3+} 掺杂量 x 增加到 0.02 时,发生由四方相向赝立方相的转变;当 $x \geqslant 0.02$,晶胞参数随着 x 的增加而线性增大,晶胞体积也随之增大,这与 Sc^{3+} 的半径大于 Ti^{4+} 的半径相吻合。

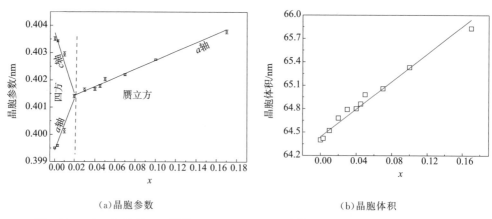

(a)晶胞参数　　　　　　　　　　　(b)晶胞体积

图 5-22　1 200 ℃烧结 6 h 所得 BaTi$_{1-x}$Sc$_x$O$_{3-\delta}$固溶体的赝立方晶胞参数和晶胞体积

图 5-23 所示为不同 Sc^{3+} 掺杂量的 BaTiO$_3$ 陶瓷的微观形貌结构。Sc^{3+} 掺杂量为 3%、5% 和 10%(摩尔分数)时,BaTiO$_3$ 陶瓷的晶粒尺寸分别为 1.2 μm,900 nm 和 300 nm。由此可知,陶瓷的晶粒尺寸随 Sc^{3+} 掺杂量的增加而减小,当掺杂量 x 继续增大到 17% 时,晶粒尺

寸不再减小。Sc^{3+} 可以抑制 $BaTiO_3$ 陶瓷晶粒尺寸的生长,是因为 Sc^{3+} 进入 $BaTiO_3$ 晶格取代 Ti 位后,可以产生大量的氧空位,氧空位的产生能够导致晶格内部的缺陷和畸变,它能够通过阻止晶粒间的联系而抑制晶粒的长大。

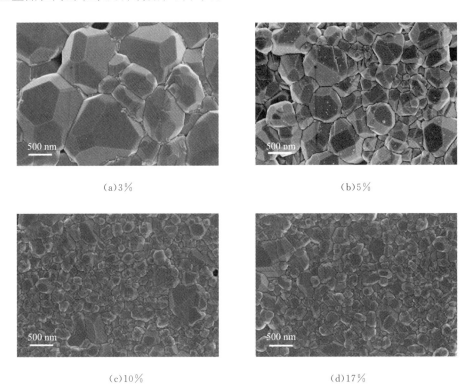

(a)3%　　　　　　　　　　　　　　(b)5%

(c)10%　　　　　　　　　　　　　(d)17%

图 5-23　经 1 200 ℃烧结 6 h 所得掺杂 Sc^{3+} 的 $BaTiO_3$ 陶瓷的 SEM 照片

经 1 200 ℃烧结 6 h 所得 $BaTi_{1-x}Sc_xO_{3-\delta}$ ($x=0\sim0.1$)陶瓷的介电温度曲线如图 5-24 所示。未掺杂 Sc^{3+} 的纯 $BaTiO_3$ 陶瓷的相变温度如下:120 ℃时,发生立方相向四方相的转变;27 ℃时发生四方相向正交相的转变;−40 ℃时,发生正交相向三方相的转变。随着 $BaTi_{1-x}Sc_xO_{3-\delta}$ 陶瓷中 Sc^{3+} 含量的增加,居里温度逐渐降低;Sc^{3+} 掺杂量为 0%、3% 和 5%(摩尔分数)时,居里温度 t_c(或者介电常数峰值对应的温度 t_m)分别约为 120 ℃、80 ℃和 70 ℃。居里温度的降低是由缺陷引起的晶粒尺寸的降低造成的。当 $BaTiO_3$ 陶瓷由立方顺电相向四方铁电相转变时,晶粒尺寸沿 c 轴增加,沿 a 轴减小,这会引起 c 轴方向的压应力和 a 轴方向的拉应力,应力会阻止相变的发生,使立方相稳定。当晶粒尺寸较大时,由于晶粒畸变引起的应力会被 90°电畴(尺寸约为 0.4 μm)的畴壁抵消,$BaTiO_3$ 陶瓷会由立方顺电相转变为四方铁电相,而当晶粒尺寸减小到一定程度时,90°电畴不再形成,晶粒畸变产生的应力无法抵消,这将导致顺电相向四方相转变困难,居里温度向室温移动,居里峰发生弥散而宽化。从另一个角度看,晶粒尺寸的减小使得晶界成分所占比例增加,其中 $BaTiO_3$ 晶粒具有铁电性,而晶界主要由非铁电相的物质构成,非铁电相的增加使得相变温度较小的微区数目增加,因此在宏观上导致居里温度的下降。同时,非铁电相的增加会使微区成分的不均匀性增加,造成不同极性微区相变温度的一致性降低,从而引起居里峰的宽化。

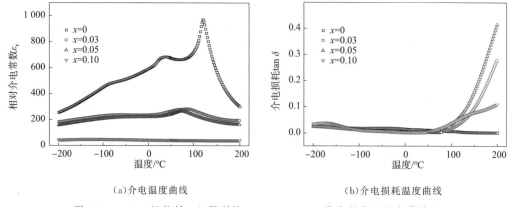

(a)介电温度曲线　　　　　　　　　　　(b)介电损耗温度曲线

图 5-24　1 200 ℃烧结 6 h 得到的 $BaTi_{1-x}Sc_xO_{3-\delta}$ 陶瓷的介电温度曲线和
介电损耗温度曲线(测试频率为 100 kHz)

$BaTiO_3$ 陶瓷介电常数峰值随 Sc^{3+} 掺杂量的增大而降低,这同样与晶粒尺寸减小有关。在 $BaTiO_3$ 陶瓷中,晶界属于非铁电相,其介电常数值比晶粒低很多。当晶粒尺寸降低时,晶界比例增大,使得 $BaTiO_3$ 陶瓷总体的介电常数值降低。当 Sc^{3+} 掺杂量增大到 10%(摩尔分数)时,介电常数值较小,且无明显的居里转变点,铁电性逐渐消失。从图 5-24(b)中可以看出,介电损耗值也随 Sc^{3+} 掺杂量的增加而增大。这与氧空位 $V_O^{\cdot\cdot}$ 的产生有关,$V_O^{\cdot\cdot}$ 的浓度随着掺杂量的增加而增加,它与 Sc'_{Ti} 形成 Sc'_{Ti}-$V_O^{\cdot\cdot}$ 缺陷偶极子,在交变电场下缺陷偶极子会被极化,导致陶瓷的电导率增大。当温度升高时,电导率成为影响介电损耗的主要因素。当 Sc^{3+} 浓度增大到 10%(摩尔分数)时,能够在室温下观察到与频率变化相关的弛豫行为,如图 5-25 所示,事实上,当温度较高时,介电常数不随频率的变化而变化;而当温度降低到室温时,介电常数随着频率的增大而降低,介电峰向高温方向移动,这是典型的弛豫行为。

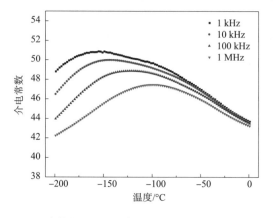

图 5-25　Sc^{3+} 掺杂量为 10% 时 $BaTiO_3$ 陶瓷的介电温度曲线

Sc^{3+} 掺杂的 BaTiO$_3$ 陶瓷的阻抗谱如图 5-26 所示,掺杂量 x 分别为 0.03 和 0.10 时,分别出现了两种类型的阻抗谱响应曲线。当 BaTiO$_3$ 陶瓷中的 Sc^{3+} 为 3%(摩尔分数)时,阻抗复平面图为半圆曲线,这与未掺杂的 BaTiO$_3$ 陶瓷的结果相同。如果将该数据通过复数模量 M^* 来表达,会看到两个分立的峰,这两个峰分别对应晶粒电阻和晶界电阻两种不同组分的响应,而未掺杂 BaTiO$_3$ 的陶瓷则只会显示一个峰。由于 z''_{max} 表示某一组分阻值的一半 ($R/2$),因此通过阻抗复平面图,可以得出阻值最大的组分;而 M''_{max} 表示某一组分电容值的 $e_0/2C$,因而在复数模量图中,可以找出具有最小电容值的组分。样品的电路可以通过两个并列的 RC 元件来模拟,对于 Sc^{3+} 掺杂量为 3%(摩尔分数)的 BaTiO$_3$ 陶瓷而言,低频端的元件具有较大的电阻,控制着整个阻抗谱的响应,而高频端的元件可以在 M'' 谱中观察到,但是很难在 Z'' 谱中看到,这与 BaTiO$_3$ 陶瓷内部形成了半导化的晶核和绝缘的晶界或界面,造成陶瓷在电学响应上的非均匀性有关;在 M'' 谱中,高频端的峰是由半导化晶核产生的;低频端

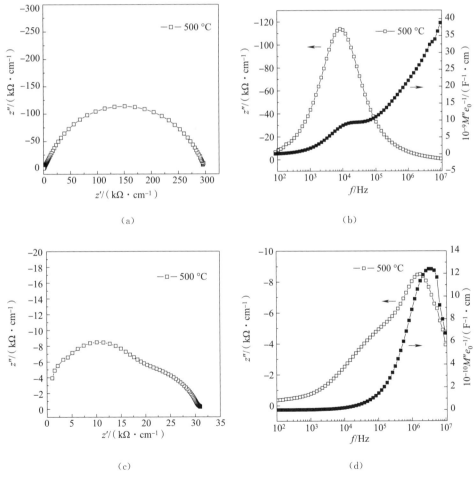

(a)

(b)

(c)

(d)

图 5-26　Sc^{3+} 掺杂量分别为 3% 和 10%(摩尔分数)的 BaTiO$_3$ 陶瓷的
复阻抗图(a、c)及阻抗-模量频谱曲线(b、d)

的峰是由晶界或界面电阻产生。因此,Sc^{3+}掺杂量 3%(摩尔分数)的 BaTiO$_3$ 陶瓷的电阻主要由晶界电阻决定。Sc^{3+} 掺杂量 10%(摩尔分数)的 BaTiO$_3$ 陶瓷所得到的复平面谱图与复数模量图的结果与 3%(摩尔分数)时不同,其 z'' 谱不是呈现一个半圆,而是出现两个明显的分立峰,且高频端的峰较低频端的峰高。低频端的峰对应晶界电阻,高频端的峰对应晶粒电阻,因此当 Sc^{3+} 掺杂量为 10%(摩尔分数)时,BaTiO$_3$ 陶瓷的电阻主要由晶粒电阻决定。综上所述,当 Sc^{3+} 掺杂量较小时,BaTiO$_3$ 陶瓷的电阻由晶界电阻决定;当 Sc^{3+} 掺杂量较大时,BaTiO$_3$ 陶瓷的电阻由晶粒电阻决定。

5.2.2　DyScO$_3$ 复合掺杂的 BaTiO$_3$ 纳米粉体和陶瓷的制备与性能

1. DyScO$_3$ 复合掺杂的 BaTiO$_3$ 纳米粉体和陶瓷的制备工艺过程

将 TBT 溶入无水乙醇中,用磁力搅拌器搅拌 1 h。配制 7 mL 乙酸和 3 mL 去离子水的混合溶液,分别将摩尔比为 1∶1 的 Sc(OAc)$_3$、乙酸镝[Dy(OAc)$_3$]混合溶液以及 Ba(OAc)$_2$ 溶入其中,加热至 80 ℃,充分搅拌直至溶解,其中 Sc(OAc)$_3$ 和 Dy(OAc)$_3$ 的加入量为 Ba(OAc)$_2$ 加入量的 0～6%(摩尔分数)。将 Sc(OAc)$_3$、Dy(OAc)$_3$ 和 Ba(OAc)$_2$ 的乙酸溶液缓慢滴入 TBT 的无水乙醇溶液中,并用磁力搅拌器搅拌 1 h。取 2%(质量分数)的 PEG 400 加入混合溶液中,逐渐形成溶胶。将溶胶陈化直至其充分转化成凝胶。凝胶在 80 ℃ 下烘干 12 h,对得到的干凝胶进行研磨,并在 600～800 ℃ 下预烧 2 h。预烧得到的纳米粉体加 6%(质量分数)的 PVA 进行造粒,在 100 MPa 的压力下将粉体压制成直径为 10 mm、厚度 1.5 mm 的陶瓷坯体。陶瓷坯体以 1 ℃/min 的速度升温至 600 ℃,保温 1 h 排胶,然后升温至 1 150 ℃ 烧结 4 h,随炉冷却。

2. DyScO$_3$ 复合掺杂的 BaTiO$_3$ 纳米粉体相组成及形貌

图 5-27 为 Dy^{3+} 和 Sc^{3+}([Dy^{3+}]∶[Sc^{3+}]=1∶1,记为 DyScO$_3$)的掺杂量为 3%(摩尔分数)的 BaTiO$_3$ 干凝胶的 TG-DTA 曲线。从 TG 曲线中可以明显地看出 BaTiO$_3$ 干凝胶的 3 个阶段:温度低于 260 ℃ 时,干凝胶经历了吸收水和易挥发有机物,如乙酸和乙醇的蒸发过程,这一阶段为 TG 曲线的第一个阶段,产生了重量损失,所对应的 DTA 曲线上 107 ℃ 附近出现吸热峰;在 260～630 ℃ 的范围内,发生了凝胶阶段所形成的有机基团和粒子的燃烧,对应的 DTA 曲线上 393 ℃ 处出现放热峰,BaCO$_3$ 和 TiO$_2$ 形成于这一阶段;当温度继续升高至 630 ℃ 以上时,在 DTA 曲线上 700 ℃ 附近出现放热峰,这是由于所形成的 BaCO$_3$ 和 TiO$_2$ 相互反应,

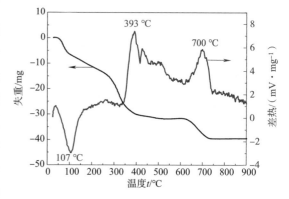

图 5-27　0.97BaTiO$_3$-0.03DyScO$_3$ 干凝胶的 DTA/TG 曲线

BaTiO₃的主晶相开始形成。此外,当温度高于 720 ℃时,TG 曲线上几乎不再产生重量损失,说明此时 BaTiO₃ 的主晶相已形成完全。

图 5-28(a)为 DyScO₃复合掺杂的 BaTiO₃ 干凝胶经 600～800 ℃热处理 2 h 所得到的粉体的 XRD 结果。可以看出,热处理温度为 600 ℃时,BaTiO₃ 的主晶相已经形成,但此时的 BaTiO₃中含有一定量的 BaCO₃ 杂相。随温度的升高,BaTiO₃ 的主晶相的衍射峰变得更尖锐,BaCO₃相的含量也逐渐减少,这与干凝胶的 DTA 曲线上 700 ℃附近出现的放热峰相对应。当热处理温度升高至 750～800 ℃时,获得物相几乎纯净的 BaTiO₃。热处理温度的选取应适当,若热处理温度过低,则生成的产物物相不纯;而热处理温度过高,则纳米颗粒间易发生团聚,不利于制备粒度较小、尺寸分布较窄的陶瓷粉体。因此,根据 XRD 结果,选用 750 ℃作为 DyScO₃掺杂的 BaTiO₃ 干凝胶的热处理温度,制备复合掺杂 BaTiO₃陶瓷纳米粉体。图 5-28(b)为 DyScO₃掺杂量在 1%～6%(摩尔分数)的 BaTiO₃粉体的 XRD,所有的掺杂试样均为赝立方相。

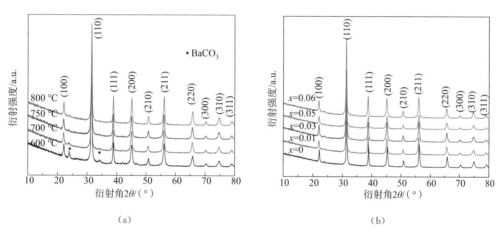

图 5-28　0.97BaTiO₃-0.03DyScO₃ 干凝胶不同温度热处理 2 h 所得到的纳米粉体的 XRD 和 750 ℃热处理 2 h 所得到的(1−x)BaTiO₃-xDyScO₃纳米粉体的 XRD

图 5-29(a)为 DyScO₃掺杂量为 3%(摩尔分数)的 BaTiO₃干凝胶 750 ℃热处理 2 h 所得粉体的 TEM 及其选区电子衍射(SAED)图像。从 TEM 图可看出,所得粉体分散性较好、粒度分布较窄、平均粒径为 20 nm 左右;SAED 花样中观察到连续衍射环,衍射环与立方相 BaTiO₃ 的 XRD 结果吻合,前五个衍射环分别对应其(100),(110),(111),(200)和(210)晶面,表明所制得的粉体为多晶态。高分辨透射电子显微(HRTEM)照片如图 5-29(b)所示。从图可看出,3%(摩尔分数)DyScO₃掺杂的 BaTiO₃粉体的结构为近似的立方相,条纹间距 d 约为 0.398 nm,这与立方 BaTiO₃的(100)晶面的面间距符合,该晶面排列的连续性表明了 BaTiO₃多晶粉体在结构上的一致性。

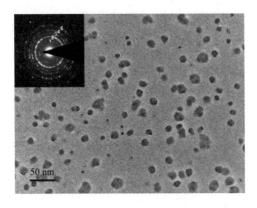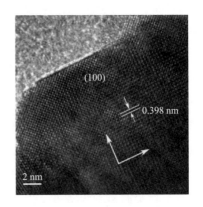

(a)TEM 图(插图为 SAED 花样)　　　　(b)HR TEM 图

图 5-29　750 ℃热处理 2 h 所得 0.97BaTiO₃-0.03DyScO₃ 粉体的
TEM 图(插图为 SAED 花样)和 HR TEM 图

3. DyScO₃复合掺杂的 BaTiO₃陶瓷结构与介电性能

图 5-30(a)为$(1-x)$BaTiO₃-xDyScO₃$(x=0,0.01,0.03,0.05,0.06)$纳米粉体 1 150 ℃烧结 6 h 所得陶瓷的 XRD,图 5-30(b)为 44.5°~45.75°区间 XRD 谱图。从图中可以看出,当 $x \leqslant 0.03$ 时,在 45°处可以观察到一个分裂峰,表明此时的陶瓷试样为四方相,随掺杂量 x 的增加分裂缝逐渐重合,表明此时的 BaTiO₃由四方相转变为赝立方相。此外,从 XRD 结果上还可以观察到峰位的移动:当掺杂量 x 为 0.01 时,衍射峰向高角度方向移动;随着 x 的继续增加,衍射峰转而移向低角度方向。表 5-2 为拟合后的$(1-x)$BaTiO₃-xDyScO₃晶胞参数和晶胞体积。从表 5-2 可以看出,当掺杂量从 0 增加到 0.01 时,晶胞体积减小,当掺杂量继续增加到 0.03 时,晶胞体积增大。晶胞体积的变化是由于掺杂离子的尺寸效应所致。Sc³⁺

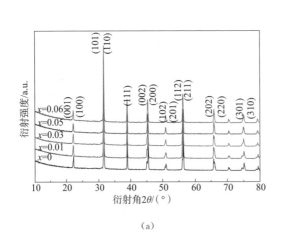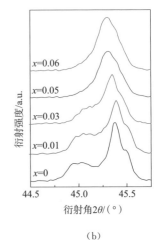

(a)　　　　　　　　　　(b)

图 5-30　$(1-x)$BaTiO₃-xDyScO₃陶瓷的 XRD 谱图(a)和
$2\theta=44.5°\sim45.74°$范围局部 XRD 谱图(b)

的离子半径为 0.074 5 nm,配位数为 6,它会取代 BaTiO$_3$ 晶体的 Ti 位,并产生氧空位。Sc^{3+} 掺杂将会导致晶胞体积的线性增加。而 Dy^{3+} 由于其特殊的离子半径,既可掺杂在 BaTiO$_3$ 的 Ba 位(此时 Dy^{3+} 离子半径为 0.122 5 nm),也可掺杂在 Ti 位(此时 Dy^{3+} 离子半径为 0.091 2 nm),根据 Kröger-Vink 符号表示法,相关的缺陷反应方程如下:

$$DyScO_3 \longleftrightarrow Sc'_{Ti} + Dy^{\bullet}_{Ba} + 3O^{\times}_O$$

$$DyScO_3 \longleftrightarrow Dy'_{Ti} + Sc'_{Ti} + V^{\bullet\bullet}_O + 3O^{\times}_O$$

对于 DyScO$_3$ 复合掺杂的 BaTiO$_3$ 陶瓷,当 Dy^{3+} 掺杂进入 BaTiO$_3$ 晶格中的 Ba 位时,会使晶胞体积减小,而 Dy$_2$O$_3$ 中多余的氧离子会填充由 Sc^{3+} 掺杂所产生的氧空位。然而,当 DyScO$_3$ 掺杂量增加时,多余的 BaO 会促使部分 Dy^{3+} 进入 Ti 位,由此产生 Dy^{3+} 施主和受主掺杂共存的现象,并使晶胞体积增大。

表 5-2 (1−x)BaTiO$_3$-xDyScO$_3$ 的晶胞参数和晶胞体积

x	晶胞参数/nm			晶胞体积/nm^3	相对密度/%
	a	b	c		
0	0.399 63(9)	0.399 63(9)	0.404 05(3)	0.064 53(9)	93.3
0.01	0.400 12(12)	0.400 12(12)	0.403 23(6)	0.064 46(8)	92.0
0.03	0.400 82(4)	0.400 82(4)	0.402 19(4)	0.064 61(5)	90.5
0.05	0.401 53(6)			0.064 74(7)	89.4
0.06	0.401 71(6)			0.064 82(7)	89.1

图 5-31 为(1−x)BaTiO$_3$-xDyScO$_3$ 陶瓷 1 150 ℃烧结 6 h 的 SEM。DyScO$_3$ 的掺杂量 x=0.01 时,陶瓷的晶粒尺寸大于 2 μm,随掺杂量的增大,晶粒尺寸逐渐减小,当掺杂量为 6%(摩尔分数)时,平均晶粒尺寸约为 200 nm,这种晶粒尺寸减小的现象是由于 DyScO$_3$ 掺杂所产生的缺陷造成的,特别是氧空位的生成,能够导致晶格畸变,阻止 BaTiO$_3$ 陶瓷晶界迁移和晶粒生长。此外,氧空位的生成有利于氧的固相扩散传质,对烧结温度的降低起到一定作用。

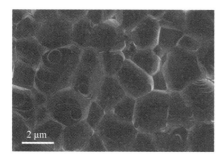
(a)x=0.01

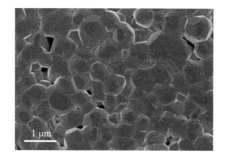
(b)x=0.03

图 5-31 (1−x)BaTiO$_3$-xDyScO$_3$ 陶瓷经 1 150 ℃烧结 6 h 的 SEM 照片

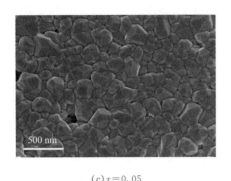 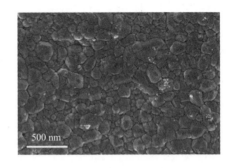

(c)$x=0.05$　　　　　　　　(d)$x=0.06$

图 5-31　$(1-x)$BaTiO$_3$-xDyScO$_3$陶瓷经 1 150 ℃烧结 6 h 的 SEM 照片(续)

　　$(1-x)$BaTiO$_3$-xDyScO$_3$陶瓷的介温曲线如图 5-32(a)所示。与纯 BaTiO$_3$相比,随掺杂量 x 的增加,其相变点附近的介电峰出现了弥散。纯 BaTiO$_3$典型的相变温度如下:120 ℃时,发生立方相向四方相的转变;27 ℃时发生四方相向正交相的转变;-40 ℃时,发生正交相向三方相的转变。随着$(1-x)$BaTiO$_3$-xDyScO$_3$陶瓷中 DyScO$_3$含量的增加,居里温度向低温方向移动;当 DyScO$_3$掺杂量为 1%、3%、5% 和 6%(摩尔分数)时,t_C 或 t_m 分别约为 102 ℃、80 ℃、44 ℃ 和 5 ℃,如图 5-32(b)所示。此外,上面所述的 3 个转变点逐渐融合,当掺杂量为 3%(摩尔分数),出现介电峰宽化,介电常数峰值也随掺杂量的增加而降低,当 x 分别为 0、0.01、0.03、0.05 和 0.06 时,ε_m 分别约为 9 125、7 991、5 951、4 214 和 2 828。

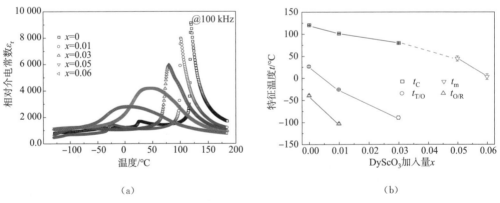

(a)　　　　　　　　　　　(b)

图 5-32　$(1-x)$BaTiO$_3$-xDyScO$_3$陶瓷的介温曲线(a)和相变温度 t_C,
t_m,$t_{T\text{-}O}$ 和 $t_{O\text{-}R}$ 与掺杂量 x 的关系(b)

　　居里温度降低是由掺杂引起的晶粒尺寸降低造成的。当 BaTiO$_3$陶瓷由立方顺电相向四方铁电相转变时,晶粒尺寸沿 c 轴增加,沿 a 轴减小,这会引起 c 轴方向的压应力和 a 轴方向的拉应力,这些应力会阻止相变发生,使立方相稳定。当晶粒尺寸较大时,由于晶粒畸变引起的应力会被 90°电畴(尺寸约 0.4 μm)的畴壁抵消,BaTiO$_3$陶瓷由立方顺电相转变为四方铁电相;而当晶粒尺寸减小到一定程度时,90°电畴不再形成,因此晶粒畸变产生的应力无法抵消,这将导致顺电相向四方相的转变困难,居里温度向室温移动,居里峰发生弥散而宽化。

图 5-33 为 $0.95BaTiO_3$-$0.05DyScO_3$ 和 $0.94BaTiO_3$-$0.06DyScO_3$ 介电陶瓷的电容温度系数。可以看出,这两种成分的陶瓷都符合电子工业协会(Electronic Industries Association,EIA)关于电容器的 Y5V($-82\% \leqslant \Delta C/C_{25\ ℃} \leqslant +22\%$,温度区间为 $-30 \sim 85\ ℃$)和 Z5U($-56\% \leqslant \Delta C/C_{25\ ℃} \leqslant +22\%$,温度区间为 $10 \sim 85\ ℃$)的标准。

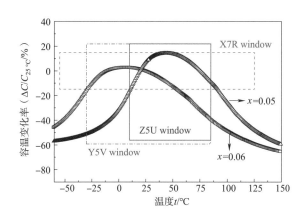

图 5-33　$0.95BaTiO_3$-$0.05DyScO_3$ 和 $0.94BaTiO_3$-$0.06DyScO_3$
介电陶瓷的电容温度系数

当 $DyScO_3$ 掺杂量 x 大于 0.05 时,可以观察到$(1-x)BaTiO_3$-$xDyScO_3$陶瓷典型的弛豫行为,随着测试频率的增加,介电常数的峰值逐渐降低,并移向高温方向,而介电损耗逐渐增大,如图 5-34 所示。通常用相变弥散因子 γ 区分普通铁电体和弛豫铁电体,$\gamma=1$ 时为普通铁电体,当 $\gamma=2$ 时为弛豫铁电体。图 5-35 为 $\ln(1/\varepsilon-1/\varepsilon_m)$ 与 $\ln(t-t_m)$ 的关系图,由曲线的斜率得到 γ 值。随 $DyScO_3$ 掺杂量 x 由 0.03 增大到 0.05 和 0.06,陶瓷的介电弛豫程度逐渐增大,γ 值分别为 1.6、2.2 和 2.1;x 为 0.05 和 0.06 时,γ 值接近 2,说明 $0.95BaTiO_3$-$0.05DyScO_3$ 和 $0.94BaTiO_3$-$0.06DyScO_3$ 陶瓷为弛豫铁电体。

采用溶胶-凝胶法制备了平均粒径 $20 \sim 30$ nm、尺度分布较窄、具有较高烧结活性的单相 Sc^{3+} 掺杂的 $BaTiO_3$ 纳米粉体。不同 Sc^{3+} 掺杂量的 $BaTiO_3$ 纳米粉体均为赝立方相,且峰位随 Sc^{3+} 掺杂量的增大向低角度移动,说明 Sc^{3+} 很好地掺入了 $BaTiO_3$ 晶格。所制得的纳米粉体具有较高的烧结活性,有效降低了 Sc^{3+} 掺杂的 $BaTiO_3$ 陶瓷的烧结温度。通过分析不同成分和烧结温度下陶瓷的物相,建立了 $BaTi_{1-x}Sc_xO_{3-\delta}$ 体系的固溶体相图,当烧结温度高于 $1\ 200\ ℃$ 时,随着掺杂量 x 增大到 0.02,发生由四方相向赝立方相的转变;此外,当 x 增大到 0.04 时,立方相向六方相的转变温度降低到 $1\ 300\ ℃$,并且六方相在 $1\ 350\ ℃$ 可稳定存在,与未掺杂 $BaTiO_3$ 陶瓷相比,降低了 110 ℃。$BaTi_{1-x}Sc_xO_{3-\delta}$ 体系固溶体的固溶度也与温度有很大关系。Sc^{3+} 还可以有效细化 $BaTiO_3$ 陶瓷的晶粒尺寸,引起 $BaTiO_3$ 陶瓷介电性能的变化。当 Sc^{3+} 的掺杂量不同时,$BaTiO_3$ 陶瓷的电阻由晶界或晶粒电阻两种机制决定,相应地出现两种类型的阻抗谱响应。$BaTiO_3$ 陶瓷的居里温度和介电常数随着 Sc^{3+} 的掺杂量的增大而降低;当掺杂量 x 增大到 0.10 时,居里转变点和铁电性消失,并在低温下出现典型的介电弛豫行为。

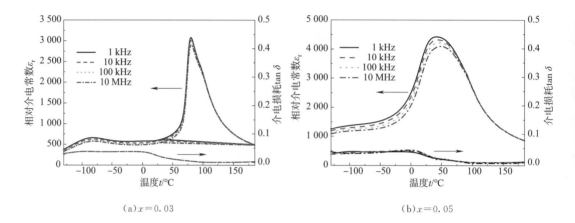

(a) $x=0.03$ (b) $x=0.05$

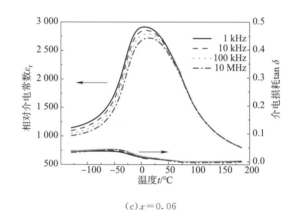

(c) $x=0.06$

图 5-34 $(1-x)BaTiO_3$-$xDyScO_3$ 陶瓷的介电温度曲线

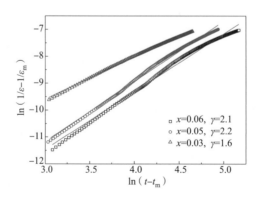

图 5-35 100 kHz 时 $(1-x)BaTiO_3$-$xDyScO_3$ 陶瓷的 $\ln(1/\varepsilon-1/\varepsilon_m)$ 与 $\ln(t-t_m)$ 关系图

通过溶胶-凝胶法合成了粒径均匀、平均粒径 20 nm 的 $DyScO_3$ 复合掺杂的 $(1-x)BaTiO_3$-$xDyScO_3$ 钙钛矿结构纳米粉体,由于纳米粉体较高的烧结活性和复合掺杂引起的缺陷的增加,坯体可以在 1 150 ℃的低温下烧结致密,不仅保证了 $(1-x)BaTiO_3$-$xDyScO_3$ 陶瓷能够与 70Ag-30Pd 等电极进行共烧,而且避免了晶粒的异常长大。掺杂引起的缺陷也使得晶粒的生长受到抑制,当 $x=0.06$ 时,$(1-x)BaTiO_3$-$xDyScO_3$ 陶瓷的晶粒尺寸仅为200 nm。晶粒尺寸的减小使得介电峰宽化,居里温度由 $x=0$ 时的 120 ℃减小到 $x=0.06$ 时的 5 ℃,同时室温介电常数逐渐增大。当掺杂量为 $x=0.05$ 或 0.06 时,这两种成分的陶瓷均满足 EIA 对电容器用 Y5V 和 Z5U 介质材料的要求,具有一定的实用价值。此外,当掺杂量 $x \geqslant 0.05$ 时,可以观察到典型的介电弛豫行为。

5.3　溶胶-凝胶法制备 CaTiO₃:Zn 纳米介质陶瓷及性能

为应对通信器件小型化、集成化的要求,高介电常数微波介质材料成为目前研究的一大热点[33-46]。$CaTiO_3$ 陶瓷是一种优异的高介电常数微波介质材料,其介电常数值达到约 170。但其超过 1 400 ℃的高烧结温度,以及较低的品质因数,使其应用受到一定的限制[47]。因此,降低 $CaTiO_3$ 陶瓷烧结温度,提高其 $Q \times f$ 值具有重要的意义。ZnO 作为陶瓷烧结助剂在很多方面得到应用[48-49],且锌钛化合物陶瓷本身也是一种很好的介质材料。本节采用溶胶-凝胶法制备了均匀分散的 $CaTiO_3$:Zn 纳米粉体,使用合成的纳米粉体制备得到陶瓷,研究了 ZnO 掺杂方式对于 $CaTiO_3$ 陶瓷烧结性能和微波介电性能的影响,获得低烧结温度和高 $Q \times f$ 值 ZnO 掺杂 $CaTiO_3$ 陶瓷[50]。

5.3.1　溶胶-凝胶法制备 CaTiO₃:Zn 纳米介质材料及陶瓷工艺

将前驱体钛酸四丁酯(TBT)加入无水乙醇中,搅拌 1 h。将 $CaNO_3$、$ZnNO_3$ 加入无水乙醇中,剧烈搅拌使其溶解。将该混合溶液缓慢滴加到 TBT 无水乙醇溶液中,加入适量分散剂 PEG。滴加适量硝酸,继续搅拌 1 h,形成溶胶,随后溶胶静置 20 h,使其充分转化成凝胶。凝胶在 80 ℃下烘干,经 300~800 ℃热处理得到 $(Ca_{1-x}Zn_x)TiO_3$、$Ca(Zn_yTi_{1-y})TiO_{3-\delta}$ 和 $CaTiO_{3+z}ZnO$ 粉体。

以无水乙醇为球磨介质,粉体球磨 2 h 后,烘干。添加质量分数为 5% 的 PVA 溶液作为黏结剂,在 80 MPa 压力下压制直径 10 mm,厚度约 5 mm 的陶瓷坯体。坯体以 2 ℃/min 的速度缓慢升温至 500 ℃,保温 1 h 排胶。排胶后的坯体在空气气氛下,以 250 ℃/h 速度升温至 1 100~1 300 ℃,保温 2 h。

5.3.2 溶胶-凝胶法制备$(Ca_{1-x}Zn_x)TiO_3$纳米陶瓷及结构与性能

1. 制备条件对溶胶-凝胶过程及粉体影响

控制 pH 为 4 左右,不添加分散剂,研究 TBT 浓度对于溶胶-凝胶过程的影响。图 5-36 是不同 TBT 浓度时的凝胶化时间图。当 TBT 浓度为 0.25 mol/L 时,溶胶的凝胶化时间为 360 h;TBT 浓度上升,凝胶化时间下降。当 TBT 浓度为 0.75 mol/L 时,凝胶化时间已减至 72 h;继续增加 TBT 浓度,凝胶化时间继续减少。当 TBT 浓度比较小时,其水解产物之间相距较远,难以接触,因而聚合成胶的难度较大;随着 TBT 浓度的增加,溶剂变少,水解产物之间更容易互相接触而聚合,所以凝胶化时间随之变短。但当 TBT 浓度为 2.0 mol/L 时,凝胶由原来的半透明状变成完全不透明的乳白色。这是因为 TBT 浓度过大,导致凝胶化速度过快,溶胶中的 TBT 水解聚合速度不一,成分不均。所以,获得理想凝胶化时间的 TBT 浓度为 0.75~1.5 mol/L。

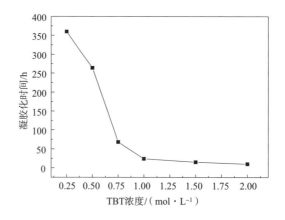

图 5-36 TBT 浓度对于$(Ca_{1-x}Zn_x)TiO_3$溶胶的凝胶化时间的影响

表 5-3 是在 TBT 浓度为 1 mol/L、不添加分散剂情况下凝胶化时间与硝酸加入量的关系。在酸性条件下,溶胶中的水解产物表面所带的电荷会随着酸性强弱而不同。酸性越强,水解产物表面的正电荷就越多,产物之间的排斥力就越大,这样会阻止粒子之间相互吸引团聚。由表 5-3 可见,不加硝酸时,TBT 水解和缩聚反应很快,在加入 $Zn(NO_3)_2$ 和 $Ca(NO_3)_2$ 混合液后,几乎立刻形成了不透明乳白色凝胶。而加酸过多,则会导致凝胶化时间太长,当 H^+/Ti^{4+} 摩尔比接近 0.5 时,凝胶化时间超过 100 h,不利于后续实验的进行。H^+/Ti^{4+} 摩尔比为 0.10 时为最佳酸性反应环境。

表 5-3 H^+/Ti^{4+} 比与凝胶化时间的关系

H^+/Ti^{4+} 比	0	0.058	0.101	0.174	0.464
凝胶化时间/h	0.05	0.3	18	35	>100

　　取 TBT 浓度 1 mol/L、H^+/Ti^{4+} 摩尔比 0.1,研究添加 PEG 分散剂对于粉体制备的影响。图 5-37 是添加 PEG 和未添加 PEG 的粉体的 TEM 图。从图中可见,未添加 PEG 样品,团聚比较严重,团聚体平均尺寸接近 1 μm,放大图中可清楚地看出团聚体边缘粒径大小约 20 nm 的球形粒子团聚在一起。添加 2%(质量分数)的分散剂 PEG 后,热处理后得到粉体团聚体体积明显减小,均小于 0.5 μm,不过放大图中同样可清楚看出粒径约 20 nm 的球形粒子。PEG 是一种有机低聚体,有较长的烃基长链。当将其加入溶液中时,有机分子链会伸展开。当溶液中的金属有机化合物和硝酸盐水解形核时,有机分子链会吸附在形成的单体的周围。当分散剂添加过少时,有机分子链只能部分覆盖粒子表面,被覆盖的部分表面失去活性,粒子会呈现取向生长[51,52]。而若添加量过多,则分子链在溶液中不能完全伸展,互相缠绕,也会导致团聚。因此,选择合适的 PEG 添加量可有效控制粉体的团聚。

(a)未使用分散剂　　　　　　　　　　　　(b)添加 2%(质量分数)的 PEG

图 5-37　未使用分散剂和添加 2%质量分数的 PEG 得到的$(Ca_{1-x}Zn_x)TiO_3$
干凝胶 500 ℃热处理 2 h 粉体 TEM 图

　　图 5-38(a)是未添加分散剂与添加 2%(质量分数)PEG 制备的干凝胶 500 ℃热处理 2 h 得到粉体的 XRD 谱。添加 PEG 样品,主晶相 $CaTiO_3$ 和第二相 $CaCO_3$ 结晶度已趋于完整,峰强度比较高;而未添加分散剂得到的粉体,晶相衍射峰强度都比较低。结合 TEM 图可知,添加分散剂得到的粉体分散更均匀,团聚体更小,所以粉体的比表面积更大,活性也更强,从而相形成温度更低。图 5-38(b)是添加 2%(质量分数)分散剂 PEG 干凝胶在不同温度下热处理后得到粉体的 XRD 谱。300 ℃热处理时,粉体主晶相为 $Ca(NO_3)_2$,$CaTiO_3$ 峰强较弱。由于处理温度低,仍有非晶态馒头峰存在。热处理温度升高至 500 ℃时,$CaTiO_3$ 衍射峰明显增强,出现第二相 $CaCO_3$。800 ℃热处理后,$CaTiO_3$ 峰进一步增强,$CaCO_3$ 相消失,出现 CaO 和 TiO_2。可见在 500~800 ℃之间,发生了 $CaCO_3$ 的分解反应。900 ℃热处理的样品,获得纯 $CaTiO_3$ 相。

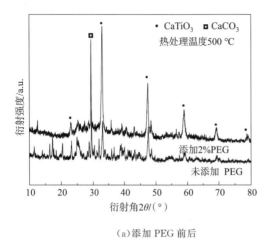

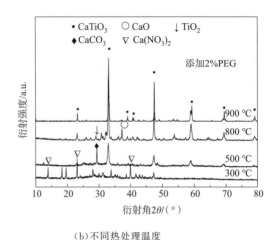

(a)添加 PEG 前后   (b)不同热处理温度

图 5-38 $(Ca_{1-x}Zn_x)TiO_3$ 的 XRD 谱

2. $(Ca_{1-x}Zn_x)TiO_3$ 陶瓷的结构及介电性能

图 5-39 是不同 ZnO 掺杂量不同的 $(Ca_{1-x}Zn_x)TiO_3$ 样品密度随烧结温度变化图。随着温度的升高,所有样品体积密度先升高后降低。$x=0$ 时,$CaTiO_3$ 陶瓷样品在 1 250 ℃烧结时,$CaTiO_3$ 陶瓷样品密度达到最大值;掺 ZnO 后,所有样品的烧结温度降至 1 150 ℃。ZnO 具有较低的熔点,在烧结过程中可形成液相从而促进烧结的进行。此外,对于添加 ZnO 的样品,ZnO添加量增多,会导致样品的密度对烧结温度变化更敏感:对于 $x=0.01$ 样品,1 150 ℃烧结密度达到最大,1 200 ℃烧结样品密度略减小;但对于 $x=0.1$ 的样品,1 150 ℃烧结时,密度为 3.71 g/cm³,烧结温度增至 1 200 ℃,陶瓷密度急剧减小至 2.97 g/cm³ 且烧成样品有明显裂纹。

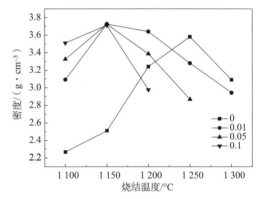

图 5-39 $(Ca_{1-x}Zn_x)TiO_3$ 陶瓷密度

随烧结温度变化图

图 5-40(a)是不同 ZnO 掺量的 $(Ca_{1-x}Zn_x)TiO_3$ 陶瓷样品的 XRD 谱。$x=0$ 样品为纯净的斜方 $CaTiO_3$ 相。添加 ZnO 比较少的 $x=0.01$ 样品经 1 150 ℃烧结也没有看到明显第二相衍射峰,可能因为杂相量太少,XRD 检测不到。$x=0.05$ 样品经 1 150 ℃烧结,出现明显第二相 Zn_2TiO_4 及微量 $Ca_2Zn_4Ti_{15}O_{36}$ 相。而 $x=0.1$ 样品,$Ca_2Zn_4Ti_{15}O_{36}$ 衍射峰进一步增强。Zn、Ti 化合物 Zn_2TiO_4 和 $Ca_2Zn_4Ti_{15}O_{36}$ 都具有较低的形成温度[53-55],它们的产生对于降低陶瓷整体的烧结温度有很好的作用。图 5-40(b)是 $(Ca_{1-x}Zn_x)TiO_3$($x=0.01$)样品在 1 100~1 250 ℃烧结陶瓷的 XRD 谱。由图可见,从 1 100~1 250 ℃,随着烧结温度的升高并没有新相生成,始终保持纯净的 $CaTiO_3$ 相,没有明显的含 Zn 相。

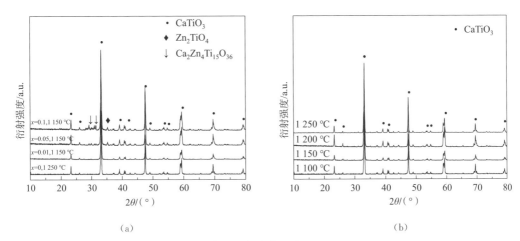

图 5-40　$(Ca_{1-x}Zn_x)TiO_3$ 陶瓷最佳烧结温度和 $(Ca_{1-x}Zn_x)TiO_3(x=0.01)$

陶瓷不同烧结温度 XRD 谱

图 5-41 是 $(Ca_{1-x}Zn_x)TiO_3$ 陶瓷表面的扫描电镜照片。从图 5-41(a)～图 5-41(d)是 $x=0.01$ 样品在 1 100～1 250 ℃烧结的 SEM。从图中可见,随着烧结温度的升高,陶瓷晶粒逐渐长大。1 100 ℃烧结样品结构疏松、孔隙多、晶粒很小,平均粒径不到 1 μm。当烧结温度升到 1 150 ℃,晶粒明显长大,平均粒径约 2～3 μm,结构致密,几乎没有孔隙。继续升高温度,晶粒继续长大,至 1 250 ℃时,晶粒出现异常长大,最大的晶粒尺寸接近 10 μm。晶粒异常长大后,又会导致晶粒之间产生空隙。图 5-41(e)和图 5-41(f)分别是 $x=0.05$ 和 $x=0.1$ 样品 1 150 ℃烧结的表面 SEM,晶粒尺寸约 5 μm,堆砌整齐。

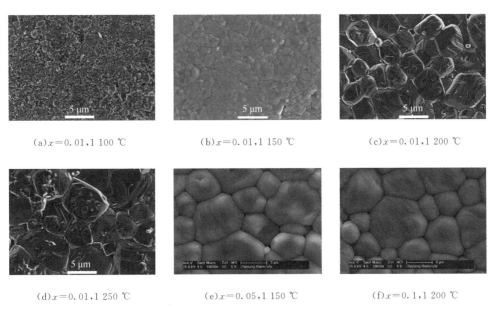

(a)$x=0.01$,1 100 ℃　　　　(b)$x=0.01$,1 150 ℃　　　　(c)$x=0.01$,1 200 ℃

(d)$x=0.01$,1 250 ℃　　　　(e)$x=0.05$,1 150 ℃　　　　(f)$x=0.1$,1 200 ℃

图 5-41　$(Ca_{1-x}Zn_x)TiO_3$ 陶瓷扫描电镜照片

图 5-42(a)是$(Ca_{1-x}Zn_x)TiO_3$陶瓷介电常数 ε 随烧结温度的变化图。随烧结温度的升高,所有样品的 ε 先增大后减小。$x=0.01$ 样品 1 150 ℃烧结,ε 值达到 159。ε 的变化趋势与体积密度变化有较好的一致性,即体积密度最大时,相应的 ε 也获得最大值。比较不同掺杂量的最致密样品的 ε 大小,发现随掺杂量 x 的增加,ε 值下降:$x=0$、0.01、0.05、0.1 时,$\varepsilon=$ 163、159、146、132。因为 $CaTiO_3$ 本身具有很大的 ε 值,远高于添加 ZnO 后产生的第 2 相 Zn_2TiO_4 和 $Ca_2Zn_4Ti_{15}O_{36}$。因此,随着 ZnO 量增加,第 2 相增多,导致 ε 值下降。图 5-42(b)是$(Ca_{1-x}Zn_x)TiO_3$陶瓷品质因数 $Q\times f$ 值随烧结温度的变化图。当烧结温度较低,陶瓷未烧结致密时,晶粒间存在大量的间隙和气孔,这会导致 $Q\times f$ 值很小。随烧结温度增加,晶粒间间隙和气孔减少,有利于 $Q\times f$ 值变大。同时晶粒长大,晶界减少,晶界处的能量损耗会减小,也会导致 $Q\times f$ 值变大。但继续升高温度,超过一定值后,晶粒出现异常长大,会导致晶体缺陷增多和晶粒间间隙出现,使 $Q\times f$ 值下降。同时,各组分陶瓷 $Q\times f$ 随烧结温度变化而不同。对于 $x=0.01$ 和 $x=0.1$ 的样品,$Q\times f$ 值先变大后变小,与密度值变化趋势一致,可见陶瓷体密度起到主导作用。而对于 $x=0$ 的样品,在密度达到最大的 1 250 ℃,$Q\times f$ 值为 4 842 GHz,而 1 300 ℃样品虽然密度比 1 250 ℃ 降低,但是 $Q\times f$ 值却升高至 4 902 GHz。由此可知,虽然陶瓷密度降低,缺陷增加会使 $Q\times f$ 值降低,但是晶粒长大,晶界减少起到更大的作用,导致 $Q\times f$ 在 1 250 ℃时反而比密度最大时更大。$x=0.05$ 的样品变化趋势复杂,1 150 ℃烧结的样品 $Q\times f=5$ 047 GHz,随后 $Q\times f$ 值急剧下降至 4 088 GHz,而 1 250 ℃烧结样品,$Q\times f$ 值又高达 5 565 GHz。对比每个组分最致密样品,$x=0$ 的样品的 $Q\times f$ 值最小,掺 Zn 后样品 $Q\times f$ 值都提高,这是由于添加的 ZnO 有效提高了陶瓷烧结性能,使陶瓷致密度增加所致。随着 ZnO 掺入量增多,陶瓷的 $Q\times f$ 值又变小,主要是高介电损耗中有 Zn 的杂相 Zn_2TiO_4 和 $Ca_2Zn_4Ti_{15}O_{36}$ 形成,导致 $Q\times f$ 值下降。

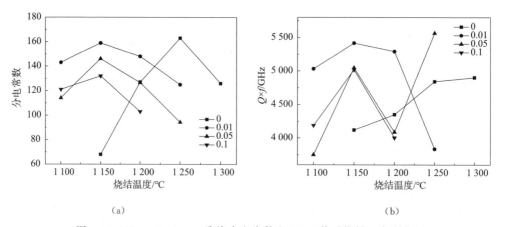

图 5-42　$(Ca_{1-x}Zn_x)TiO_3$陶瓷介电常数和 $Q\times f$ 值随烧结温度变化图

5.3.3　溶胶-凝胶法制备 $Ca(Zn_yTi_{1-y})TiO_{3-\delta}$ 纳米陶瓷及结构与性能

1. $Ca(Zn_yTi_{1-y})O_{3-\delta}$ 纳米粉体制备及表征

图 5-43 是 $y=0.01$ 时 $Ca(Zn_{0.01}Ti_{0.99})O_{3-\delta}$ 干凝胶的热失重和差热曲线。DTA 曲线在 130 ℃处有一个大的吸热峰，与之对应的失重曲线在 30～150 ℃之间失重约 15%，这是由于干凝胶表面吸附水和一些有机物的脱附和蒸发导致。DTA 曲线在 160 ℃出现尖锐的吸热峰，对应的失重曲线几乎垂直下降，失重近 20%，这是由于干凝胶中部分有机物燃烧所致。370 ℃处出现另一个小的放热峰是剩余有机物燃烧所致，失重曲线一直下降。从 500 ℃到 650 ℃，失重约 20%，伴随吸热峰，这可能因为剩余 NO_3^- 分解放出气体所致。在 730 ℃处有一个小的吸热峰，对应有 5% 失重，主要是由于 $CaCO_3$ 分解放出 CO_2。

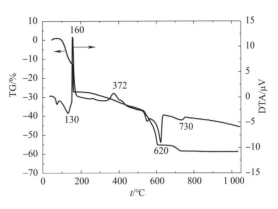

图 5-43　$Ca(Zn_{0.01}Ti_{0.99})O_{3-\delta}(y=0.01)$
干凝胶的 TG-DTA 曲线

图 5-44(a) 是 $Ca(Zn_{0.01}Ti_{0.99})O_{3-\delta}(y=0.01)$ 干凝胶不同温度热处理 2 h 得到粉末的 XRD 谱。500 ℃热处理得到粉体以斜方 $CaTiO_3$ 为主晶相，并有少量的 $CaCO_3$ 和 $Ca_2Ti_2O_6$ 相。随热处理温度的升高，$CaCO_3$ 峰强度逐渐降低，$CaTiO_3$ 和 $Ca_2Ti_2O_6$ 的峰强度增加。到 800 ℃时，$CaCO_3$ 峰消失，$CaCO_3$ 分解产生的 CaO 的峰出现，这与 TG-DTA 图 730 ℃处的吸热峰和质量减小相对应。在 800 ℃时，$Ca_2Ti_2O_6$ 峰消失，在高温下与 Zn 作用形成了 $Ca_2Zn_4Ti_{15}O_{36}$，主晶相 $CaTiO_3$ 峰强度进一步加强。图 5-44(b) 是 $Ca(Zn_yTi_{1-y})O_{3-\delta}(y=0.01)$ 干凝胶 500 ℃

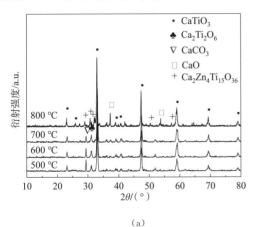

(a)

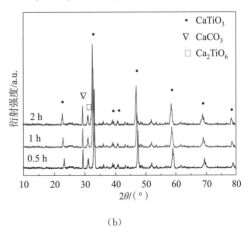

(b)

图 5-44　$Ca(Zn_{0.01}Ti_{0.99})O_{3-\delta}$ 干凝胶在不同温度下热处理 2 h 和

500 ℃热处理不同时间得到的粉末的 XRD 谱图

热处理不同时间得到粉末的 XRD 谱。粉体主晶相为 $CaTiO_3$，次晶相为 $CaCO_3$ 和 $Ca_2Ti_2O_6$。随热处理时间由 0.5 h 到 2 h，主晶相衍射峰向低角度有微小的偏移。根据布拉格方程，角度变小表示晶胞的体积在增大，晶粒在生长，晶体中缺陷数量减少。

图 5-45 是 $Ca(Zn_{0.01}Ti_{0.99})O_{3-\delta}$（$y = 0.01$）干凝胶 500 ℃和 800 ℃热处理 2 h 得到粉体的 TEM 照片。图中可以看出，500 ℃热处理 2 h 获得的颗粒呈现圆球形，分散均匀，颗粒平均粒径约 20～30 nm。而 800 ℃热处理样品中，粒子平均粒径明显变大，达到约 100 nm。

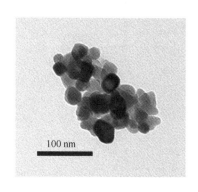 

(a) 500 ℃   (b) 800 ℃

图 5-45 干凝胶经 500 ℃和 800 ℃处理 2 h 得到的 $Ca(Zn_{0.01}Ti_{0.99})O_{3-\delta}$（$y = 0.01$）粉体的 TEM 照片

2. $Ca(Zn_yTi_{1-y})O_{3-\delta}$ 陶瓷结构及介电性能

图 5-46 是不同 ZnO 掺杂量的 $Ca(Zn_yTi_{1-y})O_{3-\delta}$ 样品密度随烧结温度变化图。随着温度的升高，所有样品体积密度先增加后轻微下降。$y = 0$ 和 $y = 0.01$ 的陶瓷样品，最佳烧结温度为 1 250 ℃；随掺 ZnO 量增多，样品的最佳烧结温度开始下降：$y = 0.05$ 和 $y = 0.1$ 样品的最佳烧结温度分别为 1 200 ℃和 1 150 ℃。添加 ZnO 后，样品体积密度明显高于 $CaTiO_3$ 陶瓷，可能因为高温形成液相能填充陶瓷晶粒间隙。特别是，$Ca(Zn_{0.01}Ti_{0.99})O_{3-\delta}$ 样品具有比较宽的烧结温度范围，在 1 150～1 300 ℃均保持有较大的体积密度。

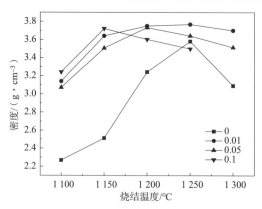

图 5-46 不同掺杂量 $Ca(Zn_yTi_{1-y})O_{3-\delta}$ 样品的密度随烧结温度变化图

图 5-47(a)是掺杂不同 ZnO 量的 $Ca(Zn_yTi_{1-y})O_{3-\delta}$ 样品的 XRD 谱图。未掺 ZnO 时,在 1 250 ℃烧结时,获得纯净的斜方 $CaTiO_3$ 相。$y=0.01$ 的样品未出现明显的杂相。图 5-47(b) 是 $Ca(Zn_yTi_{1-y})O_{3-\delta}(y=0.01)$ 在 1 150～1 300 ℃烧结得到 $Ca(Zn_{0.01}Ti_{0.99})O_{3-\delta}$ 样品的 XRD 谱图,陶瓷均为斜方 $CaTiO_3$ 相,没有明显的杂相。随 ZnO 掺入量的增加,在 $y=0.05$ 时,ZnO 衍射峰开始显现。继续增加 ZnO 的加入量,到 $y=0.1$,ZnO 峰强度增加。

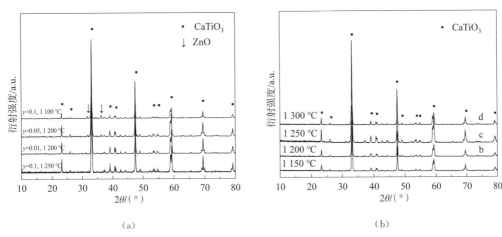

(a) (b)

图 5-47 掺杂不同 ZnO 量的 $Ca(Zn_yTi_{1-y})O_{3-\delta}$ 样品和不同温度烧结的
$Ca(Zn_{0.01}Ti_{0.99})O_{3-\delta}$ 样品的 XRD 谱图

表 5-4 是根据 XRD 的数据计算得到的晶格常数。与纯 $CaTiO_3$ 相比,$Ca(Zn_{0.05}Ti_{0.95})O_{3-\delta}$ 的晶格常数只有微弱的减小,变化不大。然而,$Ca(Zn_yTi_{1-y})O_{3-\delta}$ 晶格常数和晶胞体积都随 y 的增加有明显的增大。当 y 从 0.01 增加到 0.1,晶胞体积没有明显变化。这可能是因为 Zn 部分取代了 B 位置的 Ti 形成固溶体造成的。影响置换式固溶体的固溶度的因素有:尺寸、化学价、化学亲和力和结构类型[56]。休谟-罗斯规则(Hume-Rothery)提出,当溶质和其将置换的主晶体中原子的半径相对差值 Δ 超过 15％时,将不利于形成固溶体:

$$\Delta = \frac{R_1 - R_2}{R} \times 100\%$$

表 5-4 根据 XRD 计算得到晶格常数

组 成	晶格常数/nm			晶胞体积/nm³	晶体结构
	a	b	c		
$CaTiO_3$	0.543 847	0.764 106	0.537 672	0.223 43	
$Ca(Zn_{0.01}Ti_{0.99})O_{3-\delta}$	0.543 558	0.764 636	0.538 320	0.223 74	
$Ca(Zn_{0.05}Ti_{0.95})O_{3-\delta}$	0.543 674	0.764 610	0.538 258	0.223 75	正交相空间群 Pmna(No. 62)
$Ca(Zn_{0.1}Ti_{0.9})O_{3-\delta}$	0.543 955	0.764 492	0.538 059	0.223 75	
$Ca_{0.95}Zn_{0.05}TiO_3$	0.543 580	0.763 988	0.537 745	0.223 32	

式中,R_1 为较大离子的半径;R_2 为较小离子的半径。两种离子的电负性差超过 0.4 时,固溶度极小,容易形成稳定的中间相。离子价相差大小也会影响到离子的固溶度,离子价不同的两个离子无法形成无限固溶体。

根据计算,Zn^{2+} 和 Ti^{4+} 的离子尺寸差值 Δ 为 8.1%,小于 14%;而 Zn 和 Ti 的电负性差为 0.11,小于 0.4,这表明 Zn^{2+} 和 Ti^{4+} 可发生相互取代。但是,由于离子价不同,所以二者不能形成完全固溶体,即有一定的固溶度。

在 ABO_3 型钙钛矿结构中,容忍因子 t 满足以下公式:

$$r_A + r_O = t\sqrt{2}(r_B + r_O)$$

式中,r_A、r_B、r_O 分别为 A、B、O 的离子半径。

当 Zn 完全取代 Ti 占据 B 位时,$t=0.79$。Keith 和 Roy 提出,在 ABO_3 型钙钛矿结构中,t 的最小值为 0.77。而 Zachriasen 认为,考虑到离子之间配位数的变化,t 可以处在 0.6～1.1 的范围,这说明 Zn 取代 Ti 不会导致钙钛矿结构的变化。但是,0.79 的容忍因子非常接近极限值,说明只能允许少量 Zn 占据 B 位取代 Ti。

Zn 的离子半径比 Ti 略大,两者很接近。根据以上分析,结合试验数据,说明在 $CaTiO_3$ 中,当 $y=0.01$ 时,Zn 部分取代 B 位的 Ti 形成固溶体,从而导致了晶胞体积的变大。而 $y=0.01$ 后继续添加 Zn,晶胞体积不再变大,则说明 Zn 在此体系中的固溶度大约是 0.01,已达到饱和状态。

图 5-48(a)～(d)分别是 $Ca(Zn_{0.01}Ti_{0.99})O_{3-\delta}$ 在 1 150～1 300 ℃ 烧结陶瓷的表面扫描电镜照片。1 150 ℃ 烧结的陶瓷不够致密,有少量的气孔,晶粒平均尺寸小于 1 μm。随着烧结温度的升高,在 1 200 ℃ 和 1 250 ℃ 时陶瓷烧结致密,没有明显的气孔,陶瓷晶粒长大,平均

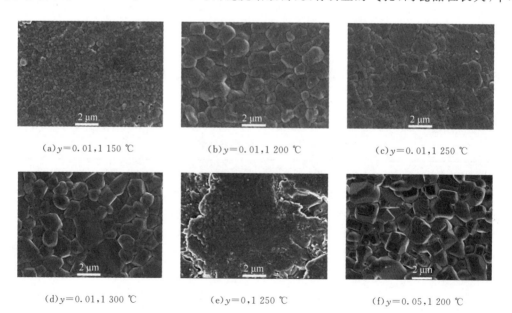

(a)$y=0.01$,1 150 ℃ 　　(b)$y=0.01$,1 200 ℃ 　　(c)$y=0.01$,1 250 ℃

(d)$y=0.01$,1 300 ℃ 　　(e)$y=0$,1 250 ℃ 　　(f)$y=0.05$,1 200 ℃

图 5-48　$Ca(Zn_yTi_{1-y})O_{3-\delta}$ 陶瓷扫描电镜照片

大小约 2 μm。但是过高的烧结温度会导致晶粒的异常长大,如图 5-48(d)所示,当烧结温度达到 1 300 ℃时,部分晶粒异常长大,最大的粒径超过 5 μm。图 5-48(e)中,未掺杂 ZnO 的 CaTiO$_3$ 在 1 250 ℃烧结的陶瓷致密度低于掺 ZnO 样品,表面有许多气孔和裂痕。图 5-48(f) 中,掺 ZnO 量为 0.05 的 Ca(Zn$_{0.05}$Ti$_{0.95}$)O$_{3-\delta}$ 陶瓷在 1 200 ℃烧结致密,粒径平均大小约 2 μm。说明 ZnO 掺入,有利于陶瓷的烧结。

图 5-49 是不同 ZnO 掺杂量的 Ca(Zn$_y$Ti$_{1-y}$)O$_{3-\delta}$ 陶瓷介电常数和品质因数 $Q \times f$ 值。图 5-49(a)显示,样品介电常数随烧结温度变化趋势与陶瓷密度变化趋势基本一致,先增大后减小,体积密度最大处获得最高介电常数。对比不同掺 ZnO 量样品在密度最大时的介电常数:$y=0$ 在 1 250 ℃烧结陶瓷,$\varepsilon_1=163$,是所有样品中的最大值;$y=0.01$,1 250 ℃烧结样品,$\varepsilon_2=158$;$y=0.05$,1 200 ℃烧结样品,$\varepsilon_3=139$;$y=0.1$,1 150 ℃烧结样品,$\varepsilon_4=121$。由此可见,随 ZnO 掺杂增加,样品的 ε 值降低。XRD 分析表明,$y=0.01$ 时,发生了 Zn 取代 Ti,没有明显第 2 相产生;Zn^{2+} 相较于 Ti^{4+},尺寸大、电荷小,因而少量的取代导致了陶瓷整体的 ε 下降。当掺杂量达到 0.05 时,有明显第 2 相 ZnO 产生,ZnO 本身 ε 很低,从而导致 ε 值下降。从图 5-49(b)可看出,随烧结温度的升高,$y=0$、$y=0.05$ 和 $y=0.1$ 的样品 $Q \times f$ 值先变大,在密度最大时,$Q \times f$ 也达到最大;继续升高温度,$Q \times f$ 值减小。$y=0.01$ 样品在 1 250 ℃烧结陶瓷体积密度最大,此时 $Q \times f=6\ 819$ GHz。1 300 ℃烧结密度虽有降低,但 $Q \times f$ 值仍保持了较高值,达到 7 701 GHz,这主要归因于晶界数量的减少。

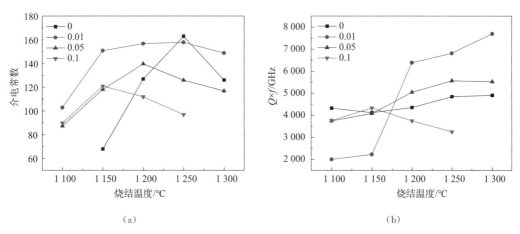

（a）　　　　　　　　　　　　　　（b）

图 5-49　烧结温度对 Ca(Zn$_y$Ti$_{1-y}$)O$_{3-\delta}$陶瓷样品的介电常数和 $Q \times f$ 值的影响

5.3.4　溶胶-凝胶法制备 CaTiO$_3$＋zZnO 纳米陶瓷及结构与性能

1. CaTiO$_3$＋zZnO 纳米粉体制备及粉体形貌

图 5-50(a)为 CaTiO$_3$＋0.05ZnO 干凝胶的 TG-DTA 分析曲线。DTA 曲线 150 ℃吸热峰伴随 20％左右失重,主要是因为干凝胶表面吸附水和有机物挥发所致。DTA 曲线 220 ℃

以及 300 ℃附近的放热峰对应着干凝胶中 PEG1000、水解钛酸丁酯聚合形成的丁酸、丁醇等各种有机物的燃烧,此阶段同时伴随着 HNO_3 分解,促进燃烧的剧烈进行,干凝胶失重较大,约 30%。DTA 曲线 510 ℃和 740 ℃附近的两个吸热峰,对应 TG 曲线约 5%的失重,分别对应着硝酸根与 $CaCO_3$ 的分解。图 5-50(b)是 $CaTiO_3+0.05ZnO$ 干凝胶 800 ℃煅烧后得到粉体的 TEM 照片。可以看出,粉体呈现规则球形,粒径平均约 50 nm,有轻微团聚现象。

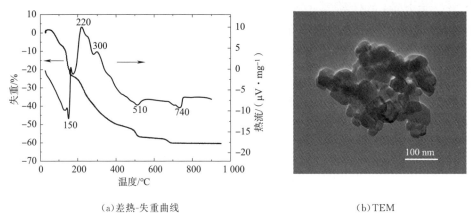

(a)差热-失重曲线 　　　　　　　　　(b)TEM

图 5-50　$CaTiO_3+0.05ZnO$ 干凝胶差热-失重曲线和 800 ℃煅烧得到粉体的 TEM

2. $CaTiO_3+zZnO$ 陶瓷结构与介电性能

图 5-51 是 $CaTiO_3+zZnO$ 陶瓷不同温度烧结的体积密度。随着烧结温度的升高,$z=0.01$ 和 $z=0.05$ 陶瓷的体积密度先增加后下降,烧结温度 1 150 ℃时,密度达到最大值。

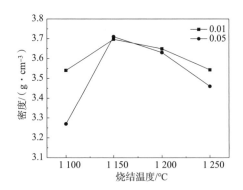

图 5-51　$CaTiO_3+zZnO$ 陶瓷不同温度烧结的体积密度

图 5-52(a)是不同成分的 $CaTiO_3+zZnO$ 陶瓷的 XRD 谱。未掺杂 ZnO 陶瓷样品获得纯净斜方钙钛矿 $CaTiO_3$ 相;$z=0.01$ 陶瓷样品出现很弱的 Zn_2TiO_4 衍射峰;$z=0.05$ 陶瓷样品的 Zn_2TiO_4 衍射峰变强。图 5-52(b)是 $CaTiO_3+zZnO(z=0.05)$ 陶瓷不同温度烧结的 XRD 谱,烧结温度对相组成无显著影响。

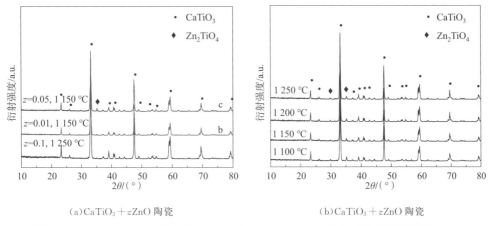

（a）$CaTiO_3 + zZnO$ 陶瓷　　　　　　　（b）$CaTiO_3 + zZnO$ 陶瓷

图 5-52　$CaTiO_3 + zZnO$ 陶瓷和 $CaTiO_3 + zZnO$($z = 0.05$)陶瓷不同温度烧结的 XRD

图 5-53 为 $CaTiO_3 + zZnO$($z = 0.05$)陶瓷不同烧结温度的表面扫描电镜照片。1 100 ℃烧结的陶瓷结构疏松、晶粒细小，有大量孔隙。1 150 ℃烧结的样品晶粒结合紧密，晶粒大小均一，平均晶粒尺寸约 3 μm；继续升高烧结温度，晶粒明显长大，到 1 250 ℃时，出现晶粒异常长大，最大晶粒尺寸接近 10 μm；与密度对应，随烧结温度升高，晶粒长大，陶瓷由松散生烧状态至致密烧结状态。当烧结温度超过一定温度后，晶粒异常长大，导致晶粒间出现间隙，陶瓷致密度下降。

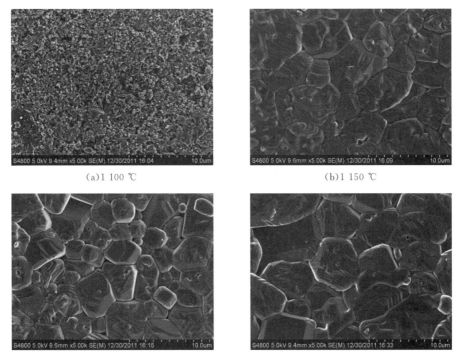

（a）1 100 ℃　　　　　　　　　　　　　（b）1 150 ℃

（c）1 200 ℃　　　　　　　　　　　　　（d）1 250 ℃

图 5-53　不同温度烧结的 $CaTiO_3 + zZnO$($z = 0.05$)陶瓷 SEM 照片

图 5-54 是 $CaTiO_3+zZnO$ 陶瓷的介电常数和品质因数 $Q×f$ 值随烧结温度变化图。图 5-54(a)显示,陶瓷介电常数随烧结温度变化趋势与密度随温度变化趋势一致。从 1 100 ℃ 到 1 150 ℃,样品的 ε 随着烧结温度的升高而变大,1 150 ℃ 烧结达到最大值。继续升高烧结温度,由于晶粒异常长大,导致 ε 减小。$z=0.01$ 陶瓷 1 150 ℃ 烧结的 ε 为 156,高于 $z=0.05$ 样品,这是由于第 2 相 Zn_2TiO_4 介电常数值远小于 $CaTiO_3$,所以 ZnO 添加量增大,导致第 2 相增多从而引起 ε 下降。从图 5-54(b)可知,$CaTiO_3+0.01ZnO$ 样品 $Q×f$ 值较小,随着烧结温度升高,$Q×f$ 值先增大后减小,与陶瓷致密度基本相对应。而 $CaTiO_3+0.05ZnO$ 陶瓷的 $Q×f$ 值随烧结温度升高一直是上升趋势,1 250 ℃ 烧结,$Q×f$ 值大于 7 500 GHz。随 ZnO 量增大,$Q×f$ 值增加,可能是由于高 $Q×f$ 值的 Zn_2TiO_4 相增大所致。

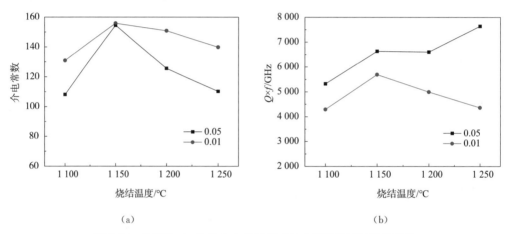

图 5-54　$CaTiO_3+zZnO$ 介电常数和 $Q×f$ 值随烧结温度的变化

通过 Zn 取代 A 位的 Ca,$(Ca_{1-x}Zn_x)TiO_3$ 陶瓷烧结温度下降至 1 150 ℃,ZnO 的添加起到了显著的降低烧结温度作用。加入 ZnO 后,产生了烧结温度相对较低的 Zn_2TiO_4 和 $Ca_2Zn_4Ti_{15}O_3$ 相,$(Ca_{1-x}Zn_x)TiO_3$ 陶瓷密度变大,$Q×f$ 升高。1 150 ℃ 烧结的 $(Ca_{1-x}Zn_x)TiO_3$($x=0.01$)陶瓷获得了最优微波介电性能:ε=159,$Q×f$=5 416 GHz。

对于 $Ca(Zn_yTi_{1-y})O_{3-δ}$ 陶瓷样品,$y=0.01$ 时,Zn 进入晶格取代 Ti 形成了固溶体,对陶瓷降温无明显促进作用;$y=0.05$ 和 0.1 时,陶瓷中出现低熔点第 2 相 ZnO,烧结温度降低 50～100 ℃。加入 ZnO 会使陶瓷的 ε 变小。1 250 ℃ 烧结的 $Ca(Zn_{0.01}Ti_{0.99})O_{3-δ}$ 获得最优的微波介电性能:ε=157,$Q×f$=6 819 GHz。

$CaTiO_3+zZnO$ 纳米粉体 1 150 ℃ 烧结 2 h 得到致密、晶粒大小均一的陶瓷,主晶相为 $CaTiO_3$ 相,Zn 以 Zn_2TiO_4 形式存在。1 150 ℃ 烧结的 $CaTiO_3+0.05Zn$ 陶瓷,相对介电常数 ε=155,品质因数 $Q×f$=6 633 GHz。

综上,溶胶-凝胶法制备的陶瓷粉体晶粒大小均匀,烧结温度低,是一种制备新型纳米介电陶瓷的新技术。通过非水基溶胶-凝胶法,使用 LiNO$_3$、LiAc 和 TBT 作为前驱体合成了 Li$_2$TiO$_3$ 纳米粉体;采用溶胶-凝胶法制备了稀土离子 Sc^{3+} 单独掺杂以及 Sc^{3+} 和 Dy^{3+} 复合掺杂改性的 BaTiO$_3$ 纳米粉体,并研究了其低温烧结工艺;采用溶胶-凝胶法制备了均匀分散的 CaTiO$_3$:Zn 纳米粉体,讨论了 ZnO 掺杂方式对 CaTiO$_3$ 陶瓷烧结性能和微波介电性能的影响。

参考文献

[1] TIAN Y S,CAO L J,CHEN Z J,et al. Impact mechanism of gel's alkali circumstance on morphologies and electrical properties of Ba$_{0.8}$Sr$_{0.2}$TiO$_3$ ceramics[J]. Journal of sol-gel Science and Technology,2019,90(3):621-630.

[2] YU D,JIN A M,ZHANG Q L,et al. Scandium and gadolinium co-doped BaTiO$_3$ nanoparticles and ceramics prepared by sol-gel-hydrothermal method:facile synthesis,structural characterization and enhancement of electrical properties[J]. Powder Technology,2015(283):433-439.

[3] PANOMSUWAN G,MANUSPIYA H. A comparative study of dielectric and ferroelectric properties of sol-gel-derived BaTiO$_3$ bulk ceramics with fine and coarse grains[J]. Applied Physics A-Materials Science and Processing,2018,124(10):713-720.

[4] LIU D D,LIU P,GUO B C. Low-temperature sintering and microwave dielectric properties of Li$_4$Mg$_3$Ti$_2$O$_9$ ceramics by a sol-gel method,2018,29(12):10264-10268.

[5] SU X H,BAI G,ZHANG J,et al. Preparation and flash sintering of MgTiO$_3$ nanopowders obtained by the polyacrylamide gel method[J]. Applied Surface Science,2018,442(1):12-19.

[6] WU M J,ZHANG Y C,CHEN J D,et al. Microwave dielectric properties of sol-gel derived NiZrNb$_2$O$_8$ ceramics[J]. Journal of Alloys and Compounds,2018(747):394-400.

[7] FEHR T,SCHMIDBAUER E. Electrical conductivity of Li$_2$TiO$_3$ ceramics[J]. Solid State Ionics,2007,178(1-2):35-41.

[8] BIAN J J,DONG Y F. New high Q microwave dielectric ceramics with rock salt structures:$(1-x)$Li$_2$TiO$_3$ + xMgO System($0 \leqslant x \leqslant 0.5$)[J]. Journal of the European Ceramic Society,2010,30(2):325-330.

[9] XU N X,ZHOU J H,YANG H,et al. Structural evolution and microwave dielectric properties of MgO-LiF co-doped Li$_2$TiO$_3$ ceramics for LTCC applications[J]. Ceramics International,2014,40(9):15191-15198.

[10] ZUO H Z,TANG X L,GUO H,et al. Effects of BaCu(B$_2$O$_5$)addition on microwave dielectric properties of Li$_2$TiO$_3$ ceramics for LTCC applications[J]. Ceramics International,2017,43(16):13913-13917.

[11] LIANG J,LU W Z,WU J M,et al. Microwave dielectric properties of Li$_2$TiO$_3$ ceramics sintered at low temperatures[J]. Materials Science and Engineering B,2011,176(2):99-102.

[12] LI H,LU W,WEN L. Microwave dielectric properties of Li$_2$TiO$_3$ ceramics doped with ZnO-B$_2$O$_3$ Frit[J]. Journal of the American Ceramic Society,2009,71(4):148-150.

[13] WU X W,WEN Z Y,LIN B,et al. Sol-gel synthesis and sintering of nano-size Li$_2$TiO$_3$ powder[J]. Materials Letters,2008,6(6-7):837-839.

[14] HAO Y Z,ZHANG Q L,ZHANG J,et al. Enhanced sintering characteristics and microwave dielectric properties of Li_2TiO_3 due to nano-size and nonstoichiometry effect[J]. Journal of Materials Chemistry, 2012,22(45):23885-23892.

[15] GANGWAR R K, SINGH S P, CHOUDHARY M, et al. Microwave dielectric properties of $(Zn_{1-x}Mg_x)TiO_3$ (ZMT) ceramics for dielectric resonator antenna application[J]. Journal of Alloys and Compounds,2011(509),10195-10202.

[16] PARIDA S,ROUT S K,SUBRAMANIAN V,et al. Structural,microwave dielectric properties and dielectric resonator antenna studies of $Sr(Zr_xTi_{1-x})O_3$ ceramics[J]. Journal of Alloys and Compounds, 2012(528),126-134.

[17] ZHANG M M,LI L X,XIA W S,et al. Phase evolution,bond valence and microwave characterization of $(Zn_{1-x}Ni_x)Ta_2O_6$ ceramics[J]. Journal of Alloys and Compounds,2012(537),76-79.

[18] SAGAR R,HUDGE P,MADOLAPPA S,et al. Electrical properties and microwave dielectric behavior of holmium submitted barium zirconium titanate ceramics[J]. Journal of Alloys and Compounds,2012(537), 197-202.

[19] DAI H J,WONG E W,LU Y Z,et al. Synthesis and Characterization of Carbide Nanorods[J]. Nature,375(6534),769-772.

[20] SHAIKH A S,VEST R W. Defect structure and dielectric properties of Nd_2O_3-modified $BaTiO_3$[J]. Journal of the American Ceramic Society,1986,69(9):689-694.

[21] WODECKA-DU B,CZEKAJA D. Electric properties of La^{3+} doped $BaTiO_3$ ceramics [J]. Ferroelectrics, 2011,418(1):150-157.

[22] 郝素娥,韦永德. Sm_2O_3 掺杂 $BaTiO_3$ 陶瓷的结构与电性能研究 [J]. 无机材料学报,2003,18(5): 1069-1073.

[23] PARK Y,KIM H G. Pressure and temperature dependence of the dielectric properties in the perovskite solution of Gd-doped barium titanate [J]. Journal of Materials Science Letters,1998,17(2):157-158.

[24] LI Y,YAO X,ZHANG L. High permittivity neodymium-doped barium titanate sintered in pure nitrogen [J]. Ceramics international,2004,30(7):1325-1328.

[25] LIU Y, WEST A R. Ho-doped $BaTiO_3$: Polymorphism, phase equilibria and dielectric properties of $BaTi_{1-x}Ho_xO_{3-x/2}:0 \leqslant x \leqslant 0.17$ [J]. Journal of the European Ceramic Society,2009,29(15):3249-3257.

[26] SONG Y H,HWANG J H,HAN Y H. Effects of Y_2O_3 on temperature stability of acceptor-doped $BaTiO_3$ [J]. Japanese Journal of Applied Physics,2005,44(3):1310-1314.

[27] LU D Y,GUAN D X,LI H B. Multiplicity of photoluminescence in Raman spectroscopy and defect chemistry of $(Ba_{1-x}R)(Ti_{1-x}Ho_x)O_3$ (R=La、Pr、Nd、Sm) dielectric ceramics[J]. Ceramics International,2018,44(2):1483-1492.

[28] LEE S H,KIM D Y,KIM M K,et al. Electrical properties of Dy-doped $BaTiO_3$-based ceramics for MLCC[J]. Journal of Ceramics Processing Research,2015,16(5):495-498.

[29] GONG H L,WANG X H,ZHANG S P,et al. Synergistic effect of rare-earth elements on the dielectric properties and reliability of $BaTiO_3$-based ceramics for multilayer ceramic capacitors[J]. Materials Research Bulletin,2016(73):233-239.

[30] YOON S H,LIM J B,et al. Influence od Dy on the dielectric aging and thermally stimulated depolarization current in Dy and Mn-codoped $BaTiO_3$ multilayer ceramic capacitor[J]. Journal of Materials Research,2013,

28(23):3252-3256.

[31]　XIN C R,ZHANG J,LIU Y,et al. Polymorphism and dielectric properties of Sc-doped $BaTiO_3$ nanopowders synthesized by sol-gel method[J]. Materials Research Bulletin,2013,48(6):2220-2226.

[32]　XIN C R,ZHANG Q L,HAO Y Z,et al. Synthesis,structure and dielectric properties of a novel perovskite-based nanopowders via sol-gel method:$(1-x)BaTiO_3$-$xDyScO_3$[J]. Journal of Materials Science,2013,48(11):3958-3966.

[33]　OHSATO H,OHASHI T,NISHIGAKI S. Formation of solid solution of new tungsten bronze-type microwave dielectric compounds $Ba_{6-3x}R_{8+2x}Ti_{18}O_{54}$($R=$Nd and Sm,$0\leqslant x\leqslant 1$)[J]. Japanese Journal of Applied Physics,1993,32(9):4323-4326.

[34]　WU Y J,CHEN X M. Bismuth/Samarium co-substituted $Ba_{6-3x}Nd_{8+2x}Ti_{18}O_{54}$ microwave dielectric ceramics[J]. Journal of the American Ceramics Society,2000,83(7):1837-1839.

[35]　PANG L X,WANG H,ZHOU D,et al. Sintering behavior and microwave dielectric properties of $Ba_{6-3x}Nd_{8+2x}Ti_{18}O_{54}$($x=2/3$)ceramics coated by H_3BO_3-TEOS sol-gel[J]. Materials Chemistry and Physics,2010(123):727-730.

[36]　CHEN H L,HUANG C L. Microwave dielectric properties and microstructures of $(Ca_{1-x}Nd_{2x/3})TiO_3$-$(Li_{1/2}Nd_{1/2})TiO_3$ ceramics[J]. Japanese Journal of Applied Physics,2002,41(9):5650-5653.

[37]　YOON K H,CHANG Y H,KIM W S. Dielectric properties of $Ca_{1-x}Sm_{2x/3}TiO_3$-$Li_{1/2}La_{1/2}TiO_3$ ceramics[J]. Japanese Journal of Applied Physics,1996,35(9):5145-5149.

[38]　KIM W S,YOON K H,KIM E S. Microwave dielectric characteristics of the $Ca_{2/5}Sm_{2/5}TiO_3$-$Li_{1/2}Nd_{1/2}TiO_3$ ceramics[J]. Japanese Journal of Applied Physics,2000,39(9):5650-5653.

[39]　ZHANG Q L,WU F,YANG H,et al. Low-temperature synthesis and characterization of complex perovskite $(Ca_{0.61}Nd_{0.26})TiO_3$-$(Nd_{0.55}Li_{0.35})TiO_3$ nanopowders and ceramics by sol-gel method[J]. Journal of Alloys and Compounds,2010(508):610-615.

[40]　HUANG C L,WENG M H. The effect of PbO loss on microwave dielectric properties of$(Pb,Ca)(Zr,Ti)O_3$ ceramics[J]. Materials Research Bulletin,2001(36):683-691.

[41]　杨秋红,金应秀,徐军. 固溶率因子对$((Pb,Ca,La)FeNb)O_3$陶瓷微波介电性能的影响[J]. 硅酸盐学报,2002,30(5):554-558.

[42]　BIAN J J,WANG X W,ZHONG Y G,et al. Preparation and microwave dielectric properties of $(Pb_{0.45}Ca_{0.55})(Fe_{1/2}Nb_{1/2})O_3$ ceramics by citrate-gel processing route[J]. Journal of Materials Science:Materials in Elecronics,2002(13):125-129.

[43]　YANG Q H,KIM E S,KIM Y J,et al. Effect of PbO-B_2O_3-V_2O_5 glass on the microwave dielectric Properties of$(Pb,Ca,La)(Fe,Nb)O_3$ ceeramics[J]. Materials Chemistry and Physics,2003(79):236-238.

[44]　HU M Z,ZHOU D X,GU H S,et al. Influence of Bi_2O_3 and MnO_2 doping on microwave properties of $(Pb,Ca,La)(Fe,Nb)O_3$ dielectric ceramics[J]. Materials Science and Engineering B,2005,117(2):199-204.

[45]　QIN C,YUE Z,GUI Z,et al. Low-fired$(Pb,Ca)(Fe,Nb)O_3$ ceramics for multilayer microwave filer application[J]. Materials Science and Engineering B,2003(79):236-238.

[46]　GAN L,AN S B,YUAN S F,et al. Sintering characteristics and microwave dielectric properties of $(1-x)Li_{0.5}Sm_{0.5}TiO_3$-$xNa_{0.5}Sm_{0.5}TiO_3$($x=0.35$ to 0.45)Ceramics[J]. Journal of Electronic

Materials,2019,48(6):3624-3630.

[47] 王焕平. 溶胶-凝胶法制备低温共烧低介高频纳米陶瓷粉体及其应用技术研究[D]. 杭州:浙江大学,2007.

[48] AHN C W,SONG H C,NAHM S. Effect of ZnO and CuO on the sintering temperature and piezoelectric properties of a hard-piezoelectric ceramic[J]. Journal of the American Ceramics Society,2006,89(3): 921-925.

[49] HUANG C L,HOU J J,PAN C L,et al. Effect of ZnO additive on sintering behavior and microwave dielectric properties of 0.95MgTiO$_3$-0.05CaTiO$_3$ ceramics [J]. Journal of Alloys and Compounds, 2008(450):359-363.

[50] HUANG W Q,ZHANG Q L,YANG H,et al. Preparation,structure and dielectric properties of CaTiO$_3$:Zn ceramics based on sol-gel technology[J]. Chinese Journal of Inorganic Chemistry,2012, 28(11):2379-2384.

[51] LIU J S,CAO J M,LI J Q,et al. A simple microwave-assisted decomposing route for synthesis of ZnO nanorods in the presence of PEG400[J]. Materials Letters,2007,1(22):4409-4411.

[52] SULE E E,SADIC C,SADDIK I. Conventional and microwave-assisted synthesis of ZnO nanorods and effects of PEG400 as a surfactant on the morphology[J]. Inorganic Chimica Aeta,2009,362(6): 1855-1858.

[53] KIM H T,KIM Y. Titanium incorporation in Zn$_2$TiO$_4$ spinel ceramics[J]. Journal of the American Ceramics Society,2001,84(5):1081-1086.

[54] KIM H T,BYUN J D,KIM Y. Microstructure and microwave dielectric properties of modified zinc titanites(I)[J]. Materials Research Bulletin,1998,33(6):963-973.

[55] PANG L X,WANG H,CHEN Y H,Microstructures and microwave dielectric properties of low-temperature sintered Ca$_2$Zn$_4$Ti$_{15}$O$_{36}$ ceramics[J]. Journal of Materials Science-Materials in Electronics,2009(20):528-533.

[56] 潘金生,田民波. 材料科学基础[M]. 北京:清华大学出版社,1998.

第6章 溶胶-凝胶技术制备功能氧化物薄膜

采用溶胶-凝胶法制备铁电薄膜是从 20 世纪 80 年代中期开始的,但它的发展速度很快。溶胶-凝胶法是一种湿化学方法,它是通过将金属醇盐和其他有机或无机盐的部分水解和聚合形成的前驱体溶液,均匀涂覆在衬底上,并经过适当热处理除去有机成分,得到所需的晶相结构无机薄膜。与其他方法相比,采用溶胶-凝胶法制备功能氧化物薄膜具有如下优点:

(1)适用于制备化学组成复杂的铁电薄膜,易于控制薄膜的化学计量比。

(2)低的热处理温度。

(3)可在较大面积衬底上制备均匀薄膜。

(4)设备简单,成本低,无需真空。

本章将阐释溶胶-凝胶法合成 $Ba_2TiSi_2O_8$ 薄膜和 Pechni 法合成 $K_4Nb_6O_{17}$ 薄膜的方法,并对 $Ba_2TiSi_2O_8$ 薄膜的形貌控制、$K_4Nb_6O_{17}$ 催化性能及其动力学行为进行了分析。

6.1 溶胶-凝胶法制备 $Ba_2TiSi_2O_8$ 薄膜及其形貌控制

钡钛硅石 $Ba_2TiSi_2O_8$(BTS),是一种属四方晶系的具有热释电效应的矿物。表 6-1 为 $Ba_2TiSi_2O_8$ 晶体结构数据。由表 6-1 可见,其空间群为 C_{4v}^2-4 mm,晶格常数 $a=b=0.852$ nm,$c=0.521$ nm,$c/a=0.612$[1]。与人们熟知的钛酸盐矿物不同,钡钛硅石中的 Ti 不是以六配位形式存在,而是以 5 配位的形式存在,形成特殊的[TiO_5]方锥体基团。图 6-1 是 $Ba_2TiSi_2O_8$ 的晶体结构示意图。其中,Si 离子以[Si_2O_7]双四面体形式存在;Ti^{4+} 的配位数为 5,位于四方锥的中心;Ba^{2+} 的配位数为 10。$Ba_2TiSi_2O_8$ 晶体的结构单元为[Si_2O_7]四面体和[TiO_5]四方单锥。他们之间通过顶角相连,每个[Si_2O_7]和 4 个[TiO_5]相连,而每个[TiO_5]也和 4 个[Si_2O_7]双四面体相连,形成平行于{001}面的平面层,层与层之间由 Ba^{2+} 连接。因此,它是一种层状结构的矿物,每层是硅氧双四面体[Si_2O_7]和钛氧四方单锥[TiO_5]构成,每个 [Si_2O_7]与四个[TiO_5]、每个[TiO_5]与四个[Si_2O_7]相连,形成硅钛氧层,层间的钡离子将两层硅钛氧结构连接起来。

表 6-1 $Ba_2TiSi_2O_8$ 晶体的结构参数

空间群	晶胞参数	极轴	光性	解理面
P 4 mm(<433 K)	$a=0.8521$ nm	c 轴	单轴(−),$e=1.765$	{001}
A mm²(>433 K)	$c=0.5210$ nm	c 轴	单轴(−),$w=1.775$	

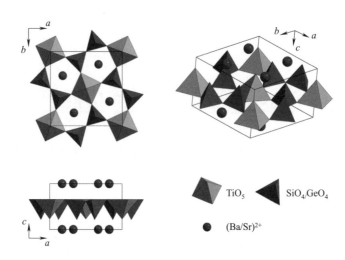

图 6-1 Ba$_2$TiSi$_2$O$_8$ 晶体的结构示意图

Moore 等[2]研究了该晶体的结构和物理性质,证明这种晶体具有一种非中心对称结构,并确定了其晶体结构,认为其是一种具有特殊的 Ti 配位结构的压电和热释电晶体。Markgraf 等[3]通过高温 XRD 精细结构分析对钡钛硅石的晶体结构进行了测量,发现 Ba$_2$TiSi$_2$O$_8$ 晶体在室温和 800 ℃时测得的晶胞参数的变化量在 0.000 2 nm 以下,且其对称性并不发生变化。Asashi[4]发现它在 160 ℃ 附近存在四方-正交转变,从 4 mm 点群转变为 mm^2 点群,从而对该温度附近的热释电异常做出了解释。Markgraf 等[5,6]研究发现,这种晶体具有非公度相,具有较大的铁弹性。德国 Rüssel 通过对晶体结构的调制,获得了具有非公度相的钡钛硅石晶体。由于[TiO$_5$]结构的特殊性,Ba$_2$TiSi$_2$O$_8$ 晶体不具有中心对称性,其正负电荷中心不重合,存在自发极化。这种自发极化的存在,使其具有热释电性。1996 年,Abrams[7]对属于 4 mm 点群的一些晶体的铁电性进行了研究和预测,认为 Ba$_2$TiSi$_2$O$_8$ 可能是一种铁电体,其铁电反转可以通过 O$_1$—O$_4$ 和 O$_2$—O$_3$ 相对位置的转换实现。1999 年,Foster[8]研究了人工合成的钡钛硅石陶瓷粉末的铁电性,首次在实验中观察到铁电体电滞回线。他发现,这种粉末表现出大的矫顽场,饱和场强达到 1.2 MV/m 以上。他估计该晶体的自发极化约为 0.2 C/m^2。同时,Foster 认为,Ba$_2$TiSi$_2$O$_8$ 长期被认为是非铁电体的原因,是由于对其介电温度谱的研究未能确定其 Curie 温度。而这类特殊的铁电体,其 Curie 温度可能高于其晶体的熔融温度(1 426 ℃),不会在介电温度谱上表现出铁电—顺电相变的介电峰。

Eckstein[9]、Kimura[10,11]和 Haussühl[12]等先后采用 Bridgemann 法人工合成得到了这种晶体,并对其介电、压电和热释电性质做了研究。表 6-2 列出了 Ba$_2$TiSi$_2$O$_8$ 晶体的部分介电、压电等物理性能参数。图 6-2 所示为 Ba$_2$TiSi$_2$O$_8$ 陶瓷粉末的室温铁电电滞回线。钡钛硅石具有特殊的压电特性:较高的压电系数,d_{33} 和 d_{31} 都是正值,因此其压电优值因子较高,作为高灵敏度的换能接收器,有较高的应用价值;稳定的压电和介电特性,在 875 K 以下的温度范围内,其介电、压电和机电性能基本保持不变。作为压电体,钡钛硅石在声表面波器件上的应用前景,受到人们的特别关注。Kimura、Yamauchi 等均对其做了深入的研究。Yamauchi 等[13]和 Ito 等[14]研究了具有 c 轴取向 BTS 薄膜的声表面波(SAW)特性,指出 c 轴取向的 BTS 薄膜具有零延迟温度系数(TCD)。图 6-3 归纳了钡钛硅石与几种常用的 SAW 晶体的性能比较。由图 6-3 可见,钡钛硅石的 SAW 机电耦合常数是高稳定性器件用 $LiTaO_3$ 晶体的 2～3 倍,而其延迟温度系数远低于 $LiNbO_3$ 晶体。

表 6-2　$Ba_2TiSi_2O_8$ 晶体的物理性能

介电常数	密度/ $(g \cdot cm^{-3})$	机电耦合系数	压电常数/ (pC/N)	弹性常数/ $(10^3 GPa)$	热膨胀系数/ $(10^{-6} K^{-1})$
$\varepsilon_{11}^T/\varepsilon_0=15$ $\varepsilon_{33}^T/\varepsilon_0=11$	4.446	$k_{15}=0.34$ $k_{31}=0.28$ $k_{33}=0.28$	$d_{31}=5.1$ $d_{33}=12$ $d_{15}=28$	$s_{11}^E=7.6$ $s_{33}^E=13$ $s_{44}^E=30$	$\alpha_1=8.7$ $\alpha_2=9.3$

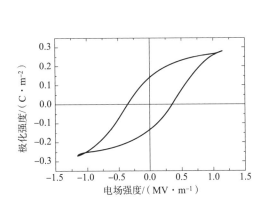

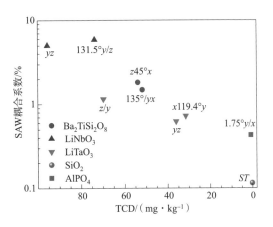

图 6-2　$Ba_2TiSi_2O_8$ 陶瓷粉末的室温铁电电滞回线　　图 6-3　钡钛硅石与几种常用的 SAW 晶体材料

关于 BTS 薄膜的制备已经有了一些研究。Li 等[15,16]采用射频溅射的方法,在 Si(100) 和 Si(111)衬底上 845 ℃温度下制备了 c 轴取向 BTS 薄膜,研究了薄膜的生长过程及其影响因素,发现 BTS 薄膜的生长过程呈现出强烈的各向异性。Ding[17,18]等通过对 BaO(SrO)—TiO_2—SiO_2—B_2O_3 体系玻璃的表面超声处理(UST)和热处理,在玻璃表面得到 $Sr_2TiSi_2O_8$ 和 BTS 薄膜,并在 STS 薄膜中观察到了强烈的光学二次谐波产生。但是,对溶胶-凝胶法制备 BTS 薄膜的研究目前尚未见报道,其主要原因可能在于其结晶温度较高(>800 ℃),难于获得表面平滑、结晶完全的薄膜。通过溶胶-凝胶法制备了 $Ba_2TiSi_2O_8$ 薄膜,并以其为过渡层,提高了溅射法制备的 BTS 薄膜的形貌和结晶性。

6.1.1　$Ba_2TiSi_2O_8$ 薄膜的溶胶-凝胶法制备及其微观结构

硅酸乙酯和去离子水按 1∶9 的比例,在 80 ℃的温度下,混合、搅拌,使硅酸乙酯达到一定程度的水解,得到溶液Ⅰ;将 TBT 溶于乙醇,在 80 ℃的温度下回流 2～3 h,得到溶液Ⅱ;乙酸钡溶于乙酸,得到溶液Ⅲ;钛酸四丁酯乙醇溶液Ⅱ冷却至室温,缓慢加入到温度为 80 ℃的溶液Ⅰ,继续搅拌 2～3 h;最后,乙酸钡的乙酸溶液Ⅲ,慢速地加入到冷却至室温的混合溶液。继续搅拌 2～3 h,静置 8～12 h。采用旋涂法(KW-4A 型台式匀胶机,中国科学院微电子中心)在单晶 Si(100)衬底上涂布 $Ba_2TiSi_2O_8$ 薄膜。涂布一层薄膜后,120 ℃干燥 30 min,再在 400 ℃排胶 30 min。重复旋涂、干燥排胶过程,直到达到所需的厚度。将排胶完全的薄膜送入已升至设定温度的管式炉中进行热处理,得到所需的晶化 $Ba_2TiSi_2O_8$ 薄膜。

图 6-4 为 700 ℃、750 ℃、790 ℃、830 ℃、870 ℃和 890 ℃热处理后 $Ba_2TiSi_2O_8$ 薄膜的 XRD 谱图。从图中观察到,700 ℃热处理的样品呈现出无定型的结构。而当温度升高达到 750 ℃时,XRD 图中出现 3 个衍射峰,分别位于 29.5°、27.5°和 34.9°。对照 JCPDS 84-0923 可知,它们分别属于 $Ba_2TiSi_2O_8$ 晶体的(201)、(211)和(002)晶面的衍射。而且,继续提高热处理温度,XRD 谱上出现其他相对较弱的衍射峰,也对应于 $Ba_2TiSi_2O_8$ 相的其他晶面的衍射,这表明薄膜具有良好的结晶性。与 $Ba_2TiSi_2O_8$ 薄膜的溅射工艺相比,采用溶胶-凝胶法可以在较低的温度下得到晶态 $Ba_2TiSi_2O_8$ 薄膜。图 6-5 给出了(201)、(211)和(002)三个晶面衍射峰半高宽的变化情况。根据 Scherr 公式 $D = K\lambda / \beta \cos\theta$,衍射峰半高宽反映了晶粒尺寸的变化,由此可推断,随着热处理温度的上升,薄膜的晶粒尺寸由于晶体生长过程而逐步增大。

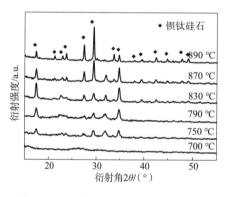

图 6-4 不同热处理温度的 $Ba_2TiSi_2O_8$
薄膜 XRD 谱图

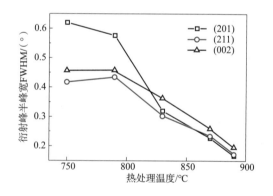

图 6-5 $Ba_2TiSi_2O_8$ 薄膜衍射峰宽
随热处理温度的变化

同时,从图 6-4 中可以看出,当热处理温度为 790 ℃和 830 ℃时,薄膜呈现明显的择优取向的趋势。计算薄膜取向指数 $f = \sum I_{(00l)} / I_{(211)}$,图 6-6 给出了热处理温度对薄膜取向指数 f 的影响。由图 6-6 可见,当热处理温度在 790～830 ℃范围内时,薄膜的取向指数较高,表现出强烈的择优取向性。而温度较低或过高时,薄膜的取向指数都明显下降。过高的热处理可能引起薄膜衬底之间的反应,形成一种玻璃相的硅酸盐,导致生长过程受到衬底与薄膜界面的玻璃相的影响,降低了薄膜的取向性。因此,合适的热处理下,可以获得具有较高的晶粒定向的薄膜。

另外,对 XRD 图谱的观察发现,随着热处理温度的增加,薄膜衍射峰发生漂移,这是由于薄膜中结晶相的晶格常数的变化引起的,为此采用最小二乘法计算了薄膜的晶格参数。图 6-7 是从 XRD 谱图推算得到的不同热处理温度的 $Ba_2TiSi_2O_8$ 相的晶格常数。由图 6-7 可见,随着温度的升高,c 轴方向的晶胞参数没有明显的变化,仅从 0.514 nm 变化到 0.515 nm。但是,a 轴的晶胞参数却由 0.839 nm 减小到 0.836 nm。这种变化说明随着温度升高,晶胞尺寸出现了收缩。与 $Ba_2TiSi_2O_8$ 晶体的 $a=0.521$ nm 和 $c=0.852$ nm 相比较,晶胞的 c 轴方向降低更为明显,当温度从 750 ℃上升到 890 ℃时,$Ba_2TiSi_2O_8$ 四方比 c/a 从 0.618 下降到 0.613。由于 $Ba_2TiSi_2O_8$ 的压电性能在很大程度上受四方度大小的影响,因此,c/a 的变化将对薄膜的压电性能产生影响。

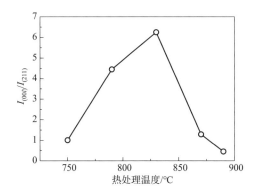

图 6-6　$Ba_2TiSi_2O_8$ 薄膜晶粒定向程度与
热处理温度的关系

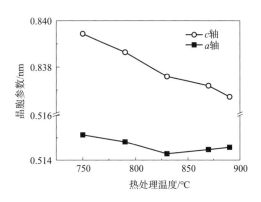

图 6-7　$Ba_2TiSi_2O_8$ 晶格参数
随热处理温度的变化

红外光谱和 Raman 散射光谱是分析物质中键结构的有效方法。图 6-8 是 $Ba_2TiSi_2O_8$ 薄膜在不同温度热处理后的红外光谱。$Ba_2TiSi_2O_8$ 晶体由 $[Si_2O_7]$ 双四面体和 $[TiO_5]$ 五面体单锥组成平行于 {001} 面的平面网层结构。从图中可以看出,所有的样品均在 904 cm^{-1} 处出现了最强峰,其他的红外吸收峰分别在 858、964、580、478 cm^{-1}。通常,Si—O 基团有多种连接方式,如岛状、链状、层状、环状和架状结构。由于其 Si—O 结合力的不同,各种结构的 Si—O 基团在红外光谱上表现出不同的振动状态[19]。链状结构中的最强峰大约在940 cm^{-1} 和 1 020 cm^{-1} 处;环状结构中的最强峰出现在 920~980 cm^{-1} 处,例如石榴石中的 Si—O 键;岛状的 $[SiO_4]$ 结构中,最强峰出现在 890~900 cm^{-1}。与图 6-6 中出现的主峰比较,可以认为,904 cm^{-1} 处出现的吸收峰,表明 $Ba_2TiSi_2O_8$ 薄膜中的 Si—O 基团其结合方式类似于岛状结构。表 4-3 列出了 $Ba_2TiSi_2O_8$ 晶体不同模式的红外振动峰。由表可见,$[Si_2O_7]$ 中的

v_s(Si—O—Si)[①]和 v(Si—O)[②]振动分别位于 583 cm^{-1} 和 900 cm^{-1}, 而[TiO$_5$]中 Ti—O 短键振动则出现在 749 cm^{-1} 和 858 cm^{-1}。图 6-8 中的红外吸收峰位置与文献报道的 Ba$_2$TiSi$_2$O$_8$ 单晶体数据比较, 表明经 750 ℃ 温度以上热处理的 Ba$_2$TiSi$_2$O$_8$ 薄膜中出现了[Si$_2$O$_7$]和[TiO$_5$]基团结构。

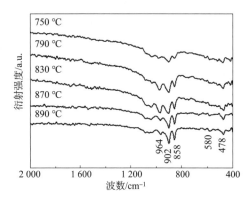

图 6-8　不同热处理温度处理的 Ba$_2$TiSi$_2$O$_8$ 薄膜的 FTIR 光谱图

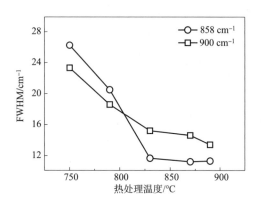

图 6-9　Ba$_2$TiSi$_2$O$_8$ 薄膜的 858 cm^{-1} 和 904 cm^{-1} 处红外峰峰宽变化

表 6-3　Ba$_2$TiSi$_2$O$_8$ 晶体的红外吸收峰位置[19]

振动模式	v(Ba—O)	δ(Ti—O)[③]	δ(Si—O)	δ(Ti—O)	δ(Si—O—Si)	v(Ti—O)	v(Ti—O)	v(Si—O)
波数/cm^{-1}	100~300	300~400	400~550	550~650	583	749	858	904

此外, 随着热处理温度从 750 ℃ 上升到 890 ℃ 时, Ba$_2$TiSi$_2$O$_8$ 薄膜的红外振动峰逐渐增强, 且其峰宽相对逐步减小, 反映了热处理温度对 Ba$_2$TiSi$_2$O$_8$ 薄膜结构的影响。图 6-9 给出了红外吸收光谱中 858 cm^{-1} 处的 v(Ti—O) 和 904 cm^{-1} 处的 v(Si—O) 的峰宽随热处理温度的变化。从图 6-9 可以明显看出, 随着温度的升高, 两个振动的峰宽逐渐变窄, 呈现了与 XRD 衍射相同的变化趋势, 说明提高热处理温度使薄膜的结晶性有了明显的改善。XRD 和红外分析的一致性证明, 随着温度增加, 薄膜的结晶性逐渐增强。

图 6-10(a) 为 830 ℃ 热处理的 Ba$_2$TiSi$_2$O$_8$/Si(100) 薄膜的 Raman 散射光谱。在 200~1 000 cm^{-1} 范围内, 极性单晶 Ba$_2$TiSi$_2$O$_8$ 的 Raman 振动主要来自孤岛结构[Si$_2$O$_7$]双四面体和[TiO$_5$]四方单锥的振动[20,21]; 对 Ba$_2$TiSi$_2$O$_8$ 单晶, v_s(Si—O—Si) 位于 666 cm^{-1} 处, 其振动是相对较弱的, 最强的振动峰出现于 858 cm^{-1} 和 873 cm^{-1}, 是 v(SiO$_3$) 键的振动和 Ti—O 短键的伸缩振动及它们混合作用的结果。图 6-10 中出现的三个振动带分别位于 869 cm^{-1}、662 cm^{-1} 和 593 cm^{-1}, 最强的振动峰出现于 869 cm^{-1}。869 cm^{-1} 处的振动可以认为是由 858 cm^{-1} 和

---

① v_s 为对称摇摆振动。

② v 为摇摆振动。

③ δ 为伸缩振动。

873 cm^{-1}叠加而成,对应于 $v(SiO_3)$ 键的振动和 Ti—O 短键的振动,对该 Raman 峰的 Lorentz 拟合分析也显示,该峰可以分解成位于 870 cm^{-1}和 852 cm^{-1}的两个振动模式。另外,其他两个相对较弱的位于 662 cm^{-1}和 593 cm^{-1}的 Raman 峰是由 $v_s(Si—O—Si)$ 的振动引起的。Raman 散射和红外光谱表明,830 ℃ 热处理得到的薄膜已经形成了 $Ba_2TiSi_2O_8$ 相。

图 6-10(b)是薄膜在 830 ℃ 热处理后的 AFM 形貌图。通过 UV 反射光谱的测量得到薄膜的厚度约为 0.2 μm。从图 6-10(b)可以看出,薄膜具有相对平滑的表面和致密的结构,且表面没有出现明显的裂痕,说明本实验所采用的工艺避免了溶胶-凝胶法薄膜制备中经常出现的开裂现象。尽管薄膜的晶界并不是很清晰,但已经有明显的晶粒析出,而且晶粒尺寸为 0.30～0.50 μm。

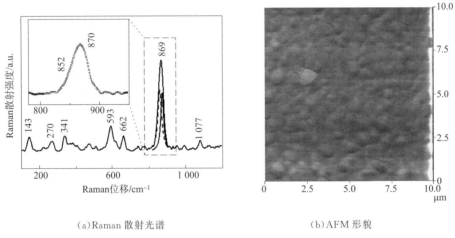

(a)Raman 散射光谱　　　　　　　　(b)AFM 形貌

图 6-10　830 ℃ 热处理的 $Ba_2TiSi_2O_8$ 薄膜 Raman 散射光谱和 AFM 形貌

6.1.2　$Ba_2TiSi_2O_8$ 薄膜形貌的调控

薄膜的结晶度、形貌以及成分对其性能产生很大影响,进而也会影响到在器件方面的应用。Kato[22]曾经研究了 $Sr_2Ta_2O_7$ 和 $Sr_2(Ta,Nb)_2O_7$ 薄膜的表观形貌与介电性能的关系。Chang[23]分别使用无定形和结晶两种结构的 Al_2O_3 层衬底来控制 $Bi_{4-x}La_xTi_3O_{12}$ 薄膜底结晶性能,并且发现 Al_2O_3 层的表观形貌和结晶性对薄膜的形貌、结晶度及电学性能具有很大的影响。Lenz 和 Lipowsky[24]从理论上分析了薄膜表面畴的分布与薄膜的形貌之间的影响,指出薄膜表面的形貌和结构是由内部的几何关系所决定的。因此,在制备铁电薄膜时,控制薄膜的结晶度和晶粒形貌是很重要的。$Ba_2TiSi_2O_8$ 薄膜的研究已经有了一定的进展。但是,不管是文献报道过的,还是笔者团队在溅射方面进行的试验,都显示出 $Ba_2TiSi_2O_8$ 薄膜在结晶性方面存在一定的缺陷,使薄膜的性能受到影响。众所周知,与溅射沉积薄膜相比,溶胶-凝胶法在控制化学计量比和低温晶化方面具有显著的优势。为了弥补上述现象,本文采用在衬底 Si(100)上使用溶胶-凝胶法先制备一层 $Ba_2TiSi_2O_8$ 薄膜,作为过渡层,然后在过渡层的基础上通过溅射法制备 $Ba_2TiSi_2O_8$ 薄膜，以此来控制薄膜的表面形貌和结晶度。XRD 结构分析和 AFM 观察表明，采用溶胶-凝胶过渡层对溅射沉积的薄膜结晶度和表面形貌起到了很好的控制作用。

溶胶-凝胶过渡层的原料选择和制备方法与前节所叙述的完全相同，但只进行一次旋涂。根据溶胶-凝胶薄膜样品的晶化温度及晶化时间，选择在 750 ℃ 对单层薄膜样品热处理 20 min。通过紫外反射谱测得薄膜的厚度为 20～30 nm。图 6-11（a）是单层 $Ba_2TiSi_2O_8$ 膜的 XRD 图谱。从 XRD 谱可见，单层 $Ba_2TiSi_2O_8$ 膜表现出良好的结晶性，同时也表现出良好的晶粒定向效果。其定向指数 $f = \sum I_{(00l)}/I_{(211)}$，达到 2.2。另外，从 XRD 图谱发现，单层膜衍射峰半峰宽较大，均在 $0.477°～0.526°$。根据 Scherrer 方程 $\beta_L = \dfrac{K\lambda}{L\cos\theta}$，按（002）晶面对其晶粒尺寸进行估算，为 20～30 nm。

图 6-11（b）为 750 ℃ 热处理后溶胶-凝胶过渡层的 AFM 形貌。从图中可以清晰地看出，薄膜表面已经形成了细小的晶粒，晶粒尺寸范围为 50～100 nm，与 XRD 分析的结果在相同的水平上。这表明，单层 $Ba_2TiSi_2O_8$ 薄膜具有良好的取向结构和纳米尺度的晶粒。溶胶-凝胶层的这种纳米晶相结构的存在，为钡钛硅石的结晶提供了成核位，影响了溅射成膜的结晶性能和表面形貌，为薄膜溅射外延沉积提供了一个良好的生长模板。

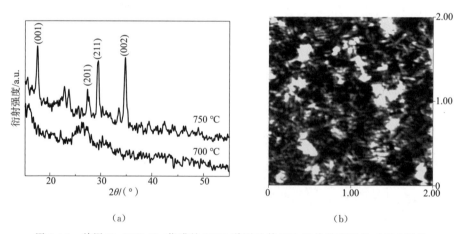

（a）　　　　　　　　　　　　　　　　　　　（b）

图 6-11　单层 $Ba_2TiSi_2O_8$ 薄膜的 XRD 谱图及其 750 ℃ 热处理后的 AFM 图片

以溶胶-凝胶过渡层为衬底，以 $Ba_2TiSi_2O_8$ 化学计量比的陶瓷作为靶材，用磁控溅射的方法制备 $Ba_2TiSi_2O_8$ 薄膜，其溅射条件见表 6-4。溅射沉积 $Ba_2TiSi_2O_8$ 后的薄膜，置于管式炉中 750 ℃ 处理 10 min。

表 6-4　$Ba_2TiSi_2O_8$ 薄膜的溅射条件

溅射条件	工作气压	溅射功率	衬底温度	溅射时间	Ar∶O_2 流量
值	0.3 Pa	100 W	600 ℃	60 min	18∶2

图 6-12 为有溶胶-凝胶层和无溶胶-凝胶层时溅射制备的 $Ba_2TiSi_2O_8$ 薄膜的 Raman 散射光谱。两者都表现出钡钛硅石的特征 Raman 吸收谱，表明两者都已形成了结晶相。但是，比较不同衬底的 $Ba_2TiSi_2O_8$ 薄膜的 Raman 光谱可以看出，有过渡层的样品分别在 865 cm^{-1}、665 cm^{-1} 和 590 cm^{-1} 处出现了强烈的振动峰；但没有溶胶-凝胶过渡层的样品在相应位置的振动峰相对较弱，只是在 865 cm^{-1} 处出现了明显的振动峰。这表明，在薄膜的溅射沉积条件完全相同的情况下，溶胶-凝胶过渡层的样品产生了较强的 Raman 散射。这表明过渡层的存在有助于提高薄膜的结晶性，也就是说，溶胶-凝胶层良好的结晶状态诱发了溅射薄膜的结晶性能。

图 6-13 为 $Ba_2TiSi_2O_8$ 薄膜的 XRD 谱图。从图中可以看出，在 750 ℃ 热处理后，两种薄膜均表现出结晶特性，分别在 17.42°、27.28°、29.40° 和 34.76° 出现了较强烈的衍射峰，对应于 $Ba_2TiSi_2O_8$ 的 (001)、(201)、(211) 和 (002) 面的衍射峰。此外，从图中可以看出，以溶胶-凝胶层为过渡层的薄膜，其衍射峰的强度较高、峰宽较小。为比较两者的晶粒取向程度，计算定向指数 $f = \sum I_{(00l)}/I_{(201)}$。结果表明，没有过渡层和有过渡层的两种薄膜，其定向度分别为 1.83 和 4.74。另外，从 XRD 谱上可以明显看出两者半峰宽的差别，说明没有采用溶胶层的薄膜的晶粒比较细小。而采用溶胶层后，衍射峰宽度减小，表明溶胶-凝胶层的存在有利于溅射过程中晶粒的长大。这一点也可以从后面的 AFM 图片中观察到。

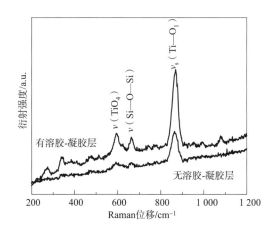

图 6-12　$Ba_2TiSi_2O_8$ 薄膜的 Raman 散射光谱

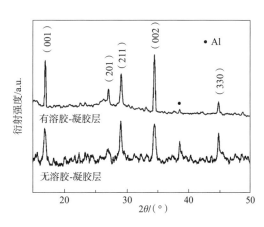

图 6-13　$Ba_2TiSi_2O_8$ 薄膜的 XRD 衍射谱

图 6-14 是增加溶胶-凝胶过渡层前后溅射制备的 $Ba_2TiSi_2O_8$ 薄膜的 AFM 显微图片。从图 6-14(a) 中可以看到，直接溅射获得的薄膜已出现明显的晶粒析出，其形状近似为圆形。但是，晶界并不明显，看起来比较模糊，说明溅射制备的薄膜在 750 ℃ 下处理后，结晶性相对较差。

图 6-14(b) 为以溶胶-凝胶层为过渡层制备的 $Ba_2TiSi_2O_8$ 薄膜的 AFM 显微形貌，图中的晶粒形状比较清晰，晶界明显。与图 6-14(a) 相比，有过渡层存在的薄膜表面晶粒排列更

加紧密,另外,两种薄膜在晶粒尺寸方面也存在很大差异。没有过渡层的薄膜晶粒尺寸约为280 nm,而有溶胶-凝胶过渡层的样品晶粒尺寸约为390 nm。这表明溶胶-凝胶层的存在不仅促进了薄膜的晶化,而且影响了溅射成膜的晶粒的长大。进一步观察图 6-14 可以看到,薄膜的晶粒具有相对平滑的表面,不同尺寸晶粒之间连接也比较紧密。比较图 6-11 与图 6-14,可以发现在形貌上两张图片有相似之处,这说明溶胶-凝胶层的结构对薄膜的生长具有一定的诱导作用,也就是说,溶胶-凝胶层的这种微观结构的存在,极大地影响了薄膜的晶粒形貌,起到了促进薄膜晶化的作用。

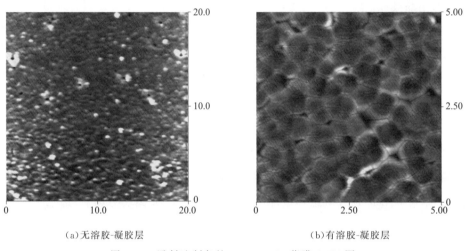

(a)无溶胶-凝胶层　　　　　　　　　　(b)有溶胶-凝胶层

图 6-14　溅射法制备的 $Ba_2TiSi_2O_8$ 薄膜 AFM 图

6.2　水基铌醇盐合成技术

目前,制备铌酸盐化合物常用的铌源主要有乙醇铌[$Nb(OC_2H_5)_5$]、氯化铌($NbCl_5$)、草酸铌、氧化铌(Nb_2O_5)等。醇盐常用于水热法或溶胶-凝胶法工艺,具有良好的溶解性,但是乙醇铌价格昂贵,极易水解并需要在特殊环境下(如干燥环境,惰性气体中)保存,在工业中推广使用存在困难;使用 $NbCl_5$ 会导致最终产物中残留氯化物杂质,影响材料的电性能,此外合成过程中产生有毒的 HCl 气体,不利于环境保护。尽管草酸铌可溶于水,但是草酸离子和很多金属离子都生成沉淀,这影响了其在化学合成上的应用。

最常见和最便宜的含铌化合物是氧化铌(Nb_2O_5)。但是 Nb_2O_5 化学性质极其稳定,与其他盐类的化学反应能力弱,影响了它的反应活性。水合氧化铌[$Nb_2O_5 \cdot nH_2O$,$Nb(OH)_5$,也称作铌酸]是一种不溶于水的含水聚合氧化物,其反应活性比 Nb_2O_5 更强,可溶于 NaOH 溶液、草酸、酒石酸、柠檬酸等[25]。水合氧化铌中的结晶水数目随着制备条件不同而变化,没有固定的组成,且随着时间的延长,其化学活性丧失。所以一般使用新鲜沉淀的铌酸,并且保存时间不能超过一个月。

鉴于以上常用铌源的缺点,本节的工作之一就是寻找一种适合的工艺路线,把 Nb_2O_5 转化为可溶性铌盐,以用于制备其他铌酸盐的薄膜和陶瓷。

6.2.1　氢氧化铌的制备

图 6-15 为水合氧化铌(铌酸)的分子结构图。水合氧化铌约在 $150\sim200$ ℃脱去大部分水,但剩下的水和氧化铌结合牢固,必须加热到 500 ℃以上才能脱除所有的水,最终转化成 Nb_2O_5。水合氧化铌具有两性性质,在酸性介质中,$Nb(OH)_5 \rightleftharpoons Nb(OH)_4^+ + OH^-$,平衡常数 $K_{sp}=[Nb(OH)_4^+][OH^-]/[Nb(OH)_5]=2.5\times10^{-15}$;在碱性介质中,$Nb(OH)_5 \rightleftharpoons NbO_3^- + H^+ + 2H_2O$,平衡常数 $K_{sp}=[NbO_3^-][H^+]/[Nb(OH)_5]=4.0\times10^{-8}$。新鲜沉淀的铌酸难溶于水,但能溶解在氢氟酸、草酸、酒石酸、胺、氢氧化钾溶液中[26]。

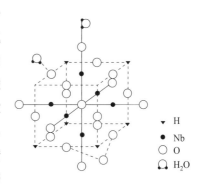

图 6-15　铌酸($H_8Nb_6O_{19}$)结构模型

大多数铌酸盐不溶于水,在所有铌酸盐中,铌酸钾具有最大溶解度。铌有机络合物一般比无机络合物更稳定,不同有机物对铌的铬合稳定性从大到小依次为:草酸,H_2O_2,柠檬酸,酒石酸,NaF,乙酸乙酯[25,26]。许多铌的有机络合物易溶于水,而且溶解度大大高于 HF 酸以外的所有无机酸中的溶解度。

已有报道表明,Nb_2O_5 可以成功地转化为 $Nb(OH)_5$[27]。当 pH 小于 5 时,就只得到 $Nb(OH)_5$ 沉淀。

$$3K_2CO_3 + Nb_2O_5 \longrightarrow 2K_3NbO_4 + CO_2$$

$$6K_3NbO_4 + 5H_2O \longrightarrow 18K^+ + Nb_6O_{19}^{8-} + 10OH^-$$

$$4K^+ + Nb_6O_{19}^{8-} + 4OH^- + 8H^+ \longrightarrow K_4H_4Nb_6O_{19} \downarrow + 4H_2O$$

$$K_4H_4Nb_6O_{19} + 15H^+ + 11OH^- \longrightarrow 6Nb(OH)_5 \downarrow + 4K^+$$

笔者团队对不同络合剂对 $Nb(OH)_5$ 的络合能力进行了试验。作为一种常用的络合剂,乙二胺四乙酸二钠(EDTA)阴离子螯合金属离子的能力很强,能形成十分稳定和可溶的络合物,但其络合稳定性太强,对于后续沉淀出铌离子会造成障碍,所以不采用此种络合剂。试验中采用了四种络合能力不同的络合剂作为溶剂:柠檬酸、草酸、酒石酸和过氧化氢。实验过程都是将新鲜沉淀的 $Nb(OH)_5$ 溶入络合剂中,比较铌离子与络合剂的络合溶解能力。

(1)柠檬酸($C_6H_8O_7$)。柠檬酸分子具有三个羧基,因此对许多金属离子有较强的络合配位作用。$Nb(OH)_5$ 与柠檬酸水溶液分别以不同的摩尔比反应,反应温度为 80 ℃,结果见表 6-5,表中的摩尔比指 $Nb(OH)_5$ 与柠檬酸的摩尔比(下同)。试验表明,使用这种方法得到的 $Nb(OH)_5$ 并不能直接与柠檬酸络合得到可溶性的铌盐。

表 6-5　不同络合剂与酒石酸 Nb(OH)$_5$ 沉淀的反应情况

络合剂用量	柠檬酸	酒石酸	过氧化氢
1∶2	不溶	不溶	不溶
1∶3	—	—	不溶
1∶4	—	—	溶解
1∶5	不溶	不溶	溶解
1∶10	不溶	不溶	—

(2)酒石酸(C$_4$H$_6$O$_6$)。按照同样的方法,Nb(OH)$_5$ 与酒石酸水溶液分别以不同的摩尔比反应,反应温度为 80 ℃,反应情况见表 6-5。与柠檬酸相同,酒石酸不能与 Nb(OH)$_5$ 络合。

(3)过氧化氢(H$_2$O$_2$)。在 Nb(OH)$_5$ 沉淀中加入 H$_2$O$_2$ 和浓硝酸,Nb(OH)$_5$ 可以溶解,生成的是铌的过氧化物。由于过氧化物在使用和制备上不方便,如可能引起爆炸,所以 H$_2$O$_2$ 作为络合剂不可取。

(4)草酸[(COOH)$_2$·2H$_2$O]。Nb(OH)$_5$ 与草酸水溶液分别以不同的摩尔比反应,反应温度为 80 ℃,反应情况见表 6-5。由于草酸的络合能力较强,在摩尔比大于 1∶4 时,都能和 Nb(OH)$_5$ 完全络合,得到澄清的溶液。

尽管得到的草酸铌可溶于水。但是,草酸和很多金属离子(特别是铅离子)形成草酸盐沉淀,使得难以和其他含有金属离子的溶液混合使用,影响了其在化学合成上的广泛应用。

从草酸铌和氨水反应得到 Nb(OH)$_5$ 沉淀后,此时的 Nb(OH)$_5$ 便易与柠檬酸络合得到铌的柠檬酸盐,也容易溶于硝酸形成硝酸溶液。考虑使用沉淀法的原料,许多组分使用的都是硝酸盐,于是采用 Nb(OH)$_5$ 溶解在硝酸溶液中的方案,设计了如图 6-16 所示的反应流程。

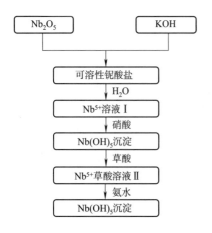

图 6-16　Nb$_2$O$_5$ 转化成 Nb(OH)$_5$ 的步骤

图 6-17　铌的草酸溶液的照片

在这个过程中,铌的草酸溶液(见图 6-17)中的"Nb^{5+}溶液 II"被称为铌的前驱物溶液。把铌的草酸溶液确定为铌的前驱物溶液主要出于以下方面的考虑:①易于保存,溶液稳定性好,存放半年以上也能保持澄清透明,没有沉淀物析出;②铌的草酸溶液中铌的含量可用重量法测定,溶液中除了铌离子,大部分是由有机物组成,经煅烧后获得的固体物质全部为 Nb$_2$O$_5$,铌的含量易于标定;③使用方便,每次使用时量取所需计量比的前驱物溶液用氨水滴定,保证获得新鲜的 Nb(OH)$_5$沉淀。

试验表明,铌的前驱物溶液经过氨水滴定后获得的新鲜的 Nb(OH)$_5$沉淀可以充分溶解到硝酸溶液中,得到铌的硝酸溶液,这种铌的硝酸溶液可以随意与目标产物的硝酸盐溶液混合而不产生浑浊、沉淀的现象。

6.2.2　铌的前驱物溶液的性质测试

铌的前驱物溶液的稳定性是制约其应用的重要因素,因此应该弄清楚它的一些重要的物理化学性质。

首先,研究了溶液的 pH 稳定范围。铌的前驱物溶液初始 pH 为 2,以 1 mol·L^{-1}的 NaOH 溶液调节其 pH,当 pH 增大到 8 时,溶液出现少量浑浊,随着溶液中 pH 的继续增大,浑浊逐渐增多,当 pH 增大到 10 时,溶液出现大量浑浊。这说明在 pH 小于 8 的范围内,铌的前驱物溶液均能稳定存在。

然后,研究了溶液稳定的温度范围,即溶液的热稳定性。从室温逐渐升温,在每个温度点保温 30 min,观察溶液的变化。60 ℃时,是澄清的黄色溶液,90 ℃时仍然是澄清的黄色溶液,120 ℃时还是澄清的黄色溶液,直至温度升高到 150 ℃,溶液中出现大量黑色沉淀。这是由于随着温度的升高,溶液中的聚合作用加强,以致凝胶化严重最后出现黑色沉淀。

这两个试验表明,当溶液的 pH 在 8 以下,并且溶液的温度不超过 120 ℃时,制备的铌的前驱物溶液都能稳定存在,对保存的条件要求不高。可以预见这将为制备铌酸盐陶瓷和薄膜提供一种低廉、方便的铌源。

通过对铌的物理性质和化学性质的研究,找到了一条工艺路线,可以把 Nb$_2$O$_5$成功转化为铌的前驱物溶液。把 Nb$_2$O$_5$和 KOH 充分搅拌混合后煅烧,将煅烧的产物溶于水,通过酸化处理得到白色胶状氢氧化铌[Nb(OH)$_5$]。柠檬酸、酒石酸都不能与生成的 Nb(OH)$_5$络合;过氧化物在使用和制备上不方便,不宜选用;草酸能和 Nb(OH)$_5$络合得到澄清的溶液,但是草酸和很多金属离子都会生成沉淀,也不能直接采用。通过比较以上一系列试验中氢氧化铌与各种络合剂的反应情况,最终摸索出了把 Nb$_2$O$_5$成功转化为可溶性铌溶液的方法:在 360 ℃的低温下煅烧 Nb$_2$O$_5$和 KOH 的混合物,然后通过两步螯合过程转化成澄清透明的铌的草酸溶液。每次使用时,用氨水滴定铌的前驱物溶液,获得新鲜的 Nb(OH)$_5$沉淀溶解到硝酸溶液中,再进行后续反应。这种把 Nb$_2$O$_5$转化为铌溶液的方法,为采用溶胶-凝胶法制备含铌化合物提供了必要的物质基础。

6.3 Pechni 法制备 $K_4Nb_6O_{17}$ 薄膜及其催化行为

具有独特层状结构的 $K_4Nb_6O_{17}$ 近期成为研究的热点,由于其与众不同的光化学和半导体性能,在水分解领域的催化活性[96,97],以及作为良好的前驱物通过离子交换置换和脱落反应合成新型纳米结构化合物[98]。

$K_4Nb_6O_{17}$ 由 NbO_6 八面体单元通过氧原子形成二维层状结构[28,29],如图 6-18 所示。这种由 NbO_6 构成的层带负电荷,由于电荷平衡的需要,带正电荷的 K^+ 出现在层与层之间的空间(层间)。其主要特征是在其结构中两种夹层交替出现,分别表示为层间 I 和层间 II。层间 I 和层间 II 中 K^+ 的化学活性是不同的。层间 I 中 K^+ 能被 Li^+、Na^+ 和一些多价阳离子所替代,而在层间 II 中的 K^+,仅能被 Li^+、Na^+ 等一价阳离子替代[30]。另外一个特征是,$K_4Nb_6O_{17}$ 的层间空间能自发地发生水合作用。这种材料在高湿度的空气和水溶液中容易发生水合,表明反应物分子在光催化反应中容易进入层状空间[31,32]。

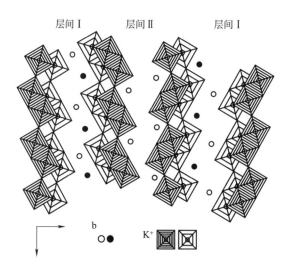

图 6-18 $K_4Nb_6O_{17}$ 结构示意图

近来,在制备 $K_4Nb_6O_{17}$ 薄膜方面展开了很多工作。研究者制备 $K_4Nb_6O_{17}$ 薄膜的工艺一般是先在 1 000 ℃下煅烧 K_2CO_3 和 Nb_2O_5 得到 $K_4Nb_6O_{17}$ 粉末,然后把粉末分散在酒精溶液中,再通过旋涂的方法得到薄膜,在 800 ℃下热处理后就得到了 $K_4Nb_6O_{17}$ 薄膜[33,34]。Koinuma 等把 $K_4Nb_6O_{17}$ 粉末分散在酒精中后,通过电泳沉积的方法也制备了 $K_4Nb_6O_{17}$ 薄膜[35]。另外,一些人的工作着重于利用多种阳离子[如 Ni^{2+}[36]、$Ru(bpy)_3^{2+}$[37]]对 $K_4Nb_6O_{17}$ 掺杂改性。使用铌的络合前驱物代替铌的醇盐制备纳米尺度的 $K_4Nb_6O_{17}$ 薄膜,这是一种低成本的制备铌酸盐薄膜的新工艺。

6.3.1 样品制备与表征

按照钾、铌摩尔比为 2.1∶3.0,在聚合前驱物中加入无水乙酸钾(KOAc),搅拌溶解后得到透明的溶胶。其中加入的过量钾离子是为了防止煅烧过程中钾挥发造成化学计量比失配。在甩胶前,溶胶在密封的玻璃容器中陈化 24 h。试验采用石英晶体为衬底($10 \times 10 \ mm^2$),甩胶速度和时间分别为 3 000 r/min 和 30 s 以均匀分散溶胶。之后,在 400 ℃ 干燥以除去有机物,在 500~700 ℃煅烧以结晶化。

晶相结构和取向性使用 X 射线衍射(XRD,Brucker D8 Advance,单色 Cu Kα 射线,$\theta/2\theta$ 扫描方式)测定。X 射线光电子能谱法(XPS,PHI-5300/ESCA system,Mg Kα 作为激发源)测定薄膜的化学组成。薄膜的表面形貌采用原子力显微镜(AFM,DIⅢ Nanoscope)观测。傅立叶变换红外(FTIR,Brucker Vector 22 spectroscopy)吸收光谱用来了解薄膜的微结构。

薄膜的光催化性能用 H_2 的产生过程来评价。试验设备是配备高压汞灯(功率为 400 W)的封闭空气循环系统,薄膜浸置在 100 mL 水和 50 mL 甲醇的混合溶液中,薄膜和灯的距离为 20 cm。自动取样器每 30 min 取样一次,气相色谱仪计量一次氢气的体积。

6.3.2 $K_4Nb_6O_{17}$薄膜的晶相结构与微观结构

为了分析薄膜的晶化行为,对样品在不同的温度进行热处理。在热处理之前,样品都在 400 ℃保温 30 min 以排除有机物和水分。图 6-19 是分别在 500 ℃,600 ℃ 和 700 ℃热处理 15 min 的 $K_4Nb_6O_{17}$薄膜的 XRD 图谱。从图中可以看出 500 ℃下热处理的薄膜是非晶的,这是因为温度太低,薄膜无法结晶化。当热处理温度提高到 600 ℃和 700 ℃后,薄膜都有一个在 10.72°的衍射峰。对比 JCPDS 卡片(NO76-0977)后发现,这个衍射峰是层状 $K_4Nb_6O_{17}$ 的(040)衍射峰,这表明薄膜已经结晶并取向生长。因此要使 $K_4Nb_6O_{17}$薄膜结晶,热处理温度至少需要 600 ℃,而在 K_2O-Nb_2O_5 体系的相图中富钾和富铌的情况下结晶温度分别为 1 039 ℃和 1 150 ℃。结晶温度的大幅降低可能是试验中所使用的新型的聚合前驱物中钾和铌分子级的混合所致。此外,在 XRD 图谱上(020)衍射峰消失了而(020)显得特别强。关于这个现象,Nassau 等[38]对(020)峰消失的原因做过一些推理,(020)和(040)衍射峰的相对强度反映了层间Ⅰ和层间Ⅱ的差别程度。$K_4Nb_6O_{17}$ 中的两个层间没有区别,所以(020)峰没有出现。一些研究者也报道过当层间有其他离子时,(020)

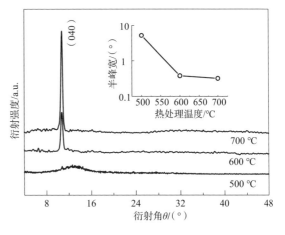

图 6-19 不同温度下热处理得到的 $K_4Nb_6O_{17}$ 薄膜的 XRD 谱图

峰也可能消失,如质子交换[39],Eu^{3+}替换[40]等。(020)峰的强度相对(040)峰的强度弱得多,只有其3.3%,(020)峰消失的具体原因现在还没有统一的观点。此外,从图6-19中还可以看出,700 ℃热处理的薄膜的(040)衍射峰几乎是600 ℃热处理的薄膜的2.5倍,这表明热处理温度高时,薄膜结晶更好。

化学计量比是影响薄膜性能的重要因素之一,可以采用X射线光电子谱(XPS)予以测定。图6-20是经600 ℃热处理的$K_4Nb_6O_{17}$薄膜的XPS谱。依据XPS图谱,计算得到薄膜中K∶Nb∶O为4.08∶6.11∶17.11,即为4∶5.99∶16.77。考虑到测试的精度,可以认为薄膜的组成与$K_4Nb_6O_{17}$化学计量比吻合得很好。一般认为,在高温下钾的挥发是不可避免的。在试验中,热处理是在600 ℃这样的低温下进行的,并且加入了过量的钾离子,因此避免了钾元素的损失,组成正好和化学计量比相符。

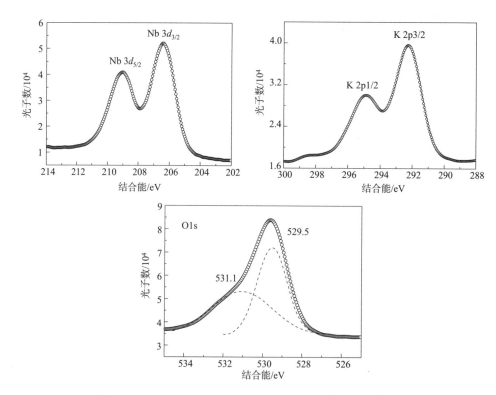

图6-20　600 ℃热处理15 min的$K_4Nb_6O_{17}$薄膜的XPS图谱

在潮湿的大气环境中$K_4Nb_6O_{17}$易于水解,层间Ⅰ可以与水结合,而层间Ⅱ几乎不水解。$K_4Nb_6O_{17}$结构是正交晶系的,晶胞参数为$a = 0.783$ nm,$b = 3.321$ nm,$c = 0.646$ nm(JCPDS,NO76-0977)[41]。Nassau[38]的研究表明$K_4Nb_6O_{17}$有两个水解相:$K_4Nb_6O_{17} \cdot 3H_2O$和$K_4Nb_6O_{17} \cdot 4.5H_2O$。$K_4Nb_6O_{17} \cdot 3H_2O$结构是正交晶系的,晶胞参数$a = 0.785$ nm,$b = 3.767$ nm,$c = 0.646$ nm(JCPDS NO21-1297);$K_4Nb_6O_{17} \cdot 4.5H_2O$结构也是正交晶系的,晶胞参数$a = 0.782$ nm,$b = 4.109$ nm,$c = 0.642$ nm(JCPDS NO21-1296)。在该研究工

作中,首先研究了热解温度对晶相结构的影响。薄膜经 300 ℃ 热解后,分别在 600 ℃ 处理 5、10、120 min,其 XRD 图谱如图 6-21 所示。不同于长时间处理的样品,热处理 5 min 的薄膜的晶相结构与 $K_4Nb_6O_{17} \cdot 3H_2O$ 吻合得很好,可以推断进入层间I的水分子在 300 ℃ 热解时并不能完全挥发。但是,当增加热处理时间时,进入层间I的水分子可以完全挥发,得到了 $K_4Nb_6O_{17}$ 相。

600 ℃ 处理不同时间得到的 $K_4Nb_6O_{17}$ 薄膜的红外图谱如图 6-22 所示。三种薄膜样品的红外图谱大致一样,主要有两个吸收峰,分别位于 610 cm^{-1} 和 737 cm^{-1}。其他人报道的 $K_4Nb_6O_{17}$ 纳米薄片[42] 和铌酸盐玻璃陶瓷[43,44] 的红外图谱表明:在 610 cm^{-1} 和 700 cm^{-1} 左右的吸收峰是 NbO_6 八面体的 υ_3 模式。

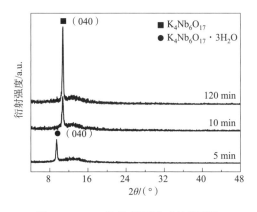

图 6-21　600 ℃ 处理不同时间得到的 $K_4Nb_6O_{17}$ 薄膜 XRD 谱

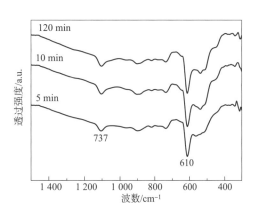

图 6-22　600 ℃ 处理不同时间的 $K_4Nb_6O_{17}$ 薄膜的 FT-IR 光谱

另外,随着热处理温度的变化,薄膜的晶粒尺寸有所长大。图 6-23 分别是 600 ℃ 和 700 ℃ 处理的 $K_4Nb_6O_{17}$ 薄膜 AFM 照片。可以看到,600 ℃ 处理的样品的晶粒尺寸为 60～70 nm,700 ℃ 处理的样品的晶粒尺寸为 90～100 nm。总之,采用 Pecchni 法制备的 $K_4Nb_6O_{17}$ 薄膜具有纳米晶粒结构,会对薄膜的光催化性能起到增强作用。

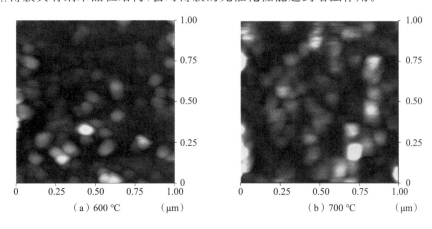

（a）600 ℃　　　　　　　　　　　　（b）700 ℃

图 6-23　不同温度下热处理的 $K_4Nb_6O_{17}$ 薄膜的 AFM 图

6.3.3　$K_4Nb_6O_{17}$薄膜的催化性能及其动力学分析

为了评价不同温度热处理的薄膜的光催化性能,进行了薄膜催化制氢的试验。光催化反应的环境为 100 mL 水和 50 mL 甲醇的混合物。图 6-24 是 600 ℃和 700 ℃处理的样品的光催化产氢曲线。两条曲线中,在产生大量氢气前都有一个约 30 min 的诱导期。经过这个诱导期后,形成稳定的产氢过程。很显然,600 ℃处理样品的催化制氢的速率比 700 ℃处理快,这可能与薄膜在不同温度下热处理后的结晶度和晶粒尺寸有关。经过稳定生成氢气的过程后,光催化性能趋向于饱和,这个现象在 600 ℃的样品的催化曲线上特别明显。以上是薄膜催化制氢的过程,这和水热合成的 $K_4Nb_6O_{17}$ 粉末催化制氢的过程类似[45]。此外,700 ℃的样品催化制氢的总量比 600 ℃的样品的多。一般来说晶粒尺寸小有利于电子-空穴对的扩散,且能减少电子-空穴对再结合的机会,从而提高光催化性能[46]。另外薄膜的结晶度也能影响光催化过程。试验中也对 500 ℃热处理的薄膜做了光催化制氢研究,发现根本观察不到氢气的生成,这与它是非晶的状态有关。因此可以认为在 $K_4Nb_6O_{17}$ 薄膜催化制氢的过程中,相对于颗粒尺寸来说,结晶度是一个更重要的影响因素。700 ℃热处理的薄膜的结晶性更好,以致其总的产氢量更大。

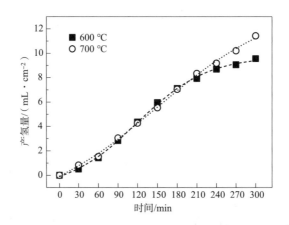

图 6-24　不同温度下热处理的 $K_4Nb_6O_{17}$ 薄膜光催化产氢曲线

研究者讨论了 $K_4Nb_6O_{17}$ 催化光解水制氢的机理[47,48],认为氢气是在层间 I 中产生的。在分解水的过程中,$K_4Nb_6O_{17}$ 先与水结合[49],然后光激发的电子和空穴与层间的离子结合并反应。对氢气的产生过程来说,光子首先要被 NbO_6 吸收,然后才产生受激的电子和空穴。在诱导期,相对于催化反应来说,受激的电子和空穴的重新结合是不可忽略的,所以氢气产生的速率很慢。当吸附量增大后,受激电子与被吸附的离子的反应迅速增加,所以生成氢气的速率稳定。

因此,可以认为氢气的产生过程分为两个阶段。

首先,反应物即水分子或甲醇分子迁移到层间并且在紫外线的照射下生成氢自由基,这个过程称为化学吸附过程。

化学吸附：
$$H_2O \xrightarrow[h\nu]{K_4Nb_6O_{17}} 2H^+ + OH^-$$
(6-1)

第二步，在 NbO_6 层产生的活化电子与氢自由基结合[50]。这个反应发生在层间，称为电子交换过程。

电子交换：
$$2H^+ + 2e^- \xrightarrow{K_4Nb_6O_{17}} H_2 \uparrow$$
(6-2)

总的氢气产生速率取决于化学吸附和电子交换速率。在层间只有在某些位置上才能发生反应，总的位置数记作 N_0，而把已吸附 H 原子的位置数记作 N。因为扩散控制的复相反应一般是一级反应，所以，式(6-1)的速率可以按照一级反应过程来计算，即

$$v_1 = k_1(N_0 - N)$$
(6-3)

在此，k_1 是动力学常数。化学吸附后活化电子与氢自由基结合，但是能够发生这个反应的位置服从 Boltzmann 规律，即只有能量高于活化能 ΔE 的位置才能发生反应。所以式(6-2)的速率可以如下式计算：

$$v_2 = k_2(N - N_1)$$
(6-4)

在此，k_2 是动力学常数；N_1 是不能发生反应的位置点数，可以用式计算：$N_1 = N_0\exp(-\Delta E/RT)$，其中 ΔE 是电子交换反应的活化能。

如果吸附位置数小于 N_1，就没有电子交换反应发生或者没有氢气生成，这也是存在诱导期的原因。经过以上分析后，生成氢气的总速率可以表示为

$$v = \frac{dN}{dt} = v_1 v_2 = k_1 k_2(N_0 - N)(N - N_1) = k(N_0 - N)(N - N_1)$$
(6-5)

在此，$k = k_1 k_2$ 是总的反应速率常数。对式(6-5)积分，可以得到

$$N = N_0 + \frac{N_1 - N_0}{1 + e^{\frac{(t-t_0)}{\Delta t}}}$$
(6-6)

在此，$\Delta t = 1/k(N_0 - N_1)$；$t_0 = \Delta E/k(N_0 - N_1)RT$。该方程符合 Boltzmann 生长模型。可以认为反应位置点数和氢气的产量成正比，如下式：

$$\frac{dV_{H_2}}{dt} = C\frac{dN}{dt}$$
(6-7)

在此，C 是常数。那么氢气产量和时间的关系可以表示为

$$V_{H_2} = V_0 + \frac{V_1 - V_0}{1 + e^{\frac{(t-t_0)}{\Delta t}}}$$
(6-8)

这里，$\Delta t = 1/Ck(V_0 - V_1)$；$t_0 = \Delta E/[Ck(V_0 - V_1)RT]$。表 6-6 列出了对图 6-24 中的曲线拟合后的各项参数。

表 6-6　$K_4Nb_6O_{17}$ 薄膜催化制氢的动力学参数表

动力学参数	热处理温度	
	600 ℃	700 ℃
Boltzmann 方程	$V_{H_2}=9.7-\dfrac{10.8}{1+e^{(t-119.4)/53.0}}$	$V_{H_2}=14.2-\dfrac{17.2}{1+e^{(t-150.5)/95.4}}$
V_1	-1.1	-3.0
V_0	9.7	14.2
t_0	119.4	150.5
Δt	53.0	95.4
$\Delta E=t_0/\Delta t$	$2.25RT$	$1.58RT$
$Ck=1/(V_0-V_1)\Delta t$	1.75×10^{-3}	0.61×10^{-3}

表 6-6 中有三个主要参数,即 V_0、ΔE 和 Ck。它们分别表示薄膜催化分解制氢的各项动力学特性。V_0 表示饱和产氢量;ΔE 表示参加反应所需要克服的吸附能量;Ck 表示反应速率。很多研究者认为,颗粒小有利于提高氢气生成的速率。低温热处理的薄膜晶粒小,因此电子和吸附离子的距离短,动力学常数 k 大。而高温热处理的薄膜的动力学常数 k 小,电子交换的活化能 ΔE 也小。但是,低温热处理的薄膜饱和产氢量小。总氢气产量(饱和产氢量)与反应的位置数 N_0 密切相关,而 N_0 与薄膜的结晶度有关。低温热处理的薄膜结晶度低,有效反应位少,因此其饱和产氢量小。500 ℃ 热处理的薄膜的催化试验也验证了结晶性的影响:此薄膜是非晶化的,根本检测不到氢气的生成。由此看来,结晶度是总产氢速度的决定因素。综上所述,催化制氢的过程可以看成是两个延续的过程:化学吸附过程和电子交换过程。对产氢曲线拟合可以得到各项动力学参数。低温热处理有利于增大产氢速率,但是不利于增加可以参加氢气生成反应的活化点,高温热处理的薄膜结晶性好且总的产氢量高。

参考文献

[1] WISNIEWSKI W, THIEME K, RÜSSEL C. Fresnoite glass-ceramics-A review[J]. Progress in Materials Science,2018,58(98):68-107.

[2] 2. MOORE P B,LOUISNATHAN S J. Unusual structure of Ti in fresnoite[J]. Science,1967,156 (3780):1361-1362.

[3] MARKGRAF S A,HALLIYAL A,BHALLA A S,et al. X-ray structure refinement and pyroelectric investigation of fresnoite,$Ba_2TiSi_2O_8$[J]. Ferroelectrics Letters Section,1985,62(1):17-26.

[4] ASASHI T, OSAKA T, KOBAYASHI J, et al. Optical study on a phase transition of fresnoite $Ba_2Si_2TiO_8$[J]. Physical Review B,2001,63(9):385-392.

[5] MARKGRAF S A, RANDALL C A, BHALLA A S. Incommensurate phases in the system

$Ba_2 TiSi_2 O_8$-$Ba_2 TiGe_2 O_8$[J]. Ferroelectrics Letters Section. 1990,11(5):99-102.

[6] MARKGRAF S A,RANDALL C A,BHALLA A S,et al. Incommensurate phase in $Ba_2 Si_2 TiO_8$[J]. Solid State Communications. 1990,75(10):821-824.

[7] ABRAMS S C. New ferroelectric inorganic materials predicted in point group 4mm[J]. Acta CRYSTALLOGR B,1996,52(3):790-805.

[8] FOSTER M C,ARBOGAST D J,NIELSON R M,et al. Fresnoite:a new ferroelectric mineral[J]. Journal of Applied Physics,1999,85(10):2299-2303.

[9] ECKSTEIN J,RECKER K,WALLRAFEN F. Breeding of fresnoite,$Ba_2 TiSi_2 O_8$[J]. Naturwissenschaften. 1976,63(9):435-438.

[10] KIMURA M,FUJINO Y,KAWAMURA T. New piezoelectric crystal-synthetic fresnoite($Ba_2 Si_2 TiO_8$)[J]. Applied Physics Letters,1976,29(4):227-228.

[11] KIMURA M. Elastic and piezoelectric properties of $Ba_2 Si_2 TiO_8$[J].Journal of Applied Physics. 1977,48(7):2850-2856.

[12] HAUSSÜHL S,ECKSTEIN J,RECKER K. Growth and physical properties of fresnoite $Ba_2 TiSi_2 O_8$[J]. Journal of Non-Crystalline Solids,1977,40(1):200-204.

[13] YAMAUCHI H,YAMASHITA K,TAKEUCHI H. $Ba_2 Si_2 TiO_8$ for surface-acoustic-wave devices[J]. Journal of Applied Physics. 1979,50(5):3160-3167.

[14] ITO Y,NAGATSUMA K,ASHIDA S. Surface acoustic wave characteristics of($Ba_{2-x} Sr_x$)$TiSi_2 O_8$ crystals[J]. Applied Physics Letters,1980,36(3):894-896.

[15] YOUDELIS W V,LI Y,CHAO B S,et al. Variables affecting crystal-structure,composition and orientation of rf-sputtered $Ba_2 Si_2 TiO_8$ thin films[J]. Thin Solid Films,1994,248(2):156-162.

[16] LI Y,CHAO B S,YAMAUCHI H. The growth-kinetics of rf-sputtered $Ba_2 Si_2 TiO_8$ thin-films[J]. Journal of Applied Physics. 1992,71(10):4903-4907.

[17] DING Y,MIURA Y,OSAKA A. Polar-oriented crystallization of fresnoite($Ba_2 TiSi_2 O_8$)on glass-surface due to ultrasonic treatment with suspensions[J]. Journal of the American Ceramic Society,1994,77(11):2905-2910.

[18] DING Y,MASUDA N,MIURA Y,et al. Preparation of polar oriented $Sr_2 TiSi_2 O_8$ films by surface crystallization of glass and second harmonic generation[J].Journal of Non-Crystalline Solids,1996,203(1):88-95.

[19] MAYERHOFER T G,DUNKEN H H. Single-crystal IR spectroscopic investigation on fresnoite,Sr-fresnoite and Ge-fresnoite[J]. Internet Journal of Vibrational Spectroscopy,2001,25(2):185-195.

[20] HENDERSON G S,FLEET M E. The structure of Ti silicate-glasses by micro-Raman spectroscopy[J]. Physics and Chemistry of Minerals,1995,33(2):399-408.

[21] MARKGRAF S A,SHARMA S K,BHALLA A S. Raman-study of glasses of $Ba_2 TiSi_2 O_8$ and $Ba_2 TiGe_2 O_8$[J]. Journal of the American Ceramic Society,1992,75(9):2630-2632.

[22] KATO K. Surface morphology and dielectric properties of alkoxy-derived $Sr_2 Ta_2 O_7$ and $Sr_2 (Ta,Nb)_2 O_7$ thin films[J]. Journal of Materials Science-Materials in Electronics,2000,11(8):575-578.

[23] CHANG H J,HWANG S H,JEON H,et al. Crystalline and electrical properties of(Bi,La)$_4 Ti_3 O_{12}$ thin films coated on $Al_2 O_3$/Si substrates[J]. Thin Solid Films,2003,443(1-2):136-143.

[24] LENZ P,LIPOWSKY R. Morphological transitions of wetting layers on structured surfaces[J].

Physical Review Letters,1998,80(9):1920-1923.

[25] USHIKUBO T,KOIKE Y,WADA K. Study of the structure of niobium oxide by x-ray absorption fine structure and surface science techniques[J]. Catalysis Today,1996,28(1-2):59-69.

[26] MAURER S M,KO E I. Structural and acidic characterization of niobia aerogels[J]. Journal of Catalysis,1992,135(1):25-134.

[27] 王歆,庄志强,齐雪君. PMN-PT 弛豫铁电粉体的溶胶-凝胶法制备及其性质[J]. 无机材料学报. 2002,17(2):306-310.

[28] KUDO A,TANAKA A,DOMEN K,et al. Photocatalytic decomposition of water over NiO-$K_4Nb_4O_{17}$ catalyst[J]. Journal of Catalysis,1988,111(1):67-76.

[29] SATO T,YAMAMOTO Y,FUJISHIRO Y,et al. Intercalation of iron oxide in layered $H_2Ti_4O_9$ and $H_4Nb_6O_{17}$: visible-light induced photocatalytic properties[J]. Journal of the Chemical Society, Faraday Transactions,1996,92(24):5089-5092.

[30] SAYAMA K,TANAKA A,DOME K. Photocatalytic decomposition of water over a Ni-Loaded $Rb_4Nb_6O_{17}$ Catalyst[J]. Journal of Catalysis,1990,124(2):541-547.

[31] HAKUTA Y,HAYASHI H,ARAI K. Hydrothermal synthesis of photocatalyst potassium hexatitanate nanowires under supercritical conditions[J]. Journal of Materials Science, 2004,39(15):4977-4980.

[32] ABE R,SHIMOMURA K,TANAKA A,et al. Preparation of porous niobium oxides by soft-chemical process and their photocatalytic activity[J]. Chemistry of Materials,1997,9(10):2179-2184.

[33] ABE R,IKEDA S,KONDO J N,et al. Novel methods for preparation of ion-exchangeable thin films [J]. Thin solid films,1999,343(1):156-159.

[34] FURUBE A,SHIOZAWA T,ISHIKAWA A,et al. Primary process of photogenerated carriers in ion-exchanged $K_4Nb_6O_{17}$ thin films investigated by femtosecond transient absorption spectroscopy [J]. The Journal of Chemical Physics,2002,285(1):31-35.

[35] KOINUMA M,SEKI H,MATSUMOTO Y. Photoelectrochemical properties of layered niobate ($K_4Nb_6O_{17}$)films prepared by electrophoretic deposition[J]. The Journal of Electroanalytical Chemistry,2002,531(1):81-89.

[36] KUDO A,SAYAMA K,TANAKA A,et al. Nickel-loaded $K_4Nb_4O_{17}$ photocatalyst in the decomposition of H_2O into H_2 and O_2: structure and reaction mechanism[J]. Journal of Catalysis,1989,120(2):337-352.

[37] FURUBE A,SHIOZAWA T,ISHIKAWA A,et al. Femtosecond transient absorption spectroscopy on photocatalysts: $K_4Nb_4O_{17}$ and $Ru(bpy)_3^{2+}$-intercalated $K_4Nb_4O_{17}$ thin films[J]. The Journal of Physical Chemistry B,2002,106(12):3065-3072.

[38] NASSAU K,SHIEVER J W,BERNSTEIN J L. Crystal growth and properties of mica-like potassium niobate[J]. Journal of the Electrochemical Society,1969,116(3):348-353.

[39] NAKATO T,KURODA K,KATO C. Syntheses of intercalation compounds of layered niobates with methylviologen and their photochemical behavior[J]. Chemistry of Materials, 1992,4(1):128-132.

[40] CONSTANTINO V R L,BIZETO M A,BRITO H F. Photoluminescence study of layered niobates intercalated with Eu^{3+} ions[J]. Journal of Alloys and Compounds,1998,278(1-2):142-148.

[41] GASPERIN M,BIHAN M T. Mecanisme d'hydratation des niobates alcalins lamellaires de formule $A_4Nb_4O_{17}$(A=K,Rb,Cs)[J]. Journal of Solid State Chemistry,1982,43(3):346-353.

[42] LIU X,LI L,LI Y D. Synthesis and characterization of nanocrystalline niobates[J]. Journal of Crystal

Growth,2003,247(3-4):419~424.

[43]　TATSUMISAGO M,HAMADA A,MINAMI T,et al. Structure and properties of Li_2O-RO-Nb_2O_5 glasses(R-Ba,Ca,Mg)prepared by twin-roller quenching[J]. Journal of Non-Crystalline Solids,1983, 56(1-3):423-428.

[44]　ANDRADE J S D,PINHEIRO A G,VASCONCELOS I F,et al. Raman and infrared spectra of $KNbO_3$ in niobate glass-ceramics[J]. Journal of Physics-Condensed Matter,1999,11(22):4451-4460.

[45]　HAYASHI H,HAKUTA Y,KURATA Y. Hydrothermal synthesis of potassium niobate photocatalysts under subcritical and supercritical water conditions[J]. Journal of Materials Chemistry,2004,14 (13):2046-2051.

[46]　TAKAHASHI H,KAKIHANA M,YAMASHITA Y,et al. Synthesis of NiO-loaded $KTiNbO_5$ photocatalysts by a novel polymerizable complex method[J]. Journal of Alloys and Compounds, 1999,285(1-2):77-81.

[47]　DOMEN K,KUDO A,TANAKA A,et al. Overall photodecomposition of water on a layered niobiate catalyst[J]. Catalysis Today,1990,8(1):77-84.

[48]　TANABE K. Catalytic application of niobium compounds[J]. Catalysis Today,2003,78(31):65-77.

[49]　YOSHIMURA J,EBINA Y,KONDO J,et al. Visible light-induced photocatalytic behavior of a layered perovskite-type rubidium lead niobate,$RbPb_2Nb_3O_{10}$[J]. The Journal of Chemical Physics, 1993,97(9):1970-1973.

[50]　KUDO A,TANAKA A,DOMEN K,et al. Photocatalytic hydrogen evolution from aqueous methanol solution on niobic acid[J]. Bulletin of the Chemical Society of Japan,1992,65(5):1202-1205.

第7章 有机溶胶-凝胶技术及其应用

有机凝胶材料是指以天然或人工合成高分子化合物为基本组成的一类凝胶材料。而高分子化合物的制备方法主要有：物理方法和化学方法（常规化学反应）。本章将主要讨论有机凝胶中的有机碳凝胶的制备技术与改性（如气凝胶等），以及角膜支架凝胶的制备技术与改性（如 PHEMA、PVA 和复合水凝胶等）。

7.1 有机气凝胶制备技术

有机气凝胶是一种轻质、多孔、结构可调的材料，其开发和使用在气凝胶领域具有重要意义。有机气凝胶（RF），最早是 1989 年由美国 Lawrence Livermore 国家实验室的 Pekala 团队，使用 Sol-Gel 法，以间苯二酚和甲醛作为反应原材料，在碱性条件下经过水解和缩聚反应等制备出来。[1] 此后，该团队研究人员通过改变原材料，先后获得了三聚氰胺甲醛气凝胶（MF）[2]、糠醛气凝胶（PF）[3] 等。国内最早是在 1993 年，由同济大学波耳固体物理研究所的沈军等带头展开有机气凝胶相关研发工作。[4] 从此，有机气凝胶的研究引发了全国热潮。

7.1.1 有机气凝胶的制备方法

有机气凝胶的制备工艺如图 7-1 所示。首先，用溶胶-凝胶法在一定条件下（交联剂、温度等）制备出水凝胶；然后，采用合适的干燥技术，如溶剂替换及超临界干燥，凝胶中的水被气体取代，从而获得具有三维网络结构的有机碳气凝胶。

溶胶 → 老化 → 水凝胶 → 干燥 → 气凝胶

图 7-1 一种制备有机气凝胶示意图

1. 溶胶-凝胶法

以间苯二酚和甲醛溶液（甲醛质量分数大于 37%）为最初反应物，碳酸钠为催化剂，蒸馏水为溶剂，按一定比例混合后经过溶胶-凝胶反应，可获得水凝胶。溶胶-凝胶过程，固定反应物间苯二酚与甲醛摩尔比为 0.5，调整反应物间苯二酚与催化剂摩尔比 x（$1\,000 \leqslant x \leqslant 2\,000$）与反应物质量分数 $y\%$（$10 \leqslant y \leqslant 50$）（记为 RF x-y），密封于容器中，并分别置于 30 ℃、50 ℃ 和 85 ℃ 下分别交联老化 1、2、4 d，得到一系列 RF 有机湿凝胶。溶胶-凝胶过程主要是酚羟基与甲醛分子发生加成-缩合反应，形成小单体分子。然后这些小分子单体进一步发生缩合反应，形成胶体和团簇，最后形成相互交联的空间网络结构。

2. 干燥技术

干燥技术,即将水凝胶中的溶剂除去,却仍保持着凝胶粒子间良好的三维网状结构。有机气凝胶性能受原料配比、催化剂、固化时间和温度等因素影响目前常采用的三种干燥方法为:超临界干燥法、冷冻干燥法、常压干燥法。采用普通蒸发干燥,则由于气液界面表面张力的存在会使凝胶的体积逐步收缩、开裂而破坏有机气凝胶结构,形成干凝胶(xerogels);维持凝胶结构的干燥方法有超临界干燥和冷冻干燥,前者干燥所得样品为气凝胶(aerogel),后者干燥所得凝胶为冷冻凝胶(cryogels)[5]。

(1)超临界干燥多采用醇类有机溶剂(如甲醇,临界温度为 239.4 ℃,临界压力为 7.95 MPa;乙醇,临界温度为 243 K,临界压力为 6.28 MPa;丙酮,临界温度为 235.5 K,临界压力为 4.72 MPa)等,或者超临界流体 CO_2(临界温度为 31 K,临界压力为 7.39 MPa),使得凝胶中的液体处于超临界流体状态,此时气液面消失,从而可以忽略凝胶表面的张力等,对气凝胶结构的破坏很小。超临界干燥的主要特点是双向传质:超临界流体以及凝胶溶剂可以分别进出凝胶的孔洞。在超临界干燥前,溶剂水(表面张力 $\gamma_{water} = 72.75 \times 10^{-3}$ N/m)通常可以用表面张力更小的溶剂替换,如丙酮($\gamma = 23.7 \times 10^{-3}$ N/m)和环己烷($\gamma = 25.5 \times 10^{-3}$ N/m),可减小毛细管张力而破坏气凝胶结构。超临界干燥技术工艺复杂、成本昂贵,具有危险性,在一定范围内限制了气凝胶的发展。

(2)冷冻干燥技术原理[6,7]是通过低温冰箱或者液氮迅速冻结后,水凝胶被置放于低温真空容器中,此时凝胶孔洞中的固体溶剂升华为气态,而气体会被真空系统排走。在整个过程中,没有形成气液界面,凝胶的结构保留良好。冷冻干燥因为不需要溶剂置换,因此干燥过程比较简单,经济和效果良好。冷冻干燥法的弊端是水凝胶的体积在预冻时会随着冰晶形成从而相应增大,导致凝胶原有网络结构较易被破坏。

(3)常压干燥的原理为消除凝胶孔隙的毛细管力以及气液界面的表面张力,主要方法有:多次溶剂置换并延长老化处理的网络增强法、溶剂置换表面改性法、共前驱体改性法、二次表面改性法[8,9]。可使用的置换溶剂为丙酮,环己烷等表面张力小的的有机溶剂。常压下干燥,会导致气凝胶的收缩率较高,从而使凝胶网络结构变脆。因此,常压干燥的重点在于加强凝胶的网络结构,使其在干燥过程中不致崩塌。常压干燥下的有机碳气凝胶孔隙率较小,但过程简单且价格适宜。

7.1.2　有机气凝胶的性能

采用间苯二酚、甲醛为原材料,碳酸钠为催化剂,水为溶剂,经过溶胶-凝胶法和常压干燥制备一系列有机气凝胶 RF x-y。随着 x 和 y 的改变,可以观察到溶胶-凝胶过程中溶液颜色的变化:无色-乳白色-橙色-浅黄色-红褐色。间苯二酚与催化剂的摩尔比 x 越低(如 1 000),或者反应物质量分数 y% 越高(≥40%),生成的块状有机气凝胶呈现出明显的红褐色,并且不透明。

图 7-2(a)是间苯二酚与催化剂摩尔比为 1 500,反应物质量分数分别为 30%、40% 和 50% 时的有机气凝胶 RF 1500-y 的红外光谱图。可见在 3 445.72 cm⁻¹、3 406.85 cm⁻¹ 处有着—OH 的伸缩振动特征峰;在 2 918.20 cm⁻¹、1 474.27 cm⁻¹ 处有明显的—CH₂ 伸缩、剪切振动峰;1 355 cm⁻¹、981 cm⁻¹ 对应于 C—H 键的弯曲振动;在 1 603.01 cm⁻¹ 处有苯环的 C—C 伸缩振动峰,证明苯环结构的完整性,说明缩合反应并未破坏苯环;在 1 042.78 cm⁻¹ 和 1 091.43 cm⁻¹ 处有明显的 C—O—C 伸缩振动峰,可归结于间苯二酚与甲醛缩合而成的亚甲基醚桥中的峰;1 218.60 cm⁻¹ 和 1 297.12 cm⁻¹ 处是苯环上羟基的 C—O 伸缩振动;840.19 cm⁻¹ 处为苯环平面 C-H 键的弯曲振动[10]。

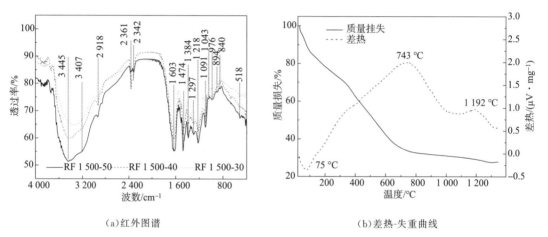

(a)红外图谱 (b)差热-失重曲线

图 7-2 不同 y 量时有机气凝胶 RF 1500-y 的红外光谱图及和反应物质量为 40% 时有机气凝胶 RF 1500-40 的差热-失重曲线

这些特征峰的存在,进一步证实了间苯二酚-甲醛-碳酸钠体系的溶胶-凝胶反应为加成-缩聚反应,如图 7-3 所示[11]。溶胶-凝胶过程中,在碱的催化下,间苯二酚具有的三个羟基邻

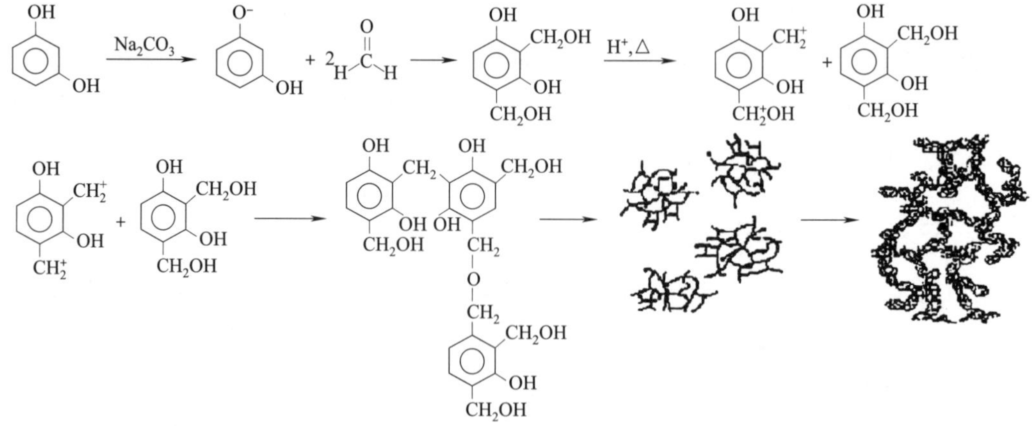

图 7-3 溶胶-凝胶法制备有机气凝胶示意图[12]

位活性位点(苯环上 2、4 和 6),首先与甲醛发生加成-缩合反应,形成小单体分子。然后,这些小分子单体进一步发生缩合反应,形成胶体和团簇,最后形成相互交联的网络结构。其中主要涉及:(1)形成间苯二酚的羟甲基衍生物;(2)羟甲基缩合形成亚甲基及亚甲基醚桥,促进苯环间的连接,扩展了分子结构。

图 7-2(a)中三者出峰位置基本相同,说明不同 R/C 及 w 发生反应获得有机碳气凝胶官能团相同,结构基本相近,也证明这种酚醛缩合反应产生的颗粒物结构的单一性。这对于碳气凝胶结构的控制意义重大。

图 7-2(b)为有机气凝胶 RF 1500-40 的 TG-DTA 曲线。从图中可以看出,74 ℃处有一吸热峰,同时伴随着质量的减少,可能为物理吸附水脱去。在 743 ℃和 1 192 ℃处有 2 个放热峰,可能分别对应着亚甲基醚键、苯环的断裂及氢键的断裂。小分子的挥发及这些键的断裂,使得有机气凝胶转变为碳气凝胶时,发生孔结构的变化。如有机气凝胶的大孔会转变为中孔和微孔,因此中孔的含量极大丰富。然而,孔隙的基本形状不发生变化,只是孔径分布发生了转移。同时,图中还可以观察热重曲线在 800～1 350 ℃时,样品质量基本上没有减少(质量损失在 5％以内),说明这时碳化已经完全。故考虑在 900～1 050 ℃惰性气氛煅烧是合适的,高温能提高材料导电性能。

7.2　有机碳气凝胶功能化改性及应用

有机碳气凝胶是经过惰性气氛下高温碳化处理后制备出的一种新型、轻质、纳米、多孔(400～1 000 m²/g)无定型碳素材料,又称碳气凝胶(CRF)。有机气凝胶碳化制成碳气凝胶后,不仅能够保持原有的纳米多孔网络结构,而且还具有许多优异的特性,如比表面积高、质量密度低、纳米级连续孔隙。由于碳族原材料来源广泛,碳气凝胶分支也极其庞大,除了制备出最常见的酚醛碳气凝胶、三聚氰胺甲醛气凝胶和糠醛气凝胶外,还有碳纳米管气凝胶[13]、石墨烯气凝胶[14]等,广泛用于储能材料(储氢、燃料电池、超级电容器、锂离子电池、锂空气电池等)[15],吸附材料(处理废水)[16]及药物载体[17]等。此外,在改性后得到的碳气凝胶也可以进行进一步的改性,从而得到更加优异的性能。

7.2.1　有机气凝胶改性制备碳气凝胶

有机气凝胶 RF 在惰性气氛下(如 Ar)经过高温煅烧,可制得具有良好导电性和一定孔径分布的碳气凝胶黑色粉末。通过仔细控制实验条件,如 $x=1\,500$,$y=40$,可以获得具有双孔径(两种不同孔隙大小)通道的气凝胶,简称为双孔碳气凝胶 CRF 1500-40,其制备流程可参见图 7-4。其中煅烧程序如下:从室温用 100 min 升温至 300 ℃,并保持温度反应 2 h;用 2 h 升温至 900 ℃,保持温度反应 2 h;再用 150 min 升温至 1 050 ℃保持 4 h;然后缓慢降温至 300 ℃,再自然冷却至室温。

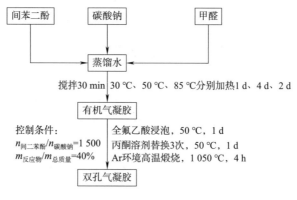

图 7-4　碳气凝胶的制备流程图

7.2.2　碳气凝胶的功能改性及应用

1. 碳气凝胶的功能改性

制备碳气凝胶的改性衍生物（掺杂其他元素或者化合物）则需要在溶胶-凝胶阶段改变原材料，加入需掺杂元素，或者使用物理方法、化学方法对有机碳气凝胶或碳气凝胶进行热处理。以下分类列举几种改性碳气凝胶的方法：

（1）LiBH₄-碳气凝胶。Gross 等[18]将 RF 有机碳气凝胶在 400 ℃热处理后，在手套箱内与 LiBH₄混合，并在氩气氛围于 280～300 ℃熔融处理，在碳气凝胶丰富微孔的毛细管作用下，最后获得 LiBH₄填充均匀的 LiBH₄-碳气凝胶。该材料具有大量的微孔结构，展现了卓越的氢吸附和脱附性能。

（2）GA-SiO₂（-MC,-Co₃O₄,-RuO₂）。Wu 等[19]通过水热法组装氧化石墨烯（GO）获得三维大孔石墨烯凝胶（GA），并利用溴化十六烷基三甲铵（CTAB）作为模板，四乙氧基硅烷（TEOS）作为硅源，在 GA 上生长含大量中孔的 SiO₂复合物，经过多次乙醇洗涤移除 CTAB，最终 800 ℃惰性气氛下热解，获得富含大孔和中孔的 GA-SiO₂凝胶复合物。利用的 GA-SiO₂凝胶复合物可选用蔗糖、乙酰丙酮钴或乙酰丙酮钌作原材料来制备 GA-MC，GA-Co₃O₄ 和 GA-RuO₂。复合物具有丰富的中孔结构，可获得更强的比容及更好的性能。Hong 等[20]也利用 GO 的分散水溶液通过化学还原法自组装制备了 rGO 水凝胶，经过冷冻干燥最终获得相互交联的具有良好压缩性、弹性及高机械强度的 x-rGO 干凝胶。

（3）CNAG。Bordjiba 等[21]将碳纳米管 CNTs 直接生长在多孔纤维碳纸上面，然后将碳气凝胶 CAGs 生长在碳纳米管上面，最终获得复合的碳纳米管气凝胶 CNAG。碳纳米管的填充可以降低碳气凝胶多孔材料的内阻，同时碳气凝胶的加入可以增强碳纳米管的分散性，因而整体上适合作为电极材料，获得优异的电化学性能。这种技术无需胶黏剂，同时改善了传统的溶液分散法制备碳纳米管分散难的问题。

（4）RuO₂-CA。Miller 等[22]使用化学气相沉积技术将 RuO₂ 镀在碳气凝胶的表面，获得了均匀分布的 2 nm 的颗粒,制造了赝电容效应,将电容器的比容量提高至 200 F/g(未处理前为 50 F/g)。

(5)双孔碳气凝胶(双通道多孔气凝胶,含有 2 种不同孔径)。王芳等[23]控制实验条件,即 $n_{间苯二酚}$:$n_{甲醛}$=1:2,$n_{间苯二酚}$:$n_{碳酸钠}$=1 500,反应物质量分数 w=40%,制备了含 2 种不同孔径(通道或尺寸)的多孔导电碳气凝胶,并用在锂空气电池上,获得了较好的循环性能。双通道多孔碳气凝胶机制为:大孔方便氧气通过并在其丰富的具有催化活性位点的碳表面生成和存放放电产物锂氧化物;小孔由于毛细管作用及碳材料的亲电解液性,充满电解液,便于锂离子扩散和传输。电解液和气体分别在两个单独的孔道运输,互不影响,并形成稳定的三相界面,有利于高倍率放电性能及循环性能的提升。

2. 反应前驱体对合成碳材料结构的影响

反应物质量分数及反应物与催化剂摩尔比影响着碳气凝胶的宏观密度、颗粒度、比表面积、孔结构和机械性能等。图 7-5 所示为在不同质量分数时碳气凝胶 CRF 1500-y 的等温吸附脱附曲线及相应的孔径分布曲线。表 7-1 为制备的碳气凝胶材料的比表面积、孔参数(孔体积和孔径)及电导率。可以看出,所有 5 种碳气凝胶均呈现出第 IV 类吸附脱附曲线。在较低的相对压力时,吸附脱附曲线上升得很陡峭,说明存在一定量的微孔。而在相对压力高于 0.7 时,有明显的 H1 滞后环,说明含有大量的中孔,且孔的形状符合 Foster 和 Cohan 提出的两端开口的圆孔特征[24]。

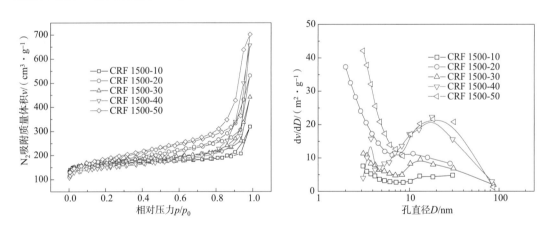

图 7-5　碳气凝胶 CRF 1500-y 的低温(77 K)氮气吸附脱附等温线及 BJH 孔径分布曲线

以 BJH 法计算得到的比表面积、孔径和孔体积列于表 7-1。从表中可知,x=1 500 时,随着反应物质量分数的提高,比表面积的变化没有特别的规律,但均保持在 669.17 $m^2 \cdot g^{-1}$ 之上;孔体积随着反应物质量分数的增加而不断增加,在 50% 时达到最高,为 1.08 $cm^3 \cdot g^{-1}$;平均孔径随反应物质量分数的增加也呈现出同步的增长趋势,并在 40% 时达到最大,为 8.28 nm。再观察相应的孔径分布图,不难发现,随着反应质量分数的增加,中孔范围的孔径均表现出逐渐增大的趋势,然而除了 CRF 1500-40 均在孔径小于 3 nm 范围存在丰富的微孔分布。大量的微孔,无疑会使得这几种碳气凝胶的平均孔径减小。而反应物质量分数为40%时,呈现出双峰分布,微孔的含量较少,仅为16.7%,因此总的孔体积及BJH孔径较大,分别为$1.02 \text{ cm}^3 \cdot \text{g}^{-1}$及$17.95 \text{ nm}$。

表 7-1　碳气凝胶材料的孔径、孔体积、比表面积和电导率数据

案例	碳气凝胶组成	间苯二酚/碳酸钠(n/n)	反应物质量分数/%	比表面积/$(\text{m}^2 \cdot \text{g}^{-1})$	BJH孔径/nm	孔体积/$(\text{cm}^3 \cdot \text{g}^{-1})$	平均孔径/nm	电导率/$(\text{S} \cdot \text{cm}^{-1})$
1	CRF 1500-10	1 500	10	684.09	3.11	0.49	3.66	0.292
2	CRF 1500-20	1 500	20	789.33	2.01	0.82	4.05	0.301
3	CRF 1000-30	1 000	—	680.22	16.00	1.06	8.46	0.502
4	CRF 1500-30	1 500	30	786.87	3.15	0.68	4.87	0.323
5	CRF 2000-30	2 000	—	644.47	3.13	0.37	3.29	0.336
6	CRF 1000-40	1 000	—	769.54	18.57	1.22	8.66	1.340
7	CRF 1500-40	1 500	40	669.17	17.95	1.02	8.28	1.218
8	CRF 2000-40	2 000	—	646.55	13.39	0.73	5.78	1.253
9	CRF 1500-50	1 500	50	795.77	3.35	1.08	7.11	1.322

固定反应物质量分数为30%时,随着反应物与催化剂摩尔比增加,比表面积先增大后减小,在$x=1\ 500$时最大,为$786.87 \text{ m}^2 \cdot \text{g}^{-1}$。当$y=40$时,随着反应物与催化剂摩尔比增加,比表面积逐渐减小,在$x=1\ 000$时达到最大,为$769.54 \text{ m}^2 \cdot \text{g}^{-1}$。对于孔体积和平均孔径,随着反应物与催化剂摩尔比的升高,$y=40$和30的两类样品均呈现逐渐减小的趋势。并且在$x=1\ 000$,$y=40$处获得最大孔体积和平均孔径,分别为$1.22 \text{ cm}^3 \cdot \text{g}^{-1}$和$8.66 \text{ nm}$。在$x=1\ 000$,$y=30$和$x=1\ 500$,$y=40$处获得第2和第3大孔体积和孔径,分别为$1.06 \text{ cm}^3 \cdot \text{g}^{-1}$,$8.46 \text{ nm}$和$1.02 \text{ cm}^3 \cdot \text{g}^{-1}$,$8.28 \text{ nm}$。这与图7-6对应的孔径分布也是一致的,即当反应物质量分数为30%~40%时,中孔范围内的孔含量集中且孔径变大。特别是反应物与催化剂摩尔比为1 000和1 500且质量分数为40%时,孔径和孔体积得到最优化。

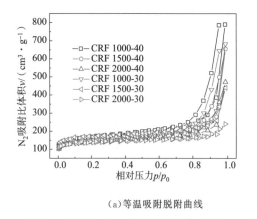

(a)等温吸附脱附曲线

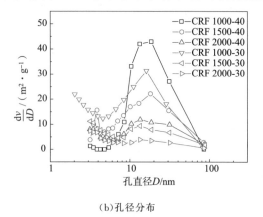

(b)孔径分布

图 7-6　不同x和y值时碳气凝胶CRF x-y的77 K时氮等温吸附脱附曲线(a)及孔径分布(b)

图 7-7 为有机气凝胶 RF 1500-40 和碳气凝胶 CRF 1500-40 的 FE-SEM 和 TEM 图。图 7-7(a)为众多的纳米级类球形颗粒相互聚集构成庞大的相互交联的空间三维网状结构，即有机气凝胶。图 7-7(b)为有机气凝胶经过高温煅烧，有机物小分子挥发后，形成更加疏松和膨胀状态的多孔结构，即为碳气凝胶。图 7-7(c)和(d)为有机气凝胶及碳气凝胶的 TEM 图，可见 20～30 nm 的球形颗粒均匀堆积，并形成大量中孔。这与上面和下面的孔径分析结果是一致的。即有机气凝胶和碳气凝胶均存在大量中孔，且碳气凝胶的中孔含量更多且孔径更大。

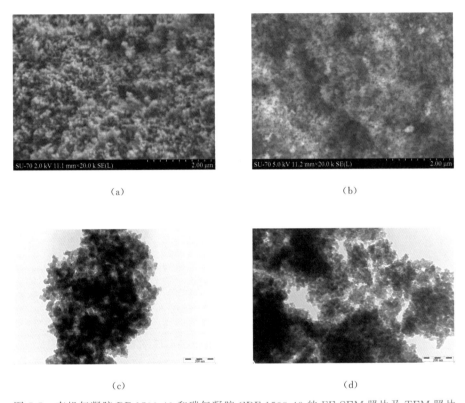

(a)　　　　　　　　　　　　　　　　(b)

(c)　　　　　　　　　　　　　　　　(d)

图 7-7　有机气凝胶 RF 1500-40 和碳气凝胶 CRF 1500-40 的 FE-SEM 照片及 TEM 照片

反应物与催化剂摩尔比 x 及反应物质量分数对有机气凝胶和碳气凝胶形貌的影响可简单归纳为：(1)高的 x，即催化剂含量少，则反应活性中心数量减少，小分子单体聚合更充分，能形成更多的大碳骨架、小密度的碳气凝胶。而低的 x，即催化剂含量高时，不利于小分子单体生成，也不利于大的团簇的生长（无法聚合大的单体分子），因而形成较为细小的碳骨架、大密度的碳气凝胶。(2)反应物质量分数较大时，溶剂的量少，催化剂浓度较大，同样易于形成紧密堆积的碳气凝胶颗粒，骨架细小且密度较大。反应物质量分数较低时，即溶剂量多，能形成蓬松、大网络结构的低密度碳气凝胶。

如图 7-8 所示，根据 IUPAC 的分类，本实验制备的有机气凝胶和碳气凝胶的吸附脱附曲线均属于第Ⅳ类，并含有双峰结构，且有机气凝胶和碳气凝胶中均含有大量的中孔。对于有机气凝胶,两种孔隙主要集中在 2.2 nm 和 7.2 nm 处,平均孔径为 2.31 nm。对于碳气凝胶,其双孔孔隙主要分布在 3.5 nm 和 20.3 nm 处,平均孔径为 17.95 nm。显然,煅烧后,有机气凝胶的孔径分布均向中孔范围移动,使得碳气凝胶获得了更多的中孔、更大孔体积及比表面积,见表 7-2。煅烧后,比表面积、总孔孔体积、中孔孔体积及质量分数,分别由 461.18 m² · g⁻¹、0.60 cm³ · g⁻¹、0.36 cm³ · g⁻¹ 和 60%,增至 669.17 m² · g⁻¹、1.02 cm³ · g⁻¹、0.85 cm³ · g⁻¹ 和 83.30%。可见,碳气凝胶的中孔体积增加,且占总体积较大部分,说明有机气凝胶中存在的部分大孔转化为中孔或闭合孔,由于煅烧时有机物 C、H 元素的挥发,生成了新的中孔孔隙。此外,还说明碳气凝胶的孔结构与有机气凝胶的结构是有关的。因此要获得合适孔径的碳气凝胶,除了控制好反应过程中的干燥和煅烧条件,有机气凝胶的结构也需要合理设计。

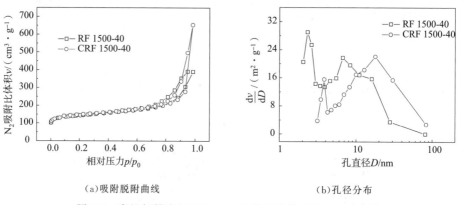

（a）吸附脱附曲线　　　　　　　　　　（b）孔径分布

图 7-8　有机气凝胶 RF 1500-40 和碳气凝胶 CRF 1500-40 的
低温氮吸附脱附曲线（a）及孔径分布（b）

表 7-2　RF 1500-40,CRF 1500-40 和 KB 的比表面积、孔隙参数及电导率

样品	比表面积/ （m² · g⁻¹）	总孔孔体积/ $v_{总}$/ （cm³ · g⁻¹）	微孔孔体积/ $v_{微}$/ （cm³ · g⁻¹）	中孔孔体积/ $v_{中}$/ （m³ · g⁻¹）	中孔体积 分数 $\frac{v_{中}}{v_{总}}$	微孔体积 分数 $\frac{v_{微}}{v_{总}}$	孔径 D_{BJH}/ nm	电导率/ （S · cm⁻¹）
RF 1500-40	461.18	0.60	0.24	0.36	60%	40%	2.31	不导电
CRF 1500-40	669.17	1.02	0.17	0.85	83.30%	16.70%	17.95	12.18×10⁻¹
KB	1 589.92	2.79	0.47	2.32	83.15	16.85%	3.51	2.50×10⁻¹

碳气凝胶的中孔含量的增加,带来比表面积及孔体积的增加,能提高物质传输效率并增加反应活性位点,提升了反应动力学及反应可能性,无疑会使得电极材料的电化学性能增加。特别是具有双孔结构的碳气凝胶 CRF 1500-40,作为锂空气电池正极材料,能够削弱放电产物过氧化锂的堵塞并为氧气和锂离子提供自由通道,大大提高了其电化学性能。

图 7-9 为碳气凝胶 CRF 1500-40 的 XRD 谱图,其中碳化温度为 1 050 ℃。从图中观察到,在 2θ 为 24°和 44°处,三种碳气凝胶均存在明显的衍射峰,而且这两处峰型宽泛,为典型

的无定型碳峰,属于一种非晶态物质。依据郝凤斌等[25]的报道,拉曼光谱的结果证实了碳气凝胶中碳以一种无序石墨态存在(无定形碳)。因此,在1 050 ℃碳化后,碳气凝胶可能具有的一定的石墨化程度,故而表现出良好的导电性特征。采用直流四探针法测试薄片材料的电导率,表明碳气凝胶材料的电导率极高,最高达到了1 340 mS·cm⁻¹,已经满足了常规电极材料导电性的要求。当固定反应物与催化剂摩尔比 $x=1$ 500 时,随着反应物质量分数的增加,电导率逐渐增加,这可能与材料骨架小

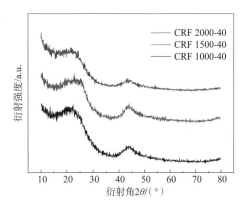

图 7-9　不同组分碳气凝胶的 XRD 谱图

和密堆积有关。在质量分数为 50% 和 40% 时,分别达到 1 322 mS·cm⁻¹ 和 1 218 mS·cm⁻¹。

3. 碳气凝胶在锂空气电池上的应用

碳气凝胶具有丰富的中孔结构、高比表面积及电导率,可以作为锂空气电池的正极材料,并获得优越的循环性能[26]。特别是具有双孔结构的碳气凝胶 CRF 1500-40,当其用作锂空气电池正极活性材料,可以发挥其双通道能力,使得活性物质氧气和锂离子能分别在大小孔道运行,提高电池的循环能力及倍率性能。

(1)单孔与双孔的影响

两种碳气凝胶 CRF 1500-40 和 CRF 1000-30 具有相近的比表面积 669.17 m²·g⁻¹ 和 680.22 m²·g⁻¹,孔体积 1.02 m²·g⁻¹ 和 1.06 m²·g⁻¹,中孔孔隙率 83.30% 和 75.47%,以及平均孔径 17.95 nm 和 16 nm。以上述两种碳气凝胶作为锂空气电池正极材料,测试其在相同负载量、电流密度和充放电至相同比容量时的循环寿命,发现双孔碳气凝胶 CRF 1500-40 的循环寿命为 525 周,优于单孔碳气凝胶 CRF 1000-30(364 周),如图 7-10 所示。这可能归结于其优越的双孔结构及其高电导率。

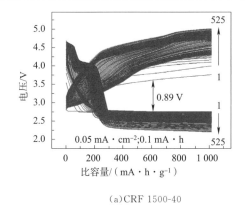

(a)CRF 1500-40

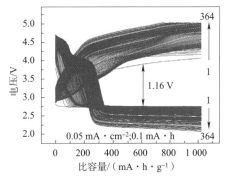

(b)CRF 1000-30

图 7-10　双孔碳气凝胶 CRF 1500-40 和单孔碳气凝胶 CRF 1000-30 的恒流充放电曲线

注:1 mA·h=0.001 A×3 600 s=3.6 A·s=3.6 C

(2)放电深度的影响

从图 7-11(a)可见,在比容量为 2 000 mA·h·g⁻¹(容量为 0.8 mA·h)时,电池稳定循环了34 次,相对于比容量为 1 000 mA·h·g⁻¹(容量为 0.4 mA·h)和 1 500 mA·h·g⁻¹(容量为 0.6 mA·h)的 112 次和 48 次,降低了很大幅度。放电反应获得的电化学容量与产物过氧化锂的量直接相关,因此,容量越大则意味着生成更多的过氧化锂。随着放电的开始,反应产物锂氧化物开始在正极表面生成和聚集。产物堆积厚度较薄,孔道堵塞并不是很显著,到最终孔道堵塞增加,电子通过导电性能不佳的锂氧化物传输,阻抗增加,随后电池充电及放电过程变得困难。

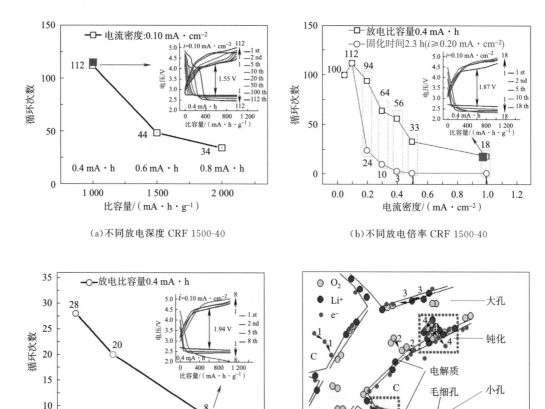

(a)不同放电深度 CRF 1500-40　　　　(b)不同放电倍率 CRF 1500-40

(c)不同放电倍率 CRF 1000-30　　　　(d)双孔通道反应机制 CRF 1500-40

图 7-11　不同放电深度、不同的放电倍率及双孔通道反应机制的锂空气电池的循环寿命

(3)电流密度的影响

图 7-11(b)在不同电流密度(0.05、0.1、0.2、0.3、0.4、0.5、1.0 mA/cm²)下的锂空气电池循环性能的变化。实验结果显示,随着电流密度的增加,循环性能逐渐衰减,在电流密度为 0.1 mA/cm²时达到最高,为 112 次的稳定循环;电流密度为 0.2 mA/cm²时,循环次数降

低至 94 次；在电流密度为 1.0 mA/cm² 时，降至 18 次。这主要归结于碳气凝胶 CRF 1500-40 独特的双孔结构提高了物质转移速率。而电流密度较小（为 0.05 mA/cm²）时，循环次数仅为 100 次，进一步说明了这种双孔结构能起到改善物质传输的作用。小电流下充放电，生成更致密的过氧化锂薄膜，因而增加了分解难度。因此，电流密度并非越小越好，与正极的孔结构需要相适应。从实际需求来看，大电流放电是一种迫切需要。图 7-11(c) 为基于单孔碳气凝胶 CRF 1000-30 的锂空气电池倍率性能，可见在相同电流下，单孔材料循环性能远不如双孔材料，进一步说明双孔通道的协同作用及优势。

（4）双孔反应机制

图 7-11(d) 所示为设计出的双孔结构模型，反应物在三相区发生电化学反应。对这种双孔空气正极构成的锂空气电池：大孔方便氧气通过并在其丰富的具有催化活性位点的碳表面生成和存放放电产物锂氧化物；小孔由于毛细管作用及碳材料的亲电解液性，充满电解液，便于锂离子扩散和传输。电解液和气体分别在两个单独的孔道运输，互不影响，并形成稳定的三相界面，有利于高倍率放电性能及循环性能的提升。即使某一处的孔道发生堵塞，物质（氧气和锂离子）也能通过其他位置转移到反应位点。自由电子则通过三维交联结构的碳材料表面传输到氧气浓度高的地方，还原氧气。碳气凝胶大的比表面积提高了电化学反应可能性，而其大的孔体积则为放电产物提供了存储的空间。最后在锂氧化物在碳材料具有催化活性节点的位置（即大量的氧气、电子和锂离子共存的位置）生成。

从图 7-12 中，电流密度和放电比容量分别为：

$(a,f):0.05 \ mA \cdot cm^{-2}, 1000 \ mA \cdot h \cdot g^{-1};(b,g):0.10 \ mA \cdot cm^{-2},1000 \ mA \cdot h \cdot g^{-1};$ $(c,h):0.2 \ mA \cdot cm^{-2},1000 \ mA \cdot h \cdot g^{-1};(d,i):0.10 \ mA \cdot cm^{-2},1500 \ mA \cdot h \cdot g^{-1};$ $(e,j):0.10 \ mA \cdot cm^{-2},2000 \ mA \cdot h \cdot g^{-1}。$

图 7-12　经 10 次充放电后 CRF 1500-40 空气电极上产物的场发射扫描电镜图像

可以观察到，在 10 次放电后，粒状、块状和环状的物质附着在电极表面，有的甚至形成薄层堆积物。在随后的充电完毕后，这些凸起的物质逐渐消失。在低电流密度下，首先倾向于生成粒状的产物，因为其容易成核并逐渐生长，最后会形成大的块状、环状甚至片状产物。然而在高电流密度下，物质传输（氧气、锂离子和电子）受到限制，容易生成中等大小的粒状、块状或层状产物。在反向的充电过程,这些产物消失,除了一些分散的颗粒之外。对于深度放电的情况,则介于小电流放电和大电流放电之间,形成粒状、块状及层状产物。随着反应的进行,深度放电形成的产物会堵塞空气正极孔道,并使正极膨胀,因而会降低电池循环性能。而大的块状及环状产物不利于充电反应的进行,因而会使充电过电势增加,带来极化及电解液分解等一系列问题。研究证明放电过程的主要产物是过氧化锂,同时还有少量的副产物(如 $LiOH \cdot H_2O$,$LiOH$ 和 Li_2CO_3)生成。同时,充放电过程伴随着放电阻抗增加和相应充电后阻抗减小的情况,与上述形貌分析基本一致。

综上,通过溶胶-凝胶法制备有机碳气凝胶 RF 及随后高温惰性气氛下碳化制备碳气凝胶 CRF 1500-40,可应用于锂空气电池,在电流为 $0.1 \text{ mA} \cdot \text{cm}^{-2}$ 时,获得较高的循环性能,超过 100 次。有机气凝胶作为前驱体,其密度、孔结构、比表面积等直接影响着后续的碳气凝胶的孔隙分布,因而需要精心设计有机气凝胶的制备条件和参数,最终获得良好的碳气凝胶。

7.3 角膜支架凝胶制备技术

有机碳凝胶的制备方法是通过溶胶-凝胶法制备水凝胶,然后通过物理方法干燥得到的。对于有机碳凝胶的改性主要是将其碳化制备碳气凝胶,并对碳气凝胶进行进一步的修饰改性。而角膜支架凝胶作为另一种有机凝胶,其制备方法有两种:物理交联法[27,28]和化学交联法[29]。物理交联法是通过物理交联方式(如范德华力、氢键等)制备的凝胶;化学交联法是在一定环境下通过引发剂、交联剂等化学试剂作用引发化学反应产生共价键,从而形成三维网络结构而制备的凝胶。

7.3.1 物理交联法

物理交联法是比较常规的、简单的制备角膜支架凝胶的方法,适合于制备聚乙烯醇(PVA)水凝胶和聚乙烯醇(PVA)的有机无机复合水凝胶。常用的物理交联法是冷冻-解冻法和冻结-部分脱水法。

Hyon 等[27]最早在 1989 年用 DMSO 的水溶液,通过在低温下冷冻保存一定时间后,PVA 分子发生结晶而形成凝胶,然后在水中浸泡后可以得到透光率较高的 PVA 水凝胶。Takigawa 等[30]在 1992 年发现将 PVA 溶解在 DMSO 水溶液中,并放入 -20 ℃环境冷冻 24 h 后,可得到含有水和 DMSO 的 PVA 水凝胶。

人们经研究发现冷冻-解冻法的机理是(见图 7-13):在低温环境中,聚乙烯醇(PVA)溶液黏度变大,分子运动减慢而被冻结,从而导致大分子链之间发生缠绕形成交联点;将水凝胶在室温下解冻后缠绕的交联点仍然保持交联结构,而未交联的聚乙烯醇(PVA)分子链则会重新排列;在后续的冷冻过程中形成新的晶区或类晶区;经过多次冷冻解冻循环过程后,凝胶内部逐渐形成三维网络结构。凝胶中的结晶相、尺寸和密度随着冷冻-循环次数的增加而增加,其力学性能也有显著的提高。

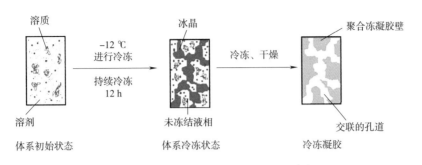

图 7-13　水凝胶冷冻解冻制备机理图[31]

冷冻-解冻法制备凝胶的基本流程是(见图 7-14)[27,28]:①制备 PVA 溶液(80%二甲基亚砜水溶液);②将凝胶溶液倒入模具中;③室温冷却后放入-20 ℃的冰箱中冷冻 12~24 h;④随后取出在室温下解冻 1~3 h;⑤冷冻解冻过程循环多次,即可得到具有一定力学强度和黏弹性的聚乙烯醇(PVA)凝胶。

冻结-部分脱水法是将 PVA 水溶液冷冻后置于真空下脱去 10%~20%的水,所得到的水凝胶结构与性能类似于冷冻-解冻法。该方法和冷冻-解冻法相同的是:分子链之间的微晶区和相互作用(氢键、范德华力)形成三维网络结构;这些结构会随着外部环境温度的变化而变化。

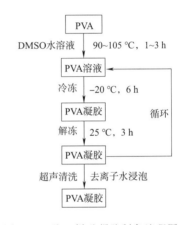

图 7-14　聚乙烯醇凝胶制备流程图

物理交联方法制备凝胶的优点是:①不使用有毒性的有机交联剂,保持了良好的生物相容性;②随着环境参数变化;③方法简单;④水凝胶具有高强度、高弹性和高含水率。

但由于是依靠物理的方式交联,因此,该类水凝胶还存在一定的缺点:①交联网状结构不是很牢固,受外界影响较大;②聚合物的交联分布不均匀;③该类水凝胶光学透明性不稳定;④交联度难以控制;⑤制备周期长。

7.3.2　化学交联法

自 Wichterle 和 Lim 通过化学交联法制备聚甲基丙烯酸羟乙酯(PHEMA)水凝胶后[32],化学交联法一直是制备水凝胶的重要方法。该方法主要是通过官能团间的经典有机反应、传统的自由基聚合和活性可控自由基聚合、光引发聚合和辐射聚合等,引发化学反应产生共价键从而形成三维网络结构。

官能团间的有机反应包括有:迈克尔加成、点击反应、狄尔斯-阿尔德反应、环氧化物耦合、京尼平耦合和二硫交换反应等。该类反应的本质是在交联剂特定反应作用下将聚合物分子链加成、酯化、醚键、交联形成三维网络结构而制备凝胶。Tortora 等[33]通过迈克尔反应将 PVA 分子链交联在一起形成凝胶,从而大大提高了凝胶的力学性能和稳定性,如图 7-15 所示。Kupal 等[34]通过原位聚合的方法制备了核壳型的聚乙烯醇-透明质酸微凝胶,详见图 7-16。Nimmo 等[35]通过狄尔斯-阿尔德反应制备得到 PEG-透明质酸凝胶可用于组织工程领域。自由基聚合主要采用两种途径:一是通过一种或多种低分子量的烯类单体在交联剂的存在下直接进行聚合反应;二是先使原本不具有聚合反应活性的水溶性聚合物转变为含有可聚合反应基团的衍生物,再进行交联共聚反应[36]。

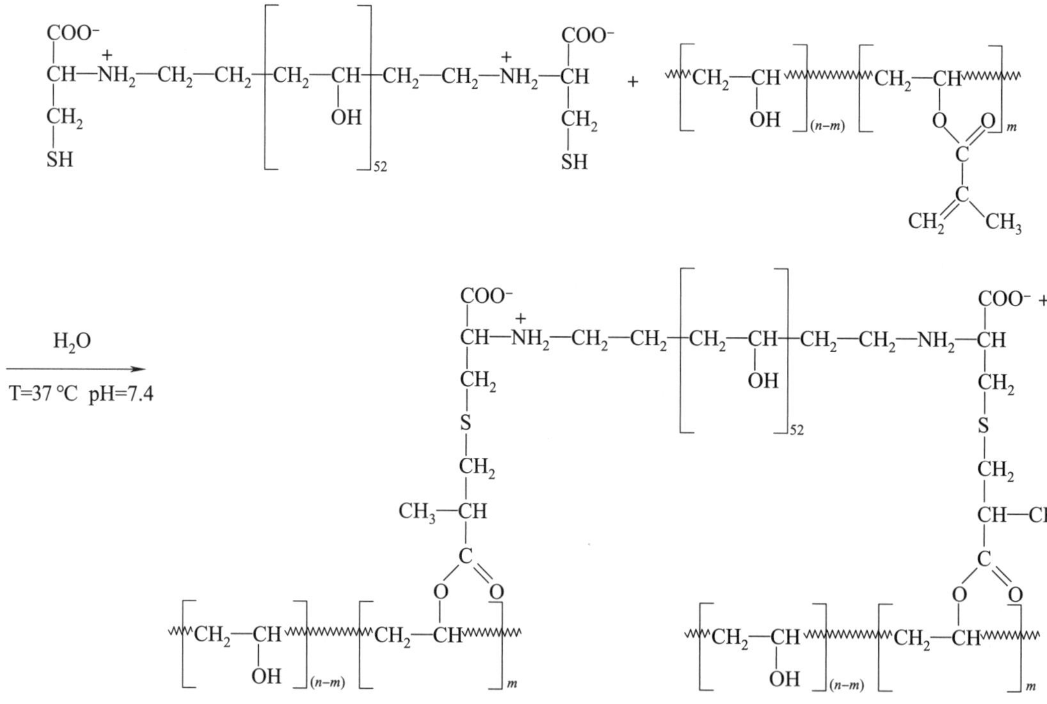

图 7-15 迈克尔式反应制备聚乙烯醇的聚合物网络

自由基是最常用的制备聚合物的方法,具有众多的优点,如单体来源广泛、工艺简单、价格低廉、产品丰富等。Wichterle 和 Lim 在交联剂乙二醇二甲基丙烯酸酯的作用下,通过自由基聚合法制备得到 PHEMA 水凝胶,该水凝胶可以通过调控交联剂用量而获得不同的性能。但是传统自由基聚合容易发生链转移、链终止、偶合、支化等副反应,无法对产物的分子结构分子量大小以及其分布指数大小进行控制,从而使得自由基聚合的应用范围受到了一定的限制。因此,人们便开始了对具有控制能力的自由基聚合技术的探索和研究。常见活性可控自由基聚合主要有:氮氧稳定自由基聚合(nitroxide-mediated polymerization,NMP)[37]、原子转移自由基聚合(atom transfer radical polymerization,ATRP)和可逆-加成断裂链转移自由基聚合(reversible addition-fragmentation chain transfer polymerization,RAFT)[38]。Keen 等[39]在 2010 年以多肽作为交联剂通过 RAFT 聚合法合成了可降解的 PHEMA 水凝胶,聚合交联机理如图 7-17 所示。Bernard 等[40]采用 RAFT 法聚合得到了梳状 PVA 聚合物。

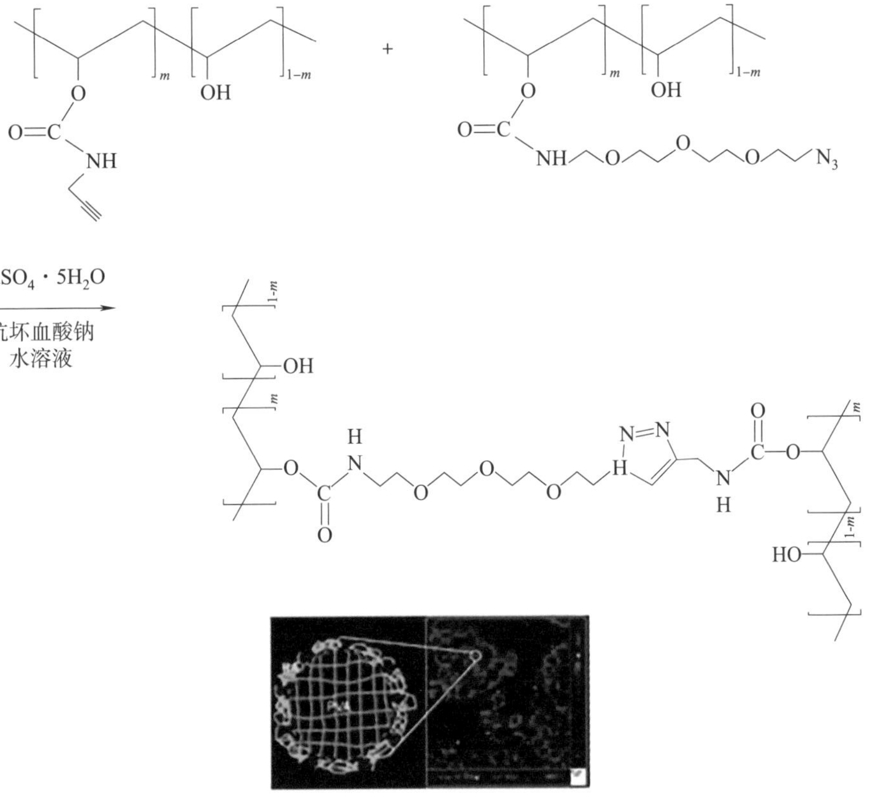

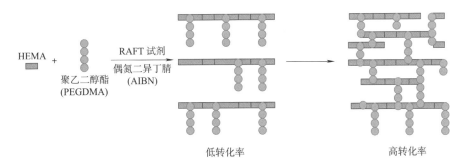

图 7-16　聚乙烯醇微凝胶交联网络示意图

图 7-17　甲基丙烯酸羟乙酯（HEMA）的可逆-加成断裂转移自由基（RAFT）聚合交联机理

　　光引发聚合是在传统自由基聚合中发展而来，是合成高分子材料的重要手段之一。光引发聚合具有节能、无污染、操作方便的优点，因此在聚合物合成中得到广泛关注。该反应的优点是：①反应条件温和；②避免具有毒性的交联试剂的使用；③适合于生物类水凝胶的合成。Shanmugam 等通过光诱导的 PET-RAFT 成功合成了 PVA[41]、PHEMA[42]聚合物，PVA 的 PET-RAFT 聚合机理如图 7-18 所示。

图 7-18　PET-RAFT 聚合的机理

PET聚合过程　　　　　　　　　　　　　　　　　　　PAFT聚合过程

辐射交联方法主要是通过 γ 射线、电子束、X 光等直接辐射至单体溶液中，引发自由基聚合而制备凝胶。该类反应的特色是简单、无添加剂，在所有温度下均可以发生聚合、交联和接枝反应，并可以控制反应区域。受辐射强度、氧含量、添加剂、辐射类型、聚合物洁净度、溶剂、温度等因素影响。常见的可利用高能辐射交联的聚合物主要有聚乙烯醇、聚乙二醇、聚丙烯酸、聚乙烯吡咯烷酮等。Bhat 等[43]采用 γ 辐照聚合得到不同形貌的 PVA 凝胶薄膜。

7.4　角膜支架凝胶功能改性

角膜支架凝胶作为角膜的支撑结构需要具有较高的含水率、较高的力学强度、良好的生物相容性和细胞粘附生长的性能。而在角膜之间研究前期，用于角膜支架凝胶均为高分子聚合物（PMMA、PHEMA、PTFE、PVA 等）无生物活性，不能与角膜组织进行生物性结合，因此无法长久、牢固地在眼内固定。在常规应用中，人们通过三种方式实现构建单重或多重三维网络结构（见图 7-19）：第一种是将凝胶聚合物与其他功能性的聚合物共混得到；第二种是从单体出发，即将功能性单体与凝胶基材单体共聚；第三种是直接对制备得到的凝胶表面进行表面修饰（物理修饰和化学修饰）。

（a）传统的单一网络水凝胶　　　　　　　　　（b）双网络交联水凝胶

图 7-19　水凝胶的示意图

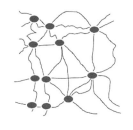

　　(c)聚合物插层纳米复合水凝胶　　　(d)弹性体类段非共价键水凝胶　　　(e)双网络水凝胶

图 7-19　水凝胶的示意图(续)

注:蓝色和红色是长链聚合物骨架;黄色是短链共价键交联点;绿色是非共价键交联点

7.4.1　共混改性

　　共混改性是指两种或两种以上均聚物或共聚物经混合制成宏观均匀的材料的过程。早期的共混改性主要是聚合物共混改性,但是仍然无法解决一些问题,如生物活性。因此,科学家们陆续采用无机化合物对聚合物进行改性,如羟基磷灰石、磷酸三钙、碳、石墨等。Park等[44]通过 IPN 方法制备 PEG/PHEMA 混合角膜支架凝胶,以提高角膜支架的力学性能,增加后续表面改性的可能性。Lin 等[45]在 PHEMA 角膜支架上涂覆纳米羟基磷灰石(n-HA),提高了 PHEMA 角膜支架的生物活性。许凤兰等将纳米羟基磷灰石[46]、石墨[47]等混入聚乙烯醇水凝胶,制备角膜支架凝胶。周莉等将壳聚糖[48,49]、磷酸三钙[50]、石墨[51]、碳纤维[52]、胶原[53]、肝素[54]等混入聚乙烯醇水凝胶,制备角膜支架凝胶。Wang 等[55]将细菌纤维素混入聚乙烯醇制备角膜支架凝胶。PVA 复合水凝胶的制备流程图如图 7-20 所示。

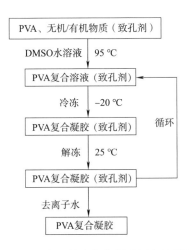

图 7-20　聚乙烯醇复合凝胶制备流程图

　　许凤兰等[46]通过兔动物实验验证了纳米 HA/PVA 复合的多孔水凝胶不仅可以提高人工角膜支架凝胶与宿主角膜组织的生物性愈合性能良好,同时表明了该复合人工角膜的生物相容性好,具有很好的临床应用前景。周莉等依据 GB/T 16886 的要求分析评价了 β-磷酸三钙/聚乙烯醇复合水凝胶人工角膜的生物相容性,同时通过动物实验进一步验证了该角膜支架凝胶不仅具有良好的生物相容性,其裙边空间网状结构有利于角膜纤维组织长入,对于治疗角膜盲具有潜在的临床应用前景。

7.4.2 共聚改性

共聚改性是指把两种以上不同的高分子单体加以合理配比进行聚合,以弥补和改进单一聚合物在应用上的缺陷。Cao 等[56]通过自由基聚合反应制备 P(HEMA-BA-TMPTA),并采用 $CaCO_3$ 作为致孔剂成功制备出多孔的角膜支架凝胶,不仅保证的支架的力学性能,同时也提高了细胞粘附生长效果。Yan 等[57]混合 MMA 和 HEMA 单体,通过自由基聚合共聚得到 p(HEMA-MMA)角膜支架凝胶。Tan 等[58]采用光引发 RAFT 聚合、胺解以及点击反应制备了 P[PEGMEA-stat-(CRGDS-stat5N2MA)]凝胶用于细胞培养,如图 7-21 所示。Barrow 等[59]利用紫外光引发制备 PNIPAAm-PEG 聚合物得到智能的刺激反应水凝胶。Ajji 等[60]利用 gamma 射线辐照聚合得到了 PVP-PEG 聚合物水凝胶。Karadag 等[61]通过 γ 射线辐照制备可水溶的 AAM/DBA 凝胶。

7.4.3 表面改性

表面改性是指在不改变材料固有性能的前提下,通过一定方式构建功能材料从而赋予材料新的性能,因此非常适合用于提高角膜支架凝胶的性能。常用的表面修饰方法有:物理方法和化学修饰。

1. 物理方法

表面涂层(coating)法是将与基材的化学性质不同的界面材料通过适宜的工艺涂覆在基材表面而实现表面的化学改性。它具有操作简单、方便、适用面广,且适于大面积表面改性的特点,也是表面化学修饰的重要途径之一。该方法可根据基材的性质和表面涂层的功能性,可对涂料的组成进行合理的设计,从而在基材上达到预期功能特性。Yan 等[65]在 p(HEMA-MMA)表面涂覆胶原/bFGF(碱性或纤维细胞生长因子)涂层,提高了 p(HEMA-MMA)凝胶的生物相容性,如图 7-22 所示。Miyashita 等[62]通过物理吸附的方法将胶原固定在 PVA 上制备人工角膜支架凝胶以支持角膜上皮细胞生长。

近年来,多巴胺的仿生粘附和单宁酸的络合粘附引入了反应活性较高的氨基或羟基,为表面改性提供了一个非常好的新思路。多巴胺是海洋生物所分泌黏液的主要成分,它对各种基材(如金属、玻璃、矿物、高分子材料等)的表面都具有很好的粘附效果。单宁酸(TA)是一种在植物和水果中存在的丰富的植物多酚,其因可在基材上构建超薄涂层的独特性能而得到了广泛的研究[63,64]。

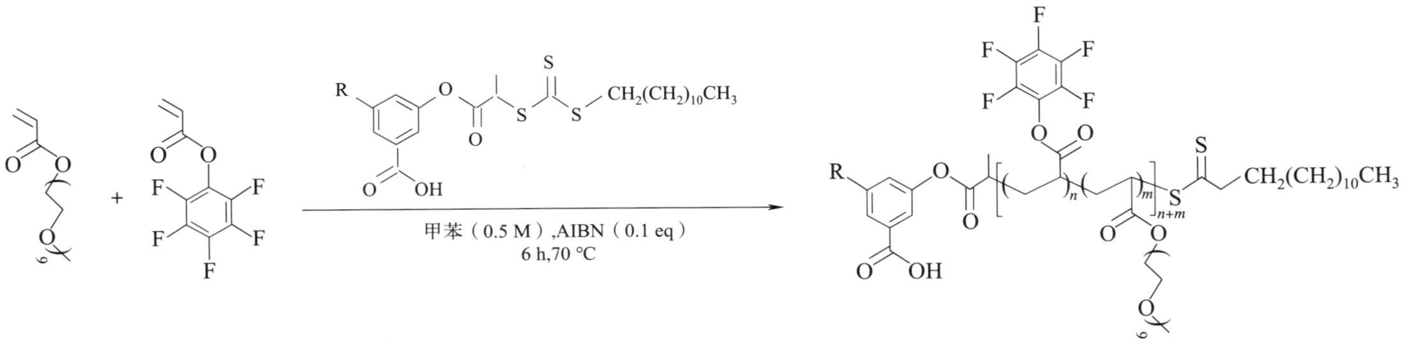

(a) RAFT 聚合合成 e poly(PEGMEA-stat-PFPA)

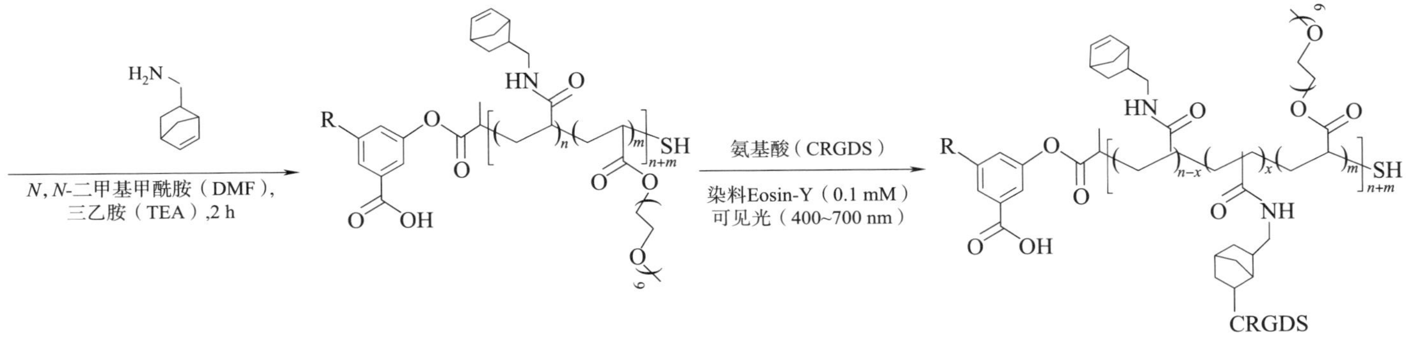

(b) 胺解合成 poly(PEGMEA-stat-5N2MA)

(c) 硫醇烯点击反应合成 poly(PEGMEA-stat-(5N2MA-stat-CRGDS))

图 7-21　水凝胶前驱体合成和光引发聚合水凝胶流程图[58]

注：R 是残留 RAFT 链转移剂端基和各代表聚合物的缩写。

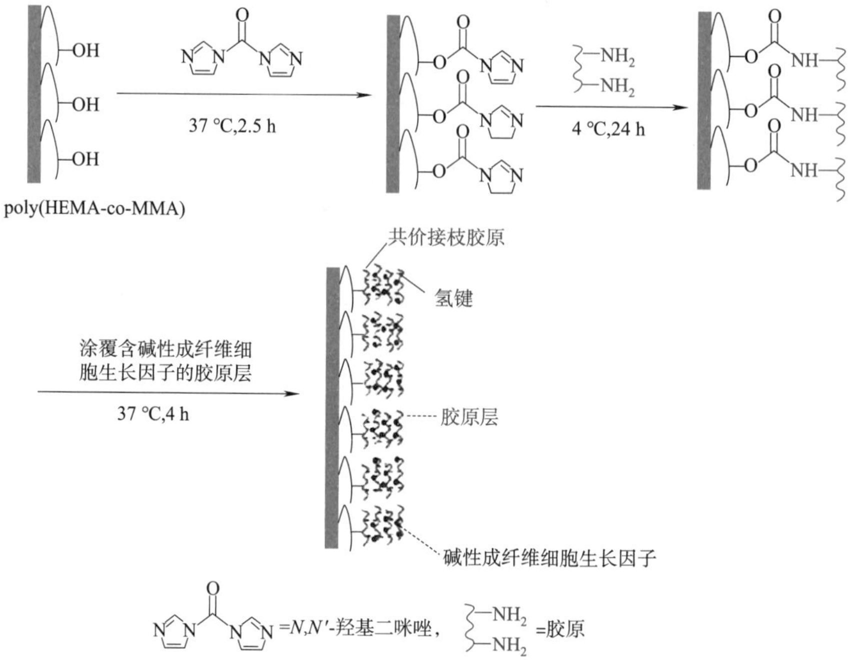

图 7-22　胶原和 bFGF 固定在 p(Hema-co-MMA)表面的反应流程[57]

2. 化学方法

表面化学改性方式可分为接枝到表面(grafting to)和由表面接枝(grafting from),如图 7-23 所示[65]。由表面接枝是(grafting from)指首先在材料表面构建活性的接枝点,通过引发表面的单体聚合,从而实现接枝的方法。该方法仅能在基材表面接枝小分子量的单体,因此不会产生屏蔽和立体位阻作用,可以形成具有较高接枝密度的聚合物分子刷。但是它的缺点是难于精确控制接枝链的结构和分子量(对侧链的分子量分布及接枝密度无法控制),因此分子链较短;同时体系中单体往往会发生均聚。接枝到表面(grafting to)是指在要接枝的化合物中引入可反应基团,与待改性表面上的化学基团之间通过化学键合,从而实现表面接枝的方法。该法反应流程简单,易于产业化,可通过预先设计而得到理想的接枝聚合物分子链,而且接枝的分子链较长;但是随着已有接枝分子链数量和长度的增加,基材表面的活性位点会被屏蔽和立体位阻作用,因此采用该方式的表面接枝率一般较低[66-68]。

Grolik 等[69]通过对壳聚糖角膜支架凝胶进行表面修饰,以京尼平为交联剂在壳聚糖支架上交联羟丙基纤维素、胶原、弹性蛋白,以提高壳聚糖支架的力学性能和生物性能。Zainuddin 等[70]通过 SI-ATRP 在 PHEMA 角膜支架凝胶上接枝 PMMEP 大大提高了角膜细胞在支架凝胶上的粘附和生长,如图 7-24 所示。周金生、林燕明等通过 PET-RAFT 聚合将磺酸基甜菜碱[71]和羧酸基甜菜碱[72](见图 7-25、图 7-26)接枝至 PVA 凝胶提高生物相容性以及抗非特异性蛋白粘附和细胞粘附性能。

（a）接枝到表面方式

（b）由表面接枝方式

图 7-23　表面化学改性方式

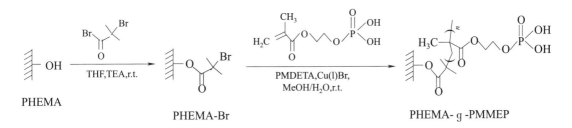

图 7-24　在 PHEMA 表面接枝 PMMEP 的 ATRP 反应路径示意图

注：r. t. 表示反应可在常温下进行。

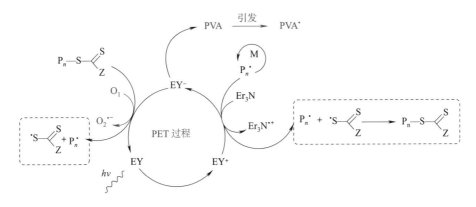

图 7-25　PET-RAFT 聚合耐氧改性 PVA 的反应机理（PET 过程）

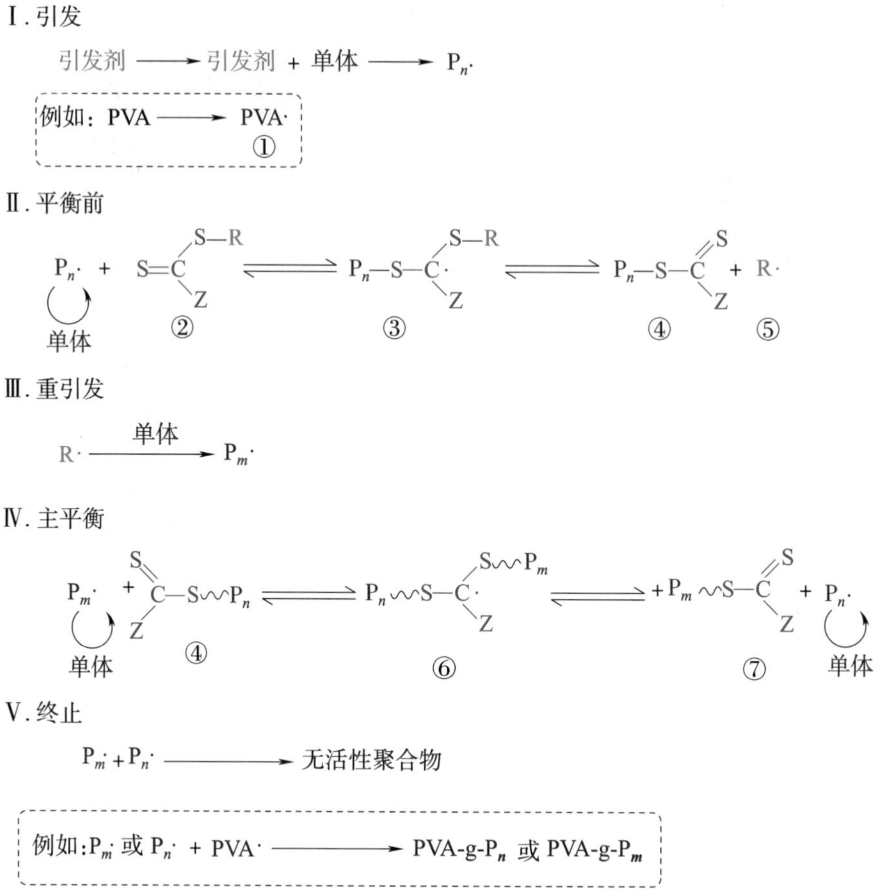

Ⅰ.引发

引发剂 ⟶ 引发剂 + 单体 ⟶ Pₙ·

例如：PVA ⟶ PVA·
①

Ⅱ.平衡前

Ⅲ.重引发

R· ⟶(单体) Pₘ·

Ⅳ.主平衡

Ⅴ.终止

Pₘ· + Pₙ· ⟶ 无活性聚合物

例如：Pₘ· 或 Pₙ· + PVA· ⟶ PVA-g-Pₙ 或 PVA-g-Pₘ

图 7-26 PET-RAFT 聚合耐氧改性 PVA 的反应机理（RAFT 过程）

参考文献

［1］ PEKALA R. Organic aerogels from the polycondensation of resorcinol with formaldehyde［J］. Journal of materials science,1989,24(9):3221-3227.

［2］ PEKALA R,ALVISO C,KONG F,et al. Aerogels derived from multifunctional organic monomers ［J］. Journal of Non-Crystalline Solids,1992(145):90-98.

［3］ PEKALA R,ALVISO C,LU X,et al. New organic aerogels based upon a phenolic-furfural reaction ［J］. Journal of non-crystalline solids,1995(188):34-40.

［4］ SHEN Y W. Investigation and application of organic aerogels and carbon aerogels［J］. Materials Review,1994(4):54-57.

［5］ TAMON H,ISHIZAKA H,MIKAMI M,et al. Porous structure of organic and carbon aerogels synthesized by sol-gel polycondensation of resorcinol with formaldehyde［J］. Carbon,1997,35(6):791-796.

[6] YAMAMOTO T,NISHIMURA T,SUZUKI T,et al. Control of mesoporosity of carbon gels prepared bysol-gel polycondensation and freeze drying[J]. Journal of Non-Crystalline Solids,2001(288):46-55.

[7] BRYNING M B,MILKIE D E,ISLAM M F,et al. Carbon nanotube aerogels[J]. Advanced Materials, 2007,19(5):661-664.

[8] WU D,FU R,ZHANG S,et al. Preparation of low-density carbon aerogels by ambient pressure drying [J]. Carbon,2004,42(10):2033-2039.

[9] HWANG S W,HYUN S H. Capacitance control of carbon aerogel electrodes[J]. Journal of non-crystalline solids,2004(347):238-245.

[10] ZHANG R,LI W,LIANG X,et al. Effect of hydrophobic group in polymer matrix on porosity of organic and carbon aerogels from sol-gel polymerization of phenolic resole and methylolated melamine [J]. Microporous and mesoporous materials,2003,62(1-2):17-27.

[11] PEKALA R,SCHAEFER D. Structure of organic aerogels. 1. Morphology and scaling[J]. Macromolecules, 1993,26(20):5487-5493.

[12] GUO Z,ZHU H,ZHANG X. Preparation and structural changes of carbon aerogels[J]. Journal of Beijing Jiaotong University,2010,34(6):103-106.

[13] ZOU J,LIU J,KARAKOTI A S,et al. Ultralight multiwalled carbon nanotube aerogel[J]. ACS nano,2010,4(12):7293-7302.

[14] WORSLEY M A,PAUZAUSKIE P J,OLSON T Y,et al. Synthesis of graphene aerogel with high electrical conductivity[J]. Journal of the American Chemical Society,2010,132(40):14067-14069.

[15] NARDECCHIA S,CARRIAZO D,FERRER M L,et al. Three dimensional macroporous architectures and aerogels built of carbon nanotubes and/or graphene:synthesis and applications[J]. Chemical Society Reviews,2013,42(2):794-830.

[16] SUI Z,MENG Q,ZHANG X,et al. Green synthesis of carbon nanotube-graphene hybrid aerogels and their use as versatile agents for water purification[J]. Journal of Materials Chemistry,2012,22(18): 8767-8771.

[17] GARCÍA-GONZÁLEZ C,ALNAIEF M,SMIRNOVA I. Polysaccharide-based aerogels-Promising bi-odegradable carriers for drug delivery systems[J]. Carbohydrate Polymers,2011,86(4):1425-1438.

[18] GROSS A F,VAJO J J,VAN ATTA S L,et al. Enhanced hydrogen storage kinetics of LiBH4 in nanoporous carbon scaffolds[J]. The Journal of Physical Chemistry C,2008,112(14):5651-5657.

[19] WU Z S,SUN Y,TAN Y Z,et al. Three-dimensional graphene-based macro-and mesoporous frameworks for high-performance electrochemical capacitive energy storage[J]. Journal of the American Chemical Society,2012,134(48):19532-19535.

[20] HONG J Y,BAK B M,WIE J J,et al. Reversibly compressible,highly elastic,and durable graphene aerogels for energy storage devices under limiting conditions[J]. Advanced Functional Materials, 2015,25(7):1053-1062.

[21] BORDJIBA T,MOHAMEDI M,DAO L H. New class of carbon-nanotube aerogel electrodes for electrochemical power sources[J]. Advanced materials,2008,20(4):815-819.

[22] MILLER J,DUNN B,TRAN T,et al. Deposition of ruthenium nanoparticles on carbon aerogels for high energy density supercapacitor electrodes[J]. Journal of the Electrochemical Society,1997,144 (12):309-311.

［23］ WANG F,XU Y H,LUO Z K,et al. A dual pore carbon aerogel based air cathode for a highly rechargeable lithium-air battery[J]. Journal of Power Sources,2014,272(25):1061-1071.

［24］ 近藤精一,石川达雄,安部郁夫. 吸附科学(第二版)［M］. 李国希,译. 北京:化学工业出版社,2001.

［25］ 郝凤斌. 碳凝胶复合材料的锂电性能研究[D].济南:山东大学,2013.

［26］ MIRZAEIAN M,HALL P J. Characterizing capacity loss of lithium oxygen batteries by impedance spectroscopy[J]. Journal of Power Sources,2010,195(19):6817-6824.

［27］ HYON S H,CHA W I,IKADA Y. Preparation of transparent poly(vinyl alcohol)hydrogel[J]. Polymer Bulletin,1989,22(2):119-122.

［28］ JIANG S,LIU S,FENG W. PVA hydrogel properties for biomedical application[J]. Journal of the Mechanical Behavior of Biomedical Materials,2011,4(7):1228-1233.

［29］ SMITH A A,HUSSMANN T,ELICH J,et al. Macromolecular design of poly(vinyl alcohol)by RAFT polymerization[J]. Polymer Chemistry,2011,3(1):85-88.

［30］ TAKIGAWA T,KASHIHARA H,URAYAMA K,et al. Structure and mechanical properties of poly(vinyl alcohol)gels swollen by various solvents[J]. Polymer,1992,33(11):2334-2339.

［31］ KUMAR A,MISHRA R,REINWALD Y,et al. Cryogels:freezing unveiled by thawing[J]. Materials Today,2010,13(11):42-44.

［32］ WICHTERLE O,LIM D. Hydrophilic Gels for Biological Use[J]. Nature,1960,185(4706):117-118.

［33］ TORTORA M,CAVALIERI F,CHIESSI E,et al. Michael-type addition reactions for the in situ formation of poly(vinyl alcohol)-based hydrogels[J]. Biomacromolecules,2007,8(1):209-214.

［34］ KUPAL S G,CERRONI B,GHUGARE S V,et al. Biointerface properties of core-shell poly(vinyl alcohol)-hyaluronic acid microgels based on chemoselective chemistry[J]. Biomacromolecules,2012,13(11):3592-3601.

［35］ NIMMO C M,OWEN S C,SHOICHET M S. Diels-Alder click cross-linked hyaluronic acid hydrogels for tissue engineering[J]. Biomacromolecules,2011,12(3):824-830.

［36］ 宫政,丁珊珊,尹玉姬,等. 组织工程用水凝胶制备方法研究进展[J]. 化工进展,2008,27(11):1743-1749.

［37］ MOAD G,RIZZARDO E,SOLOMON D H. Selectivity of the reaction of free radicals with styrene[J]. Macromolecules,1982,15(3):1213-1213.

［38］ CHIEFARI J,CHONG Y K,ERCOLE F,et al. Living free-radical polymerization by reversible addition-fragmentation Chain transfer:The RAFT Process[J]. Macromolecules,1999,31(16):5559-5562.

［39］ KEEN I,LAMBERT L,CHIRILA T V,et al. Degradable hydrogels for tissue engineering-part I:synthesis by RAFT polymerization and characterization of PHEMA containing enzymatically degradable crosslinks[C]. Journal of Biomimetics,Biomaterials and Tissue Engineering,2010:67-85.

［40］ BERNARD J,FAVIER A,DAVIS T P,et al. Synthesis of poly(vinyl alcohol)combs via MADIX/RAFT polymerization[J]. Polymer,2006,47(4):1073-1080.

［41］ SHANMUGAM S,XU J,BOYER C. Photoinduced electron transfer-reversible addition-fragmentation Chain transfer(PET-RAFT)Polymerization of Vinyl Acetate and N-Vinylpyrrolidinone:Kinetic and Oxygen Tolerance Study[J]. Macromolecules,2014,47(15):4930-4942.

［42］ XU J. Organo-photocatalysts for photoinduced electron transfer-reversible addition-fragmentation chain transfer(PET-RAFT)polymerization[J]. Polymer Chemistry,2015,6(31):5615-5624.

[43]　BHAT N V,NATE M M,KURUP M B,et al. Effect of γ-radiation on the structure and morphology of polyvinyl alcohol films[J]. Nuclear Instruments and Methods in Physics Research Section B:Beam Interactions with Materials and Atoms,2005,237(3):585-592.

[44]　PARK S,NAM S H,KOH W G. Preparation of collagen-immobilized poly(ethylene glycol)/poly (2-hydroxyethyl methacrylate)interpenetrating network hydrogels for potential application of artificial cornea[J]. Journal of Applied Polymer Science,2012,123(2):637-645.

[45]　LIN R R,MAO X,YU Q C,et al. Preparation of bioactive nano-hydroxyapatite coating for artificial cornea[J]. Current Applied Physics,2007,7(1):85-89.

[46]　许凤兰,李玉宝,姚晓明,等. 纳米羟基磷灰石/聚乙烯醇复合人工角膜材料[J]. 复合材料学报, 2005,22(1):27-31.

[47]　LIU K,YUBAO L I,FENGLAN X U,et al. Graphite/poly(vinyl alcohol) hydrogel composite as porous ringy skirt for artificial cornea[J]. Materials Science & Engineering C,2009,29(1):261-266.

[48]　李海洋,罗仲宽,周莉,等. 壳寡糖改性人工角膜支架材料的性能研究[J]. 广东化工,2017,44(1): 9-10.

[49]　欧阳君君,周莉. 多孔 β-磷酸三钙/壳聚糖/聚乙烯醇复合水凝胶的制备与性能[J]. 应用化学,2012, 29(9):995-999.

[50]　于莉,姚晓明,陈建苏,等. β 磷酸三钙/聚乙烯醇水凝胶人工角膜兔眼植入实验研究[J]. 中华眼外 伤职业眼病杂志,2013,35(6):401-405.

[51]　周金生,周莉,罗仲宽. β-TCP/C/PVA 作为人工角膜多孔环形裙边材料[J]. 稀有金属材料与工程, 2012(s3):608-610.

[52]　罗仲宽,李明,周莉,等. PVA/CF/n-HA 复合水凝胶的制备与性能研究[J]. 稀有金属材料与工程, 2016,47(1):282-285.

[53]　林晓倩,周莉,梁翔禹,等. n-HA/I-Col/PVA 复合水凝胶材料制备及其性能研究[J]. 广东化工, 2015,42(2):7-8.

[54]　邓新旺,胡惠媛,罗仲宽,等. 肝素钠/聚乙烯醇复合水凝胶的制备与性能[J]. 应用化学,2015,32 (12):1358-1363.

[55]　WANG J,GAO C,ZHANG Y,et al. Preparation and in vitro characterization of BC/PVA hydrogel composite for its potential use as artificial cornea biomaterial[J]. Materials Science & Engineering C, 2010,30(1):214-218.

[56]　CAO D,ZHANG Y,CUI Z,et al. New strategy for design and fabrication of polymer hydrogel withtunable porosity as artificial corneal skirt[J]. Materials Science and Engineering:C,2017,70(1): 665-672.

[57]　YAN T,SUN R,LI C,et al. Immobilization of type-I collagen and basic fibroblast growth factor (bFGF)onto poly(HEMA-co-MMA) hydrogel surface and its cytotoxicity study[J]. Journal of Materials Science:Materials in Medicine,2010,21(8):2425-2433.

[58]　TAN V T,NGUYEN D H,UTAMA R H,et al. Modular photo-induced RAFT polymerised hydrogels via thiol-ene click chemistry for 3D cell culturing[J]. Polymer Chemistry,2017,8(39):6123-6133.

[59]　BARROW M,ZHANG H. Aligned porous stimuli-responsive hydrogels via directional freezing and frozen UV initiated polymerization[J]. Soft Matter,2013,9(9):2723-2729.

［60］ AJJI Z,OTHMAN I,ROSIAK J M. Production of hydrogel wound dressings using gamma radiation [J]. Nuclear Instruments and Methods in Physics Research,2005,229(3):375-380.

［61］ KARADAĜ E,SARAYDIN D,GÜVEN O. Water absorbency studies of γ-radiation crosslinked poly (acrylamide-co-2,3-dihydroxybutanedioic acid)hydrogels[J]. Nuclear Instruments and Methods in Physics Research,2004,225(4):489-496.

［62］ MIYASHITA H,SHIMMURA S,KOBAYASHI H,et al. Collagen-immobilized poly(vinyl alcohol) as an artificial cornea scaffold that supports a stratified corneal epithelium[J]. Journal of Biomedical Materials Research,2006,76(1):56-63.

［63］ EJIMA H,RICHARDSON J J,LIANG K,et al. One-step assembly of coordination complexes for versatile film and particle engineering[J]. Science,2013,341(6142):154-157.

［64］ XU L,PRANANTYO D,NEOH K G,et al. Tea stains-inspired antifouling coatings based on tannic acid-functionalized agarose[J]. ACS Sustainable Chemistry & Engineering,2017,5(4):3055-3062.

［65］ 马春风. 抗蛋白吸附聚合物的合成与性质[D]. 合肥:中国科学技术大学,2011.

［66］ 孔娟. 接枝 PDMAEMA 的多响应性复合亚微球合成、表征及其催化应用[D]. 天津:南开大学,2012.

［67］ 刘淑芝,崔宝臣,王宝辉. 膜表面接枝聚合物刷的合成与应用[J]. 化学通报:网络版,2005,68(1): 952-952.

［68］ 罗熙雯. 构建仿生抗粘附表面的两性离子聚合物的设计、合成与性能研究[D]. 广州:华南理工大学,2013.

［69］ GROLIK M,SZCZUBIAŁKA K,WOWRA B,et al. Hydrogel membranes based on genipin-cross-linked chitosan blends for corneal epithelium tissue engineering[J]. Journal of Materials Science:Materials in Medicine,2012,23(8):1991-2000.

［70］ ZAINUDDIN,BARNARD Z,KEEN I,et al. PHEMA hydrogels modified through the grafting of phosphate groups by ATRP support the attachment and growth of human corneal epithelial cells[J]. Journal of biomaterials applications,2008,23(2):147-168.

［71］ ZHOU J,YE L,LIN Y,et al. Surface modification PVA hydrogel with zwitterionic via PET-RAFT to improve the antifouling property [J]. Journal of Applied Polymer Science,2019,136(24): 47653-47661.

［72］ LIN Y,WANG L,ZHOU J,et al. Surface modification of PVA hydrogel membranes with carboxybetaine methacrylate via PET-RAFT for anti-fouling[J]. Polymer,2018(162):80-90.